高等学校新工科计算机类专业
系列教材

C++面向对象程序设计

第二版

李兰　张艳　任凤华◎编著

西安电子科技大学出版社
http://www.xduph.com

内 容 简 介

　　本书根据"面向对象程序设计"课程的基本教学要求，针对面向对象的本质和特性，系统地讲解了面向对象程序设计的基本理论和基本方法，阐述了用C++语言实现面向对象基本特性的关键技术。本书的主要内容包括：面向对象程序设计概述、C++语言基础、函数、类与对象、继承、多态与虚函数、模板、文件和流以及异常处理。

　　本书可以作为高等院校计算机、电子技术、通信、信息工程、自动化、电气及相关专业的面向对象程序设计课程教材，也可作为 IT 业工程技术人员或其他相关人员的参考书。

图书在版编目(CIP)数据

C++面向对象程序设计 / 李兰，张艳，任凤华编著. —2 版. —西安：西安电子科技大学出版社，2019.7(2024.1 重印)
ISBN 978–7–5606–5256–6

Ⅰ. ① C… Ⅱ. ① 李… ② 张… ③ 任… Ⅲ. ① C 语言—程序设计—高等学校—教材 Ⅳ. ① TP312.8

中国版本图书馆 CIP 数据核字(2019)第 055661 号

策　　划　陈　婷
责任编辑　陈　婷
出版发行　西安电子科技大学出版社(西安市太白南路 2 号)
电　　话　(029)88202421　88201467　　　邮　　编　710071
网　　址　www.xduph.com　　　　　　　电子邮箱　xdupfxb001@163.com
经　　销　新华书店
印刷单位　广东虎彩云印刷有限公司
版　　次　2019 年 7 月第 2 版　　2024 年 1 月第 7 次印刷
开　　本　787 毫米×1092 毫米　1/16　印　张　27
字　　数　645 千字
定　　价　62.00 元
ISBN 978-7-5606-5256-6 / TP

XDUP 5558002-7
如有印装问题可调换

前　言

C++ 是一门优秀的程序设计语言，它吸收了 C 语言的诸多优点，同时又添加了很多现代程序设计语言的新特性，这也是它成为主流程序设计语言并长期屹立不倒的原因。随着当今世界嵌入式开发技术的发展，大型算法的应用，特别是搜索引擎、云计算的兴起，C++ 的用武之地更加广阔。所以，如果你有意向在这些领域发展，C++ 将是你的不二之选。由于 C++ 是掌握面向对象编程的基本思想和方法、进一步学习计算机应用和程序设计的基础，因此学好 C++，可以触类旁通地学习 Java、C#、Python 等其他语言。

面向对象程序设计方法所强调的基本原则之一是直接面对客观世界中存在的问题进行软件开发，使软件开发方法更符合人类的思维习惯。C++ 语言是在 C 语言基础上扩充了面向对象机制而逐步发展起来的一种程序设计语言，程序结构灵活，代码简洁清晰，可移植性强，支持数据抽象、面向过程和面向对象程序设计。C++ 语言因其稳定性、高效性、兼容性和扩展性而被广泛应用于不同的领域和系统中。本书较好地实现了将 C++ 面向对象编程语言与可视化工具相结合，力求使学生具有良好的程序设计素养和能力。

刚接触 C++ 课程的学生往往会感到很茫然，不知道从何学起，即使给了他们程序的源代码，也不知道每条语句是在做什么，运行时出现错误也不会修改。编者在教学中深刻地认识到了这一点。要学好程序设计，学生不仅需要掌握编程语言，也需要掌握基本的数据结构和程序设计方法，这样才能更好地分析问题和解决问题。在目前各大学压缩学时的情况下，即便是课时不多，学生也能够在课下对照教材完成案例的操作和练习。通过实际完成一套完整的实例，会让学生越来越有信心，从而快速地掌握 C++ 面向对象程序编程技术。

本书作者一直从事面向对象程序设计及相关的教学与科研工作，主讲过程序设计方面的多门课程，了解学生在学习中的难点和对教材内容的需求。本书凝聚了作者多年的教学和科研实践经验，全书以面向对象的思维贯穿始终，内容全面、析理透彻、注重实用。书中精心设计了易于理解和富有代表性的示意图和案例程序，清晰而深入浅出地展示了 C++ 面向对象程序设计的原理和各种技术，并对面向对象编程过程中容易发生的误解和错误进行重点分析，颇具启发性，有利于程序设计能力的培养与提高，符合当今计算机科学的发展趋势。本书设计了许多与实际有关的例题和习题，并且它们彼此相关，环环相扣。全部程序都在 Visual C++ 6.0 上通过，并给出了程序运行结果。全部程序风格统一，对关键性语句进行了注释，对类名、函数名等标识符的命名做到了"见名知义"，且绝大多数程序给出了设计要点分析。

本书共 9 章，从内容上可以分为两大部分。第一部分(第 1 章～第 3 章)是面向对象程序设计的基本概念和基本方法，介绍从 C 语言到 C++ 语言的过渡及 C++ 语法；第二部分(第 4 章～第 9 章)是 C++ 语言实现面向对象程序设计的基本方法，通过对概念和原理的准确描述，并结合典型的例题，由浅入深地介绍 C++ 的类与对象、数组与指针、继承与派生、多态性、模板、I/O 流库、异常处理机制等概念，通过实例揭示面向对象程序设计的原理、思想和方法内核。

本书第一版自 2010 年出版以来，受到了广大师生和软件开发人员的好评，重印多次，得到了多所高校的认可，许多学生发来求解书中疑问或习题参考答案的邮件，还有不少读者指出了书中的错误和缺陷。这些是本书得以进步和持续发展的动力。

　　这次修订充分采纳了广大教师和读者的意见，保留了第一版的整体结构，但精简了部分章节的内容，删除了一些深奥难懂且不太实用的技术原理分析，并对一些程序案例进行了重新设计，使本书更加精炼和实用。

　　为方便教师教学和学生学习，我们还编写了配套的教学用书《〈C++ 面向对象程序设计(第二版)〉实验指导及习题解析》，并提供书中所有源代码、实验参考程序、习题解答、实验解答和典型例题分析等资源，构成了一个完整的教学系列。

　　本书由李兰编写第 1 章～第 4 章及附录，张艳编写第 5 章～第 7 章，任凤华编写第 8 章、第 9 章。全书由李兰统稿，张艳、任凤华校稿。在此，感谢一起工作的同事们，他们对该书给予了极大的关注和支持。感谢本书所列参考文献的作者！感谢为本书出版付出辛勤劳动的西安电子科技大学出版社的工作人员，他们为本书的出版倾注了大量精力。感谢使用本书的老师、同学们，以及其他读者，期望你们将对本书的建议或意见反馈给我们，你们的意见将是我们再版修订的重要参考。

　　面向对象程序设计是一项不断发展变化的程序技术，C++ 语言更是博大精深，由于编者水平有限，书中不足之处在所难免，恳请广大读者批评指正。我们的联系 E-mail 为：qdlanli@163com。

编　者

2019 年 4 月

目　录

第1章　面向对象程序设计概述 1
1.1　计算机程序设计语言的发展 1
1.2　面向过程与面向对象程序设计 2
　1.2.1　面向过程程序设计 2
　1.2.2　面向对象程序设计 3
　1.2.3　面向对象程序设计语言 3
1.3　面向对象程序设计语言特征 4
　1.3.1　类与对象 4
　1.3.2　抽象与封装 5
　1.3.3　继承 7
　1.3.4　多态 9
1.4　C++ 语言的发展和特点 9
　1.4.1　C++ 语言的发展史 10
　1.4.2　C++ 语言的特点 10
　1.4.3　C++ 语言的应用领域 11
1.5　一个简单的 C++ 程序 12
　1.5.1　C++ 程序的基本结构 12
　1.5.2　C++ 程序的书写格式 15
本章小结 16
习题 1 16

第2章　C++ 语言基础 19
2.1　C++ 数据类型 19
　2.1.1　C++ 基本数据类型 19
　2.1.2　常量、变量和表达式 22
2.2　C++ 数据的输入与输出 27
　2.2.1　C++ 流的概念 27
　2.2.2　cin 和抽取运算符>> 28
　2.2.3　cout 和插入运算符<< 30
　2.2.4　I/O 流常用的格式控制符 33
　2.2.5　字符与字符串输入输出函数 38
2.3　C++ 中的类型转换 43
　2.3.1　类型转换 43
　2.3.2　C++ 中的 const 常量 45
　2.3.3　C++ 中的 string 类型 47

　2.3.4　typedef 51
2.4　指针与引用 52
　2.4.1　指针的概念 52
　2.4.2　指针与常量 53
　2.4.3　void 指针 54
　2.4.4　引用 55
2.5　动态内存分配 60
　2.5.1　关于动态内存 60
　2.5.2　new 运算符 60
　2.5.3　delete 运算符 61
　2.5.4　new、delete 和 malloc、free 的
　　　　　区别 62
本章小结 63
习题 2 63

第3章　函数 75
3.1　函数的概述 75
　3.1.1　函数的定义及说明 75
　3.1.2　函数声明 77
　3.1.3　函数值和函数类型 78
3.2　函数的调用与参数传递 79
　3.2.1　函数的调用 79
　3.2.2　函数调用时的参数传递 81
　3.2.3　函数的嵌套调用和递归调用 85
3.3　内联函数 91
3.4　带默认形参值的函数 94
3.5　函数重载 97
　3.5.1　函数重载的定义 97
　3.5.2　函数重载的绑定 97
3.6　作用域与生存期 101
　3.6.1　标识符的作用域 101
　3.6.2　局部变量与全局变量 104
　3.6.3　动态变量与静态变量 108
　3.6.4　变量的存储类型 109
　3.6.5　生存期 116

3.6.6 命名空间 116

本章小结 121

习题 3 122

第 4 章 类与对象 130

4.1 类和对象 130

4.1.1 类与抽象数据类型 130

4.1.2 类的声明和定义 131

4.1.3 类的访问属性 133

4.1.4 对象的创建与使用 136

4.2 构造函数与析构函数 140

4.2.1 构造函数 140

4.2.2 拷贝构造函数 153

4.2.3 析构函数 158

4.2.4 构造函数和析构函数的调用顺序 160

4.3 对象指针和对象数组 163

4.3.1 对象指针 163

4.3.2 对象数组 164

4.3.3 向函数传递对象 166

4.3.4 this 指针 168

4.4 常成员 173

4.4.1 const 修饰符 173

4.4.2 常数据成员 174

4.4.3 常成员函数 175

4.5 静态成员与友元 177

4.5.1 静态数据成员与静态成员函数 178

4.5.2 友元函数与友元类 182

本章小结 189

习题 4 189

第 5 章 继承 197

5.1 类的继承与派生概念 197

5.2 基类与派生类 199

5.2.1 派生类的声明 199

5.2.2 派生类的生成过程 201

5.2.3 继承方式和派生类的访问权限 202

5.3 派生类的构造函数与析构函数 209

5.3.1 派生类的构造函数 209

5.3.2 派生类析构函数 214

5.4 多继承 218

5.4.1 多继承中的二义性 218

5.4.2 虚基类 224

5.5 子类型与赋值兼容规则 229

5.5.1 子类型 229

5.5.2 赋值兼容规则 230

5.6 程序实例 232

本章小结 240

习题 5 240

第 6 章 多态与虚函数 252

6.1 多态性的概念 252

6.1.1 多态的类型 252

6.1.2 静态联编与动态联编 253

6.2 运算符重载 256

6.2.1 运算符重载的概念 256

6.2.2 运算符重载的方法 258

6.2.3 运算符重载的规则 260

6.2.4 运算符重载为成员函数和
友元函数 260

6.2.5 重载单目运算符 266

6.2.6 重载流插入运算符和流提取
运算符 270

6.2.7 重载下标运算符[] 273

6.2.8 重载赋值运算符= 274

6.3 不同类型数据间的转换 277

6.3.1 标准类型数据间的转换 277

6.3.2 用转换构造函数实现类型转换 278

6.3.3 用类型转换函数进行类型转换 280

6.4 虚函数 282

6.4.1 虚函数的定义 282

6.4.2 虚函数的作用 283

6.4.3 对象的存储 290

6.4.4 虚析构函数 293

6.5 纯虚函数和抽象类 295

6.5.1 纯虚函数 295

6.5.2 抽象类 297

6.6 实例分析 302

6.6.1 问题提出 303

6.6.2 类设计 303
6.6.3 程序代码设计 304
本章小结 309
习题 6 309

第 7 章 模板 315
7.1 模板的概念 315
7.2 函数模板与模板函数 316
  7.2.1 函数模板的定义和模板函数的
      生成 317
  7.2.2 模板函数显式具体化 319
7.3 类模板与模板类 325
  7.3.1 类模板的定义和使用 325
  7.3.2 类模板的派生 329
  7.3.3 类模板与友元 333
  7.3.4 类模板与静态成员 337
7.4 C++ STL 基础 338
  7.4.1 迭代器 341
  7.4.2 容器 346
  7.4.3 函数对象 358
  7.4.4 算法 360
本章小结 365
习题 7 366

第 8 章 文件和流 379
8.1 C++ 的输入/输出 379
8.2 标准输入/输出流 381
  8.2.1 标准输入流 cin 和标准
      输出流 cout 382
  8.2.2 使用 cout 进行格式化输出 382

8.3 文件的输入和输出 385
  8.3.1 文件的打开和关闭 386
  8.3.2 文本文件的读写操作 388
  8.3.3 二进制文件的读写操作 388
  8.3.4 使用文件指针成员函数实现
      随机存取 390
8.4 程序实例 390
本章小结 394
习题 8 394

第 9 章 异常处理 399
9.1 异常处理概述 399
  9.1.1 异常、异常处理的概念 399
  9.1.2 异常处理的基本思想 400
9.2 异常处理的实现 401
  9.2.1 异常处理的语句 401
  9.2.2 异常接口声明 403
9.3 构造函数、析构函数与异常处理 404
9.4 异常匹配 406
9.5 标准异常及层次结构 409
9.6 异常处理中需要注意的问题 410
本章小结 411
习题 9 411

附录 413
附录 I ASCII 编码表 413
附录 II C++ 程序设计语言词汇表 414

参考文献 424

第 1 章　面向对象程序设计概述

本章要点

- 面向对象程序设计发展历程;
- 面向过程和面向对象程序设计方法;
- 掌握面向对象程序设计的基本特征;
- 掌握简单 C++ 程序的编写方法。

程序设计语言是与现代计算机共同诞生、共同发展的,至今已有 70 余年的历史,早已形成了规模庞大的家族。进入 20 世纪 80 年代以后,随着计算机技术的发展和开发软件复杂度的逐渐增加,计算机程序设计方法和程序设计语言也不断地演变和改进。编程语言也跟着发生了很大的改变,旧有的语言不断地完善,增加了新的特性;同时,也有很多优秀的新编程语言出现。程序设计方法历经了程序设计的自然描述、结构化程序设计(面向过程的程序设计方法)、面向对象的程序设计方法、面向对象的可视化编程方法;程序设计语言历经了机器语言、汇编语言、高级语言(面向过程的高级语言)、面向对象的编程语言、面向对象的可视化编程语言。面向对象程序设计方法为目前主流的程序设计方法,适合大型的、复杂的软件设计。

1.1　计算机程序设计语言的发展

程序设计语言是用于编写计算机程序的语言,自 20 世纪 60 年代以来,世界上公布的程序设计语言已有上千种之多,但是只有很少一部分得到了广泛的应用。从发展历程来看,程序设计语言可以分为以下几个阶段。

1. 机器语言

机器语言包含了计算机中 CPU(中央处理器)的指令集,是由二进制 0、1 代码指令构成的,指令集包含的指令是 CPU 能够理解的,不同的 CPU 具有不同的指令系统。用机器指令编写的程序通常称为机器代码。机器语言程序的效率是最高的,但是机器语言程序难编写、难修改、难维护、难调试,需要用户直接对存储空间进行分配,编程效率极低。因此,现在的程序很少用机器语言编写。

2. 汇编语言

汇编语言指令是机器指令的符号化,与机器指令存在着直接的对应关系,也就是说机器指令被类似于英语单词(称为助记符)的东西所代替。因此,汇编语言编写的程序比较接近英语,编写和调试相对容易。但是这些程序在执行前要被转换成 CPU 能理解的机器语言(由汇编程序完成)。所以汇编语言同样存在着难学难用、容易出错、维护困难等缺点。但是汇编语言也有自己的优点：可直接访问系统接口，汇编程序翻译成机器语言后程序的效率高。从软件工程角度来看，只有在高级语言不能满足设计要求，或不具备支持某种特定功能的技术性能(如特殊的输入输出)时，汇编语言才被使用。

3. 高级语言

在 20 世纪 60 年代，软件曾出现过严重危机，为此，1968 年，荷兰学者 E.W.Dijkstra 提出了程序设计中常用的 GOTO 语句的三大危害，由此产生了结构化程序设计方法，同时诞生了基于这一设计方法的结构化程序设计语言，如 Pascal 语言、C 语言等。这些语言在形式上接近于算术语言和自然语言，在概念上接近于人们通常使用的概念，一个命令可以代替几条、几十条甚至几百条汇编语言的指令，为程序员提供了极大的方便性与灵活性，特别适合微计算机系统，在整个 20 世纪 70 年代的软件开发中占绝对统治地位。

70 年代末期，随着计算机科学的发展和应用领域的不断扩大，对计算机技术的要求越来越高。结构化程序设计语言和结构化分析与设计已无法满足用户需求的变化，于是人们开始寻找更先进的软件开发方法和技术，面向对象程序设计由此应运而生。

80 年代，面向对象程序设计成为了一种主导思想，相继出现了如 Object-C、C++、Self、Java 等面向对象语言。随着面向对象语言的发展，面向对象程序设计方法也就应运而生且得到迅速的发展。

90 年代以来，面向对象程序设计方法广泛应用于程序设计，并逐渐形成了面向对象分析、面向对象设计、面向对象编程、面向对象测试等面向对象软件开发方法。从此，全世界掀起了一股面向对象的热潮，至今盛行不衰，面向对象程序设计方法逐渐成为程序设计的主流方法。

总之，面向对象程序设计方法是在结构化程序设计方法的基础上发展而来的。采用此方法大大提高了软件开发效率，减少了软件开发的复杂性，提高了软件的可维护性、可扩展性。

面向对象的程序设计方法是当今普遍使用并大力推广的一种程序设计方法，它是计算机软件开发人员必须掌握的基本技术。

1.2　面向过程与面向对象程序设计

"面向过程"(Procedure Oriented，PO)是一种以过程为中心的编程思想，是以"什么正在发生"为主要目标进行编程；"面向对象"(Object Oriented，OO)是一种以事物为中心的编程思想，是以"谁在受影响"为目标进行编程。

1.2.1　面向过程程序设计

结构化程序设计(Structured Programming，SP)方法是由 E.W.Dijkstra 在 1965 年提出的，它的主要观点是采用自顶向下、逐步求精及模块化的程序设计方法；任何程序都可由顺序、选择、循环三种基本控制结构构造。结构化程序的设计思想，是从问题的总体目标开始，抽象低层的细节，先专心构造高层的结构，然后再一层一层地分解和细化，避免一开始就陷入复杂的细节中，使复杂的设计过程变得简单明了，过程的结果也容易做到正确可靠。结构化程序设计具有"独立功能，单出/入口"的模块结构，减少模块的相互联系使模块可作为插件或积木使用，降低程序的复杂性，提高可靠性。程序编写时，所有模块的功能通过相应子程序(函数或过程)的代码来实现。程序的主体是子程序层次库，它与功能模块的抽象层次相对应，编码原则使得程序流程简洁、清晰，增强可读性。按照结构化程序设计的观点，任何算法功能都可以通过由程序模块组成的三种基本程序结构：顺序结构、选择结构和循环结构的组合来实现。因此，使用结构化程序设计方法很容易编写出结构良好、易于调试的程序。

在结构化程序设计中，数据与处理数据的主法(函数)是相互分离的，这使得对函数的理解变得很难。特别是随着问题复杂度的提高，数据规模和数据类型的增加，导致许多程序的规模和复杂性均接近或超过了面向过程程序设计方法管理的极限。这时结构化程序设计方法就显现出稳定性低、可修改性和可重用性差的弊端。为了克服这些困难，出现了面向对象程序设计方法。

1.2.2　面向对象程序设计

面向对象程序设计是在结构化程序设计基础上发展而来的另一种重要的程序设计方法，它能够有效地改进结构化程序设计中存在的问题。面向对象程序设计与结构化程序设计不同，由 C++ 编写的结构化的程序是由一个个函数组成的，而用 C++ 编写的面向对象程序是由一个个对象组成的，对象之间通过消息而相互作用。

在结构化程序设计中，要解决某个问题，就是确定这个问题能够分解为哪些函数，数据能够分解为哪些基本的类型，即思考方式是面向机器的，不是面向问题结构的，需要在问题续约和机器实现之间建立联系。面向对象程序设计方法的思考方式是面向问题的结构的，认为现实世界是由对象组成的，问题求解方法与现实世界是对应的。因此，采用面向对象程序设计方法来解决某个问题，就是要确定这些问题是由哪些对象组成的，这些对象之间是如何相互作用的。

面向对象程序设计的主要特征是"程序 = 对象 + 消息"，其基本要素是对象。面向对象程序设计在结构上具有以下特点：

(1) 程序一般由类的定义和类的使用两部分组成，在主程序中定义各对象并规定它们之间传递消息的规律。

(2) 程序中的一切操作都是通过向对象发送消息来实现的，对象接收到消息后，调用相应的函数(方法)来完成操作。

1.2.3　面向对象程序设计语言

随着面向对象程序设计方法的提出，出现了不少面向对象的程序设计语言，如 Object++C、Java、C++、Python 等。这些面向对象的程序设计语言大致可分为两类：

(1) 全新的面向对象程序设计语言。最具有代表性的语言是 Smalltalk、Java 和 Eiffel。

Smalltalk 并不是一种单纯的程序设计语言，而是反映面向对象程序设计思想的程序设计系统。这个系统强调了对象概念的归一性，引入了类、方法、实例等概念和术语，应用了单重继承和动态绑定，成为面向对象程序设计语言(OOPL)发展过程中的一个引人注目的里程碑。

Java 语言起源于 Oak 语言，Oak 语言能运行在设备的嵌入芯片上。Java 源程序首先被编译成伪代码，之后通过一个虚拟机来对其进行解释。Java 的虚拟机几乎在每一种平台上都可以运行，这实质上可以使得开发与机器独立无关，并且提供了通用的可移植性。Java把类的概念和接口的概念区分开，并试图通过只允许接口的多继承来克服多继承的危险。Java Beans 是组件，即类和其所需资源的集合，它们主要用来提供定制的 GUI 小配件。Java 中关于面向对象概念的术语有对象、类、方法、实例、变量、消息、子类和继承。

Python 语言是一种面向对象的解释型计算机程序设计语言，由荷兰人 Guido van Rossum 于 1989 年发明，第一个公开版发行于 1991 年。Python 具有丰富和强大的库，它常被昵称为胶水语言，能够把用其他语言制作的各种模块(尤其是 C/C++)很轻松地联结在一起。由于 Python 语言的简洁性、易读性以及可扩展性，在国外用 Python 做科学计算的研究机构日益增多，一些知名大学已经采用 Python 来教授程序设计课程。Python 语言及其众多的扩展库所构成的开发环境十分适合工程技术、科研人员处理实验数据、制作图表，其至开发科学计算应用程序。

(2) 混合型语言。一般是在其他语言的基础上，加入面向对象程序设计的特征开发出来的，最典型的代表是 C++ 程序设计语言。

C++ 程序设计语言是一种高效实用的混合型面向对象程序设计语言，它包括两部分：一部分是 C++ 语言的基础部分，以 C 语言为核心，包括 C 语言的主要内容；另一部分是 C++ 语言的面向对象部分，是 C++ 对 C 语言的扩充，加入了面向对象程序设计思想。具有 C 语言丰富的应用基础和开发环境的支持，对于掌握了 C 语言的用户而言，学习 C++ 相对容易些，这也是 C++ 语言成为目前流行的面向对象程序语言的主要原因。

1.3　面向对象程序设计语言特征

程序的组织方式大致有两种：以功能为中心或以数据为中心。结构化程序以功能为中心，而面向对象程序设计以数据为中心，围绕数据设计程序代码，由用户定义数据及可实施于数据的操作。面向对象设计语言具有抽象、封装、继承和多态等基本特征。

1.3.1　类与对象

1. 对象

现实世界中客观存在的任何事物都可以称为对象。对象可以是有形的具体事物，如一个人、一条狗、一棵树、一台计算机等，也可以是无形的抽象事物，如一个计划书、一次演出、一场球赛等。同类对象具有相同的属性(特征)和行为，比如所有的人都有姓名、性别、眼、双手、双脚、身高、体重等属性，有走路、讲话、打手势、学习和工作等行为；狗有皮毛、尾巴、四条腿等属性，有跑、吠、摇尾巴等行为。对象是构成现实世界的一个独立单位，可以很简单，也可以很复杂，复杂对象可以由简单的对象构成。所以，现实世界中的对象一般可以表示为"属性 + 行为"。

人们借助于对象的属性和行为认识客观世界，将具有相同属性和行为的客观对象归入同一类。利用这种分类方法，人们将客观世界分成了人类、动物类、家具类、植物类等。

每类事物都有许多实际存在的个体，这些个体被称为对象(Object)。同类事物的不同个体，尽管有着相同的一组属性和行为，但在属性取值和行为表现上却存在个体差异。比如，吴某和李某都具有人类所共有的属性和行为，但他们在走路、讲话、打手势、学习和工作等行为方面有各自的特点，这是行为上的个体差别；他们具有不同的名字(姓名属性不同)，这些是属性取值的差异。在现实中，人们借助于对象的属性和行为认识并区分不同对象。

在面向对象程序设计中，对象是由对象名、若干属性和一组操作封装在一起构成的实体。其中属性数据是对象固有特征的描述，操作是对这些属性数据施加的动态行为，是一系列的实现步骤，通常称为方法。

对象通过封装实现了信息隐藏，可以防止外部的非法访问。对象与外部世界通过外部接口进行联系，在外部看不见操作的实现细节，接口提供了这个对象所具有的功能。通过对象与外部接口，不仅使得对象的操作变得简单、方便，而且具有很高的安全性和可靠性。

打个比方说，一台电视机可以看做一个对象，我们可以通过遥控器进行播放、暂停、换台、控制音量等操作，遥控器与电视机实现交互，我们没有必要了解这些交互是如何实现的，因为它们被封装在机器内部，其内部电路对我们来说是隐藏的，也是无法修改的，我们只能借助于遥控器上的按键实现对电视机的操作。

请思考一下，如果把电视机看做对象，哪些参数相当于对象属性？哪些动作相当于对象的操作？对象的接口在哪里？

2．类

面向对象程序设计用计算机中的软件对象模拟现实中的实际对象，它用类(Class)来表示同类对象的共有属性和行为，即用类这一概念来表示客观世界中的同类事物。在面向对象程序中，类是用归类方法从一个个具体对象中抽取出共同特征而形成的概念。比如，张三、李四、王二……都是学生，都有学号、姓名、班级、性别等属性，具有做作业、听课等行为。将所有学生共有的这些属性和行为抽象出来，就构成了学生类。具有一个类所指定的属性和行为的一个个体则称为该类的一个对象。

类是具有相同属性数据和操作的对象的集合，它是对一类对象的抽象描述。类是创建对象的模板，它包含着所创建对象的状态描述和定义的方法，一般是先声明类，再由类创建对象，按照这个模板创建的每个实例就是对象。

类与对象的关系就是抽象与具体的关系，类的实例化的结果就是对象，而对对象的抽象就是类，类描述了一组有相同特性(属性)和相同行为的对象。例如，"汽车"是一个类，它是由成千上万个具体的汽车抽象而来的一般的概念，而"迈腾"就可以看做汽车类的一个对象。

3．属性

对象中的数据称为对象属性，类中的特性称为类中的属性。比如，人类的共有属性是眼睛、鼻子、嘴巴等，而李某的身高、体重、性别、年龄是这个对象的属性。

1.3.2　抽象与封装

1．抽象

抽象(Abstract)是指有意忽略问题的某些细节，以便把问题的本质表达得更清楚。人们把事物进行归纳、分类是认识客观世界时常采用的思维方法，分类的依据就是抽象。

抽象在现实生活中随处可见，比如要画一幅中国地图，如果不分主次地把所有的山川、河流、城市、交通线路全画上去，最后的结果将是一团糟。只能通过抽象，画出中国各大省份的概况，如主要大城市，主要山脉，重要的交通线路，主要的大江大河等，没有画出各省中不重要的县及小城镇、城市中的各条街道、公路等。道理很简单，这样更能反映出中国地理的整体面貌，让人们更加清楚地了解中国地理的分布情况。通过抽象把事物的主要特征抽取出来，有意地隐藏事物某些方面的细节，使人们把注意力集中在事物的本质特征上面，更能把握问题的本质。

　　抽象是人类认识客观世界的最基本的思维方法。面向对象方法中的抽象是对具体问题(对象)进行概括，抽出对象的公共性质并加以描述的过程，一般方法是首先找出某类对象的属性或状态，即此类对象区别于彼类对象的特征物理量并加以描述，称为数据抽象；然后找出某类对象的共同行为特征进行描述，称为代码抽象或行为抽象。

　　事实上，对问题进行抽象的过程，就是一个分析问题、认识问题的过程。举一个简单的例子：在计算机上实现矩形的计算问题，对矩形进行分析，首先需要用 2 个浮点型数分别表示长和宽，这是数据抽象；其次，要设置矩形长、宽，计算矩形的面积并输出等功能，这是对矩形的行为抽象。用 C++ 语言可以描述为

　　　　矩形面积(RectangleArea);

　　　　数据抽象：float length, width, area;

　　　　代码抽象：void SetData(float L, float W);　　　//输入长、宽值

　　　　　　　　　float CompueterArea();　　　　　　　//计算面积

　　　　　　　　　void OutputArea();　　　　　　　　　//输出面积

　　需要说明的是：同一个研究对象，由于所研究问题的侧重点不同，可能产生不同的抽象结果，即使对于同一个问题，解决问题的方式不同，也可能产生不同的抽象结果。面向对象程序设计方法鼓励程序员以抽象的观点看待程序，即程序是由一组对象组成的。我们可以将一组对象的共同特征进一步抽象出来，从而形成"类"的概念。

　　数据抽象的结果将产生对应的抽象数据类型(Abstract Data Type，ADT)。面向对象的ADT 把数据类型分成了接口和实现两部分。其中，对用户可见、用户能够用来完成某项任务的部分称为接口；那些对用户不可见、具体完成工作任务的细节则称为实现。

　　数据抽象的任务是设计出清晰而足够的接口，接口必须满足用户的基本需求，且允许用户通过它访问其底层实现。抽象的结果导致了接口与实现的分离，具体可以通过数据封装实现。

2．封装

　　封装(Encapsulation)就是指将一组数据和与这组数据有关的操作集合组装在一起，形成一个能动的实体，也就是对象。数据封装就是给数据提供了与外界联系的标准接口，无论是谁，只有通过这些接口，使用规范的方式，才能访问这些数据。在 C++ 语言中，类是支持数据封装的工具，对象是数据封装的实现。所谓封装，就是把某个事物包起来，使外界不知道该事物的具体内容。

　　在面向对象的程序设计中，把抽象的结果进行封装就是把数据和实现操作的代码形成一个独立的整体，并尽可能地隐藏对象的内部细节。按照面向对象的封装原则，一个对象的属性和操作是紧密结合的，对象的属性只能由这个对象的操作来存取。对象的操作分为内部操作和外部操作。内部操作只供对象内部的其他操作使用，不对外提供。外部操作对外提供一个消息接口，通过这个接口接收对象外部的消息并为之提供操作(服务)。对象内部数

据结构的这种不可访问性称为信息(数据)隐藏。数据封装给数据提供了与外界联系的标准接口。无论是谁，只有通过这些接口，使用规范的方式，才能访问这些数据。同时，由于程序员总是和接口打交道，他也就不必了解数据的具体细节。简言之，封装就是把对象的属性和操作结合成一个独立的系统单位，并尽可能隐蔽对象的内部细节。

通过对抽象结果进行封装，将一部分行为作为外部访问的接口与外部发生联系，而将数据和其他行为进行有效隐藏，就可以达到对数据访问权限的合理控制。这种有效隐藏和合理控制，就可以增强数据的安全性，减轻开发软件系统的难度。

利用封装特性编写面向对象程序时，对于已经定义好的对象，可以不必了解其内部实现的具体细节，只需要通过外部接口，依据特定的访问规则就可以访问对象了。在 C++ 中，对一个具体问题进行抽象分析的结果是通过类的形式实现封装。

封装要求一个对象应具备明确的功能，并具有接口以便其他对象相互作用。同时，对象的内部实现(代码和数据)是受保护的，外界不能访问它们。封装使得一个对象可以像一个部件一样应用在各种程序中，而不用担心对象的功能受到影响。

数据封装一方面使得程序员在设计程序时可以专注于自己的对象，同时也切断了不同模块之间数据的非法使用，减少了出错的可能性。

在面向对象程序设计语言中，封装是通过类实现的。在类中，封装是通过存取权限实现的。例如将每个类的属性和操作分为私有的和公有的两种类型。对象在类的外部，只能访问对象的公有部分，不能直接访问对象的私有部分。类将表示客观事物属性的数据结构，以及作用在这些数据结构上的操作函数封装成了一个整体。

3. 消息

消息(Message)是面向对象程序设计用来描述对象之间通信的机制。一个消息就是一个对象要求另一个对象实施某种操作的一个请求。

前面所提到的"接口"规定了能向某一对象发出什么请求。也就是说，类对每个可能的请求都定义了一个相关的函数，当向对象发出请求时，就调用这个函数。这个过程通常概括为向对象"发送消息"(提出请求)，对象根据这个消息决定做什么(执行函数代码)。

在面向对象程序设计中，我们通过类创建一个对象，然后由这个对象发出消息，对象依据请求调用相应的函数。这种由消息驱动程序执行的形式完全符合客观实际。

1.3.3　继承

俗语"种瓜得瓜，种豆得豆"昭示了自然界同类物种前后代之间的遗传与继承性。通过继承，后代能够获得与其祖先相同或相似的特征与能力。要想提高软件开发的效率，必须实现代码重用，继承是面向对象技术中实现软件复用的重要机制。继承性是从已有的对象类型出发建立一种新的对象类型，使它继承原对象的特点和功能。类的继承特性，给创建派生类提供了一种方法：创建派生类时，不必重新描述基类的所有特征，只需让他继承基类的特征，然后描述与基类不同的那些特征。也就是说，派生类的特征由继承来的和新添加的两部分组成，继承允许派生类使用基类的数据和操作，还可以拥有自己的数据和操作。

抽象和封装是面向对象程序设计的初步工作，对象具有封装性，对象的私有成员是被隐藏的，那么，引入继承机制不就削弱了封装性？继承与封装不就矛盾了吗？回答是否定的。

　　一方面，继承机制并不影响对象的封装性。封装的单位是对象，是将属于某个类的一个对象封装起来，使其操作和数据成为一个整体。如果该对象所在的类是派生类，这个派生类只要把从基类那里继承来的数据和操作与自己的数据和操作一并封装起来就行了，对象依然是一个封装好的整体，仍然只能通过消息传递与别的对象交互，不能直接调用。可见，在引入继承机制以后，无论对象是基类的实例还是派生的实例，都是一个被封装的实体，继承并不影响封装性。

　　另一方面，继承和封装都提供了共享代码的手段，增加了代码的复用性。只不过，继承的代码共享是静态的，当派生类对象被激活以后，自动共享其基类中的代码，从而实现基类对象与派生类对象共享一段代码。而封装的代码共享是动态的，当在一个类中说明了一段代码时，属于该类的多个实例在程序运行时就可以共享这段代码。

　　继承是一个对象可以获得另一个对象的特性的机制，它支持层次类这一概念。例如水果类包括香蕉、苹果、橘子和菠萝，而苹果类又有香蕉苹果、富士苹果、国光苹果、金帅苹果等。通过继承，低层的类只需定义特定于它的特征，而共享高层类中的特征。

　　在面向对象软件技术中，继承是子类自动地共享基类中定义的数据和方法的机制。如在圆类的定义中，已经定义了圆心坐标、半径及其行为属性；如果我们定义一个弧类，除了拥有圆类的属性外还有起始角度和终止角度，如果定义弧类时从圆类继承，则在弧类中只需要定义其特有的属性和行为，如起始角度和终止角度，其他属性从圆类继承即可。

　　在软件开发过程中，继承进一步实现了软件模块的可重用性。继承意味着"自动地拥有"，即特殊类中不必重新定义已在一般类中定义过的属性和行为，而是自动地、隐含地拥有其一般类的属性与行为。当这个特殊类又被它更下层的特殊类继承时，它继承来的和自己定义的属性和行为又被下一层的特殊类继承下去。不仅如此，如果将开发好的类作为构件放到构件库中，则在开发新系统时便可直接使用或继承使用。

　　继承具有重要的实际意义，它简化了人们对事物的认识和描述。例如我们知道苹果是可以吃的，富士苹果继承了苹果的特征，当然也可以吃。再如我们认识了轮船的特征之后，就知道客轮是轮船的特殊种类，它具有轮船的特征。当研究客轮时，只要把精力用于发现和描述客轮独有的那些特征即可。

　　C++ 语言允许单继承和多继承，单继承规定每个子类只能有一个父类，多重继承允许每个子类有多个父类。继承是面向对象语言的重要特性，一个类可以生成它的派生类，派生类还可以再生成它的派生类。派生类继承了基类成员，另外它还可以定义自己的成员。继承是实现抽象和共享的一种机制。继承具有传递性，一个类实际上继承了它所在的类等级中，在它上层的全部基类的所有描述。

　　继承机制提高了软件复用的程度，避免了公用代码的重复开放，减少了代码和数据的冗余，增强了类之间的一致性，减少了模块间的接口和界面，不仅使软件的质量得到了保证，也大大减轻了开发人员的工作量。

　　继承性使得相似的对象可以共享程序代码和数据结构，从而大大减少了程序中的冗余信息，便于扩充，满足逐步细化的原则。

　　C++ 提供类的继承机制，允许程序员在保持原有类的基础上，进行更具体、更详细的定义。关于继承与派生，将在第 5 章详细介绍。

1.3.4　多态

继承讨论的是类与类的层次关系，多态则考虑的是这种层次关系以及类自身成员函数之间的关系，解决的是功能与行为的再抽象问题。

面向对象的通信机制是消息，一个消息可以产生不同的响应效果，这种现象叫做多态。即一个名字，多种语义；或相同界面，多种实现。

多态的一般含义是：某一论域中的一个元素可以有多种解释，即"多种形态"。具体到程序语言，则有以下两个含义：

(1) 相同的语言结构可以代表不同类型的实体，即一名多用或重载(Overloading)。

(2) 相同的语言结构可以对不同类型的实体进行操作。

例如，如果发送消息"双击"，不同的对象就会有不同的响应。比如，"文件夹"对象收到双击消息后，会打开该文件夹，而"音乐文件"对象收到双击消息后，会播放该音乐。显然，打开文件夹和播放音乐需要不同的函数体。但是，它们可以被同一条消息"双击"所引发。这就是多态。

不同的对象调用相同名称的函数，并进行完全不同的行为的现象称为多态性。C++ 语言支持多态性。例如，允许函数重载和运算符重载；定义虚函数，通过它来支持动态联编等。函数的重载就是可以定义相同名字的函数，实现不同的功能。利用多态性，程序中只需进行一般形式的函数调用，函数的实现细节留给接受函数调用的对象。这大大提高了我们解决复杂问题的能力。在面向对象软件技术中，同样的消息既可以发送给父类对象，也可以发送给子类对象，并会得到不同的处理。在类等级的不同层次中可以共享一个行为(方法)的名字，然而不同的层次中的每个类却各自按自己的需要来实现这个行为，当对象接收到发送给它的消息时，根据该对象所属于的类动态地选用该类中定义的实现算法。举个最简单的例子，将两个数"相加"，这两个数可以是整数或实数，将"+"看做一个特殊函数，则 5+9 和 3.6+6.8 都是使用"+"来完成两个数相加的功能，这就是"+"体现的多态性。多态的作用是提高程序的易扩充性、实现高层软件的复用。在 C++ 语言中多态性是通过重载函数和虚函数等技术来实现的，这将在第 6 章详细讨论。

总之，面向对象方法的核心是：将问题分解为对象的若干类，并寻找诸类之间的关系和相互作用，其主要特点是将数据和应用在数据上的操作封装在一起；通过封装、继承、多态、消息等机制实现类(对象)之间的联系与相互作用。

面向对象的编程语言可以直接描述问题域中的对象及其相互关系。它将客观事物看做具有属性和行为的对象，通过抽象找出同一类对象的共同属性(静态特征)和行为(动态特征)形成类，对象之间通过"消息"进行通信。通过类的继承与多态可以方便地实现代码重用，便于实现功能的扩充、修改、增加或删除，降低软件的调试、维护难度，而且特别适合于需要多人合作的大型软件的开发。

1.4　C++ 语言的发展和特点

作为一种面向对象的语言，C++ 有着独特的优势，它继承了 C 语言，保留了 C 语言所有优点，又增加了面向对象的机制，这使 C++ 成为一种大型语言，功能强大，效率较高，特别是在大型项目的编写过程中，C++ 将软件工程性提高了一个层次。本节我们就来深入探究 C++ 语言的前世今生。

C++ 语言对 C 语言的
改进之处

1.4.1　C++ 语言的发展史

1．C++ 语言出现的历史背景

伟大的 C++ 语言之父 Bjarne Stroustrup 博士曾经说过："一种程序设计思想要为人所用，不仅语言的特性必须是典雅的，还需在真正的程序环境中能经得起考验。"面向对象程序设计方法(OOP)就是不断在程序中接受考验，它的提出以及它在大型项目编程中展现出的优越性，使得人们开始重视面向对象程序设计语言的研究。

1967 年诞生的第一个面向对象语言 Simula 67，是 OOP 语言的鼻祖，它提出了对象的概念并且支持类和继承。随后相继出现了 Smalltalk 与 Smalltalk-80 等面向对象的语言，丰富和发展了面向对象程序设计的概念，并且提供了更加严格的信息隐藏机制，开始向世人展现面向对象程序设计的魅力。

2．C++ 语言的诞生与发展

1982 年，Bjarne Stroustrup 博士在 C 语言的基础上引入并扩充了面向对象的概念，发明了一种新的程序语言。一开始，这种语言被称为 new C，后来改为 C with Class，1983 年 12 月，Rick Mascitti 建议命名为 C Plus Plus，即 C++。此后，C++ 语言在实践中不断被完善。

C++ 语言的发展大致可分为三个阶段：

(1) 第一阶段：从 C++ 语言出现到 1995 年。这一阶段 C++ 语言基本上是传统类型的面向对象语言，并且依靠接近 C 语言的效率，在计算机语言中占据着相当大的比重，在这期间 Bjarne 博士完成了经典巨著《The C++ Programming Language》第一版；诞生了一个传世经典 ARM；之后模板、异常、命名空间等相继被加入。

(2) 第二阶段：从 1995 年到 2000 年。这一阶段由于 STL 库和后来的 Boost 库等程序库的出现，泛型程序设计在 C++ 中比重越来越大，同时由于 Java、C# 等语言的出现和硬件的影响，C++ 受到了一定的冲击。

(3) 第三阶段：从 2000 年至今。由于以 Loki、MPL 等程序库为代表的产生式编程和模板元编程的出现，C++ 语言出现了发展史上的又一个高峰。这些新技术的出现以及和原有技术的融合，使 C++ 语言已经成为当今主流程序设计语言中最复杂的一员。

1.4.2　C++ 语言的特点

C++ 语言既保留了 C 语言的有效性、灵活性、便于移植等全部精华和特点，又添加了面向对象编程的支持，具有强大的编程功能，可方便地构造出模拟现实问题的实体和操作；编写出的程序具有结构清晰、易于扩充等优良特性，它的诸多优点使它适用于各种应用软件、系统软件的程序设计。C++ 语言有以下几个特点：

(1) 保持与 C 兼容。C++ 语言既保留了 C 语言的所有优点，又克服了 C 语言的缺点，其编译系统能够检查出更多的语法错误，因此 C++ 语言比 C 语言更安全。而且绝大多数 C

语言程序可以不经修改直接在 C++ 语言环境中运行，用 C 语言编写的众多库函数可以用于 C++ 程序中。把 C++编程语言设计成与 C 兼容，借此提供一个从 C 到 C++ 的平滑过渡。

(2) 支持面向对象的机制。C++ 语言引入了面向对象的概念，使得开发人机交互类型的应用程序更为简单、快捷。很多优秀的程序框架 Boost、QT、MFC、OWL、wxWidgets、WTL 等都是使用 C++ 语言开发出来的。

(3) 可重用性、可扩充性、可靠性和可维护性。C++ 程序设计无需复杂的环境，它的很多特性都是以库(如 STL)或其他形式提供，而没有直接添加到语言本身里，在可重用性、可扩充性、可维护性和可靠性等方面都较 C 语言有所提高，使其更适合开发大中型的系统软件和应用程序。

(4) 代码性能高。C++ 语言允许直接访问物理地址，支持直接对硬件编程和位(bit)操作，能够实现汇编语言的大部分功能。生成的目标代码质量高，程序运行效率高。它虽然是一种高级语言，但又具有低级语言的许多功能，适用于编写系统软件。人们一般认为，使用 Java 或 C# 的开发成本比 C++ 低，但是，这句话成立是有一定条件的：软件规模和复杂度较小。如果不超过 3 万行的有效代码(不包括生成器产生的代码)，它基本上成立，但随着代码量和复杂度的增加，C++ 语言的优势将会越来越明显。

(5) 丰富的运算符和数据类型。C++ 语言提供了丰富的数据类型，它不仅提供了 int、char、bool、double、float 等内置数据类型，还允许用户通过结构、类、枚举定义自定义数据类型，具有 +、−、\、*、%、||、&、<<、>>、>、<、>> 等丰富的运算符，支持算术运算、逻辑运算、位操作、数据输入/输出等多种运算。

(6) 多种风格设计。C++ 程序设计支持多种程序设计风格(过程化程序设计、面向对象程序设计、泛型程序设计)，给程序员更多的选择。

尽管 C++ 语言有很多优点，但它也像其他语言一样避免不了有缺点：C++ 语言本身过度复杂，导入模板后各种精巧的应用使这门语言进一步复杂化，并且 C++ 编译器受到 C++ 语言复杂性的影响，编写困难，即使能够使用的编译器也存在大量问题，而且这些问题大多难以发现。但是事物有缺点的存在是客观事实，我们应该正视这一点。虽然 C++ 语言能够在大型项目中编写出高效率、高质量的代码，但也要认识到这并不是一件易事，要深入掌握它需要花费较多时间，尤其是需要有较为丰富的实践经验。

总之，C++ 语言保留了 C 语言简洁、高效和接近汇编语言等特点，对 C 语言的类型系统进行了改进和扩充，比 C 语言更安全、可靠。但 C++语言最重要、最有意义的特征是支持面向对象的程序设计。C++ 语言是目前编程语言中最难的，初学者在学习 C++ 语言时，面对复杂的 C++ 语法与内容往往会心生退意，本书考虑到初学者的状态，将用简单易懂的语言带大家进入一个轻松愉快的 C++ 世界。

1.4.3　C++ 语言的应用领域

C++ 语言诞生 30 年来，在经过前 10 年的爆发性增长后，后 20 年的使用人数一直在稳定增长。作为有着 30 多年积累的程序设计语言，C++ 语言有着大量的技术沉淀，使得 C++ 语言在现代软件领域中占据着举足轻重的地位，其应用领域也越来越广。C++ 语言的应用领域主要集中在以下几个方面：

(1) 游戏：C++ 语言具有超高效率，而且近年来 C++ 语言凭借先进的数值计算库、泛型编程等优势，在游戏领域应用颇多。目前，除了一些网页游戏，很多游戏客户端都是基于 C++ 语言开发的。

（2）网络软件：C++ 语言拥有很多成熟的用于网络通信的库，其中最具代表性的就是跨平台的、重量级的 ACE 库，该库可以说是 C++ 语言最重要的成果之一，在许多重要的企业、部门甚至是军方都有应用。

（3）服务端开发：很多互联网公司的后台服务器都是基于 C++ 语言开发的，而且大部分是 Linux、UNIX 等类似操作系统，程序员需要熟悉 Linux 操作系统及其在上面的开发，熟悉数据库开发，精通网络编程，而这些技术都离不开 C++ 语言的支持。

（4）嵌入式系统：因为 C++ 语言具有较高的效率，而且保持着对 C 语言的兼容性，能使底层平台有很高的效率，同时具有很大的灵活性，因此它在底层开发中有着极大的应用。另外 C++ 语言在软件拓展、移植维护上也有很好的表现。

（5）系统级开发：在该领域，C 语言是主要的编程语言，但 C++ 语言凭借对 C 语言的兼容，应用于底层开发可以用来编写驱动程序，因此可以用来开发系统级软件，编写操作系统。

除此之外，C++ 语言在数字图像处理、虚拟现实仿真等方面都有着广泛的应用，我们可以用一张图来概括 C++语言的应用领域，如图 1-1 所示。

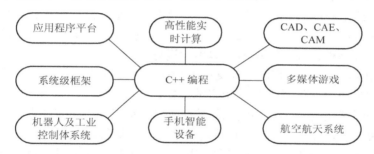

图 1-1　C++ 语言的应用领域

当然，C++ 语言的应用不止于这些图文说明，随着信息化、智能化、网络化的发展，嵌入式系统技术的发展，C++ 语言的应用会越来越多，在各个应用领域都将发挥重要的作用。

1.5　一个简单的 C++ 程序

1.5.1　C++ 程序的基本结构

下面通过两个简单程序来说明 C++ 程序的基本结构。

【例 1-1】　编写程序求两个从键盘输入的整型数之和。

程序如下：

编程应该注意的问题

```
/*ch01-1.cpp*/
#include <iostream>          /* C++ 的预编译命令，其中的 iostream 是 C++定义的一个头文件，
                                设置 C++ 风格的 I/O 环境 */
using namespace std;         //使用名称空间
```

```
void main( )                              //主函数
{
    int   x, y, z;                        // int 表示定义三个整型变量
    cout<<"please input two int number:";
    cin>>x>>y;                            //从键盘输入两个数
    z=x+y;
    cout<<"x+y="<<z<<endl;                //输出两个数的和
}
```

执行该程序，屏幕上出现如下提示：

please input two int number:

输入两个用空格分隔的整型数 22 36 后，按回车键，得输出结果为 x+y=58。

【例 1-2】　用函数调用形式编写程序实现例 1-1 的编程要求。

程序如下：

```
//利用函数求两整数之和，程序文件名为 ch01-2.cpp
/*ch01-2.cpp*/
#include <iostream>
using namespace std;                      //使用命名空间
int add(int a, int b);                    //函数原型的声明
int main()                                //主函数
{
    int x, y, sum;                        //定义三个整型变量
    cout<<"Enter two number:";            //提示用户输入两个数
    cin>>x>>y;                            //从键盘输入变量 x, y 的值
    sum=add(x, y);                        //调用函数 add 计算 x+y 的值并将其赋给 sum
    cout<<"x+y="<<sum<<"\n";              //输出 sum 的值
    return 0;
}
int add(int a, int b)                     //定义 add 函数，函数值为整型
{
    int c;                                //定义一个整型变量
    c=a+b;                                //计算两个数的和
    return c;                             //将 C 的值返回，通过 add 带回调用处
}
```

编译运行该程序，屏幕上出现与例 1.1 相似的提示，当输入两个整型数(22 和 36)后，按回车键，同样可得输出结果：x+y=58。

通过上面两个例子可以看出，一个简单的 C++ 程序一般都由注释、编译预处理和程序主体等几部分构成。程序主体主要是由一个主函数和若干个子函数组成的。一般情况下，一个 C++ 程序被存储在一个程序文件中。当然，一个 C++ 程序也可以存储在几个不同的程序文件中。

C++ 程序从 main()函数的第一个"{"开始，依次执行后面的语句。如果在执行过程中遇到其他函数，则调用其他函数；调用完后返回，继续执行下一条语句，直到最后一个"}"为止。在标准 C++ 程序中，如果 main()函数没有显式提供返回语句，则默认返回 0。

程序由语句构成，每条语句由"；"作为结束符。注意：语句中的引号、分号等应采用英文模式，如果输入的是中文模式则会出错。

cin 和 cout 是系统预定义的流类对象，这里知道 cin 表示键盘、cout 表示屏幕即可。"<<"表示输出(如输出到屏幕)，">>"表示输入(如从键盘输入)。这些对象和操作都是在标准库中定义的。

1. 注释

注释是程序员为读者做的说明，是提高程序可读性的一种手段。在 C++ 语言中，有两种注释方法供选择使用：序言注释和注解性注释。前者用于程序开头，说明程序或文件的名称、用途、编写时间、编写人及输入/输出说明等，后者则用于程序中难以理解的地方。在前面的例题中用了两种注释形式：一种是用"/*… …*/"，这是 C 语言中使用的注释，它表示从 /* 开始到 */ 为止的所有内容都是注释，在 C++ 语言中同样可以使用，一般用来作为连续几行或多行的注释；二是用"//"来表示从该双斜杠开始到当前行的行末为止的文字为注释内容，一般用在语句的后面作为对语句的说明，它是 C++ 语言中增加的。编译系统在对源程序进行编译时不理会注释部分，所以注释内容不会增加最终产生的可执行代码的大小。

2. 预处理行

程序中每个以符号"#"开头的行称为预处理行，一般都写在程序的最前面几行中。预处理命令"#include <iostream>"的作用是：将头文件"iostream"中的代码嵌入该命令所在的位置，即在编译之前将文件 iostream.h 的内容增加(包含)到当前程序中，作为该程序的一部分，因为在程序体中要用到其中的输入(cin)/输出(cout)流来进行输入和输出操作。使用 #include 命令时，如果包含的是 C++ 系统头文件，则用一对尖括号将文件名括起来，目的是告诉编译器直接到系统目录下寻找；如果包含的是用户自己定义的头文件，则用一对双引号将文件名括起来，目的是告诉编译器先搜索当前目录，如果找不到再搜索系统目录。现在 C++ 标准明确提出不支持后缀为 .h 的头文件，早期在 C++ 中调用 .h 文件其实相当于调用的是 C 标准库，为了和 C 语言区分开，C++ 标准规定不使用后缀 .h 的头文件，例如 C 语言中的 string.h 头文件，C++ 用 string；C 语言中的 math 头文件，C++ 使用 cmath 头文件。这不只是形式上的改变，其实现也有所不同。

3. 名称空间

过去一直使用后缀".h"标识头文件，但在上面的两个例子中，没有使用后缀，原因是新的 C++ 标准引入了新的标准类库的头文件载入方式，即省略".h"。不过，这时必须同时使用语句："using namespace std;"来表示使用名称空间。名称空间是一种将程序库名称封装起来的方法，它可以提高程序的性能和可靠性。当然，也可以不使用名称空间，而是在包含的每个头文件名之后都加上后缀".h"。

std 是标准 C++ 预定义的名字空间，其中包含了对标准库中函数、对象、类等标识符的定义，包括对 cin、cout、endl 的定义。程序中 using 指令的作用是：声明 std 中定义的所有标识符都可以直接使用。如果没有"using namespace std;"这句声明，则要在 cin、cout、endl 的前面加上"std::"进行限制。

4．程序主体

程序主体由一个为 main()的主函数和若干个子函数构成。子函数可有，也可以没有，但 main()函数不能没有，而且只能有一个。C++ 语言区分大小写字母，函数名 main 全都由小写字母构成。在 C++ 程序中所有系统给定的关键字必须都用小写字母拼写。

一个较为复杂的 C++ 程序一般由若干个程序文件组成，每个文件又由若干个函数组成，因此，可以认为 C++ 的程序就是函数串，即由若干个函数组成，函数之间是相互独立且并行的，函数之间可以调用。在这些组成 C++ 程序的若干个文件中的所有函数中必须有一个且只能有一个主函数 main()。

一个函数是由若干条语句组成的。语句是组成程序的基本单元，而语句由单词组成，单词间用空格分隔，单词又是由 C++ 的字符所组成。C++ 程序中的语句必须以分号结束。

5．cin 与 cout 流对象

在输入/输出时，读者会发现，为什么不是 printf()函数。其实 printf()函数也可以，但它是 C 语言的标准输出函数。在 C++ 语言中输入/输出都是以"流"的形式实现的，C++定义了 iostream 流类库，它包含两个基础类 istream 和 ostream 来表示输入流和输出流，分别定义了标准输入流对象 cin 来处理输入，标准输出流对象 cout 来处理输出。

cin 与提取运算符">>"结合使用，用于读入用户输入，以空白(包括空格、回车、TAB)为分隔符。

cout 与插入运算符"<<"结合使用，用于打印消息。通常它还会与操纵符 endl 使用，endl 的效果是结束当前行，并将与设备关联的缓冲区(buffer)中的数据刷新到设备中，保证程序所产生的所有输出都写入输出流中，而不是仅停留在内存中。

在例 1-1 中，用 cin 连续输入两个整数，cout 输出两值相加结果的表达式，关于 cin 和 cout 的用法很简单，关于它的定义将在第 8 章中讲解，这里只需能够使用即可。

6．返回语句

程序运行结束后，要返回到程序运行的起始点。注意新标准要求 main( )函数必须返回 int 型，0 为正常，否则返回其他整数。这样可以取代 exit( )等函数(exit( )库函数通常在程序出错时用来退回到操作系统)。一般函数返回为 int 的也不可省略，否则编译器会发出警告。

7．函数体

用一对大括号({})括起来的部分，我们称其为函数体。函数体是程序完成的主要功能的代码部分。{}在一个 C++ 程序中是必不可少的。

1.5.2　C++ 程序的书写格式

C++ 程序的书写格式与 C 程序的基本相同，其原则如下：

(1) 一般情况下一行只写一条语句。短语句可以一行写多条，长语句也可以分成多行来写。有的编译系统提供了续行符"\"。

(2) C++ 程序书写时要尽量提高可读性。为此，采用适当地缩进格式书写程序是非常

必要的，表示同一类内容或同一层次的语句要对齐。

(3) C++程序中大括号 { } 使用较多，其书写方法也较多，因此要养成使用大括号 { } 的固定风格。

本 章 小 结

本章主要讲述程序设计的基本概念和方法，并简单介绍了 C++ 语言的特点。计算机程序设计语言是计算机可以识别的语言，用于描述解决问题的方法，供计算机阅读和执行。计算机语言经历了机器语言、汇编语言、高级语言和面向对象语言的发展过程。软件开发方法也经历了面向机器的方法、面向过程的方法和面向对象的方法的发展过程。

编程者想要得到正确并且易于理解的程序，必须采用良好的程序设计方法。结构化程序设计和面向对象的程序设计是两种主要的程序设计方法。结构化程序设计建立在程序的结构基础之上，主张只采用顺序、循环和选择三种基本的程序结构和自顶向下逐步求精的设计方法，实现单入口单出口的结构化程序；面向对象的程序设计按人们通常的思维方式建立问题区域的模型，设计尽可能自然地表现客观世界求解方法的软件，对象、消息、类和方法是实现这一目标而引入的基本概念。面向对象程序设计的基本点在于对象的封装性、继承性，以及由此带来的实体的多态性。

C++ 语言既支持面向过程，又支持面向对象，是目前应用最广、最成功的面向对象语言。

习 题 1

一、单项选择题

1. 最初的计算机编程语言是(　　)。
   A. 机器语言　　　B. 汇编语言　　　C. 高级语言　　　D. 低级语言

2. 下列各种高级语言中，(　　)不是面向对象的程序设计语言。
   A. Java　　　B. PASCAL　　　C. C++　　　D. Delphi

3. 结构化程序设计的基本结构不包含(　　)。
   A. 顺序　　　B. 选择　　　C. 跳转　　　D. 循环

4. (　　)不是面向对象系统所包含的要素。
   A. 继承　　　B. 对象　　　C. 类　　　D. 重载

5. 下列关于 C++ 与 C 语言的关系的描述中，(　　)是错误的。
   A. C++ 和 C 语言都是面向对象的　　　B. C 语言与 C++ 是兼容的
   C. C++ 对 C 语言进行了一些改进　　　D. C 语言是 C++ 的一个子集

6. (　　)不是面向对象程序设计的主要特征。
   A. 封装　　　B. 继承　　　C. 多态　　　D. 结构

7. 下列关于对象概念的描述中，(　　)是错误的。
   A. 对象就是 C 语言中的结构变量

B．对象代表着正在创建的系统中的一个实体

C．对象是一个状态和操作(或方法)的封装体

D．对象之间的信息传递是通过消息进行的

8．下列关于类的概念描述中，(　　)是错误的。

A．类是抽象数据类型的实现

B．类是具有共同行为的若干对象的统一描述体

C．类是创建对象的样板

D．类就是 C 语言中的结构类型

9．程序必须包含的部分是(　　)。

A．头文件　　　　　B．注释　　　　　C．高级语言　　　　　D．数据结构和算法

10．C++ 对 C 语言做了许多改进，(　　)使 C++ 语言成为面向对象的语言。

A．增加了一些新的运算符

B．允许函数重载，并允许函数有默认参数

C．引进了类和对象的概念

D．规定函数说明必须用原型

11．对象之间的相互作用和通信是通过消息实现的。(　　)不是消息的组成部分。

A．接受消息的对象　　　　　　　　B．要执行的函数的名字

C．要执行的函数的内部结构　　　　D．函数需要的参数

12．面向对象程序设计把数据和(　　)封装在一起。

A．数据隐藏　　　　B．信息　　　　　C．数据抽象　　　　D．对数据的操作

13．C++ 源程序的扩展名是(　　)。

A．.c　　　　　　　B．.exe　　　　　C．.cpp　　　　　D．.pch

14．C++ 语言与 C 语言相比最大的改进是(　　)。

A．安全性　　　　　B．复用性　　　　C．面向对象　　　　D．面向过程

15．以下叙述不正确的是(　　)。

A．C++ 程序的基本单位是函数

B．一个 C++ 程序可由一个或多个函数组成

C．一个 C++ 程序有且只有一个主函数

D．C++ 程序的注释只能出现在语句的后面

二、填空题

1．语言处理程序主要包括_____、_____、_____三种。

2．汇编程序的功能是将汇编语言所编写的源程序翻译成由_____组成的目标程序。

3．C++ 作为一门面向对象语言，它的特征分别是_____、_____和_____。

4．目前，有两种重要的程序设计方法，分别是_____和_____。

5．在 C++ 中，封装是通过_____来实现的。

6．C++ 程序一般可以分为 4 个部分：_____，全局说明，_____，用户自定义的函数。

7．任何程序逻辑都可以用_____、_____和_____等三种基本结构来表示。

8．在面向对象程序设计中，类是具有＿＿＿＿＿和＿＿＿＿＿的对象的集合，它是对一类对象的抽象描述。

9．在 C++ 程序中注释语句有＿＿＿＿＿＿和＿＿＿＿两种格式。

10．C++ 程序中的"endl"在输出语句中起＿＿＿＿＿＿作用。

三、判断题(正确的划 √，错误的划 ×)

1．机器语言和汇编语言都是计算机能够直接识别的语言。(　　)

2．#include<iostream>是 C++ 的一条语句。(　　)

3．编译预处理命令的执行是在一般编译过程之后、连接处理之前进行的。(　　)

4．C++ 是 C 语言的超集，兼容 C 语言。(　　)

5．面向对象整个程序由不同类的对象构成，各对象是一个独立的实体，对象之间通过消息传递发生相互作用。(　　)

6．属性是类中所定义的数据，类的每个实例的属性值都相同。(　　)

7．源程序在编译时可能会出现一些错误信息，但在连接时不会出现错误信息。(　　)

8．对象是描述其属性的数据及对这些数据施加的一组操作封装在一起构成的一个独立整体。(　　)

9．封装是一种信息隐藏技术，即对象的内部对用户是隐藏的，用户可以直接访问。(　　)

四、问答题

1．什么是结构化程序设计方法？这种方法有哪些优点和缺点？

2．面向对象程序设计的基本思想是什么？面向对象程序设计有哪些重要特点？

3．面向对象与面向过程程序设计有哪些不同点？

4．什么是面向对象方法的封装性？它有何优缺点？

5．面向对象程序设计为什么要应用继承机制？

6．什么是面向对象程序设计中的多态性？

7．什么是面向对象中的消息？一条消息由哪几部分组成？

8．为什么说 C++ 是混合型面向对象程序设计语言？

五、编程题

1．编写程序在屏幕上显示字符串"欢迎大家学习 C++ 语言！"，并按照书中介绍练习 C++ 语言的上机实现过程。

代码：

```cpp
#include <iostream>
using namespace std;
int main()
{
    cout<<"欢迎大家学习 C++ 语言! "<<endl;
    return 0;
}
```

2．仿照本章例题，设计一个程序：从键盘上接收 3 个数，求平均值后显示出来。

第 2 章　C++ 语言基础

本章要点

- C++ 对 C 语言的扩充;
- 掌握 C++ 的输入输出、数据类型及类型转换;
- 掌握 C++ 的指针与引用;
- 掌握动态内存分配。

C++ 是继承于 C 语言的,它几乎保留了 C 语言的全部特征,C 语言的核心知识在 C++ 语言中都适用,C 语言原有的数据类型、表达式、程序语句、函数及程序组织方式等在 C++ 程序中仍然可用。C++ 对 C 语言的最大改变就是在 C 语言中引入了面向对象程序设计的语言机制,并对 C 语言的某些特征进行了扩展,同时增加了一些非面向对象方面的新特性,使程序设计更为简洁、安全。

本章主要介绍 C++ 在 C 语言基础上的扩充,这里主要讲解以下几个方面:C++ 的数据类型使用,表示"真"与"假"的 bool 类型;C++ 数据的标准输入输出;const 常量;字符串 string 类型变量;格式进行控制;指针和引用;动态内存分配等相关概念。

2.1　C++ 数据类型

数据是计算机程序处理的主要对象,数据类型是程序设计语言中非常重要的一个概念,它把一种程序设计语言所处理的对象按其性质不同分为不同的子集,对不同的数据类型规定不同的运算。数据不仅指数学中的自然数、整数、实数,还包括文字、图像、声音等等。在程序设计语言中,数据主要被分为数值和非数值两大类。

2.1.1　C++ 基本数据类型

1. 基本数据类型

C++ 基本数据类型有 4 种:整型(int)、浮点型(float)、字符型 (char)、逻辑型(bool)。

数据类型

整型数在计算机内部一般采用定点表示法,用于存储整型量(如 123、−456 等)。

浮点数和整型数不同的地方是浮点数采用的是浮点表示法,也就是说,浮点数的小数点的位置不同,给出的精度也不相同。

字符型表示单个字符,一个字符用一个字节存储。

逻辑类型,也称布尔类型,表示表达式的真(true)和假(false)。

一个数据类型定义了数据(以变量或常量的形式来描述)可接受值的集合以及对它能执行的操作。数据类型有 3 种主要用途:① 指明对该类型的数据应分配多大的内存空间;② 定义能用于该类型数据的操作；③ 防止数据类型不相匹配。C++ 的数据类型如图 2-1 所示。

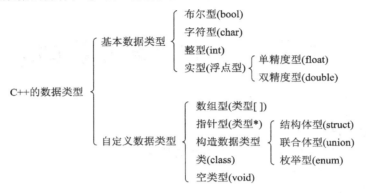

图 2-1　C++ 数据类型

2. 修饰符

在基本的数据类型前可以添加修饰符，以改变基本类型的意义。修饰符主要包括 signed(有符号)、unsigned(无符号)、short(短型)、long(长型)。

(1) unsigned 和 signed 只用于修饰 char 和 int，且 signed 修饰词可以省略。当用 unsigned 修饰词时，后面的类型说明符可以省略。例如：

signed int n 与 int n 等价；

signed char ch 与 char ch 等价；

unsigned int n 与 unsigned n 等价；

unsigned char ch 与 unsigned ch 等价。

(2) short 只用于修饰 int，且用 short 修饰时，int 可以省略，即 short int n 与 short n 等价。

(3) long 只能修饰 int 和 double。当用 long 修饰 int 时，int 可以省略，即 long int n 与 long n 等价。

基本的数据类型及其表示范围如表 2-1 所示。

表 2-1　基本的数据类型及其表示范围

类 型 名	类 型	字 节	表 示 范 围
char(signed char)	字符型	1	$-128\sim127$
unsigned char	无符号字符型	1	$0\sim255$
int(signed int)	整型	4	$-2\,147\,483\,648\sim2\,147\,483\,647$
unsigned int	无符号整型	4	$0\sim4\,294\,967\,295$
short int(signed short int)	短整型	2	$-32\,768\sim32\,767$
unsigned short int	无符号短整型	2	$0\sim65\,535$
long int(signed long int)	长整型	4	$-2\,147\,483\,648\sim2\,147\,483\,647$
unsigned long int	无符号长整型	4	$0\sim4\,294\,967\,295$
float	浮点型	4	$3.4\times10^{-38}\sim3.4\times10^{38}$
double	双精度型	8	$1.7\times10^{-308}\sim1.7\times10^{308}$
long double	长双精度型	10	$1.2\times10^{-4932}\sim1.2\times10^{4932}$

学过 C 语言的同学都可以看出来，C++ 的基本数据类型与 C 语言一致，也就是说，C++ 中的字符类型(char、signed char、unsigned char)、整型(int、short int、signed short int、unsigned short int、signed int、unsigned int、long int、signed long int、unsigned long int)、浮点型 (float、double、Iong double) 与 C 语言相同，可以在 C++程序的变量声明和定义语句中直接引用它们。

但 C++ 对 C 语言的结构、联合、枚举等自定义数据类型做了扩展，程序中定义的结构名、联合名、枚举名都是类型名，可以直接用于变量的声明或定义。即在 C++ 中定义变量时，不必在结构名、联合名、枚举名前加上前缀 struct、union、enum。如下述类型声明：

```
enum color {black, white, red, blue, yellow};
struct student {
    char ID [6];
    char Name [6];
    int age;
};
union xy{
    int x;
    char y;
};
```

在 C++ 程序中，可以用下面的形式定义相关类型的变量：

```
student s1;
xy x1;
color col;
```

但在 C 语言中，必须在相关变量的定义前面加上对应的关键字，形式如下：

```
struct student s1;
union xy x1;
enum color col;
```

下面我们通过一个例子，来进一步认识 C++ 中的结构体。

【例 2-1】 用 C++ 编写结构体变量示例。

程序如下：

```
/*ch02-1.cpp*/
#include <iostream>
#include <string>                //包含头文件命令
using namespace std;             //使用名字空间 std
struct    Student {              //结构体的定义
private:                         // C 语言默认是 public
    int num; string name; char sex;
public:
    void display()
    {
```

```
            cout << "num=" << num << endl;
            cout << "name=" << name << endl;
            cout << "sex=" << sex << endl;
        };
        void set(int numX, string nameX, char sexX)
        {   num=numX; name=nameX; sex=sexX; }
    };
    int main()
    {
        Student stud1, stud2;              //结构体变量的定义，结构体和类的区别
        int num; char sex; string name;
        cout<<"请输入学号、姓名、性别:"<<endl;
        cin>>num>>name>>sex;
        stud1.set(num, name, sex);
        stud1.display();
        return 0;
    }
```

运行结果：

```
请输入学号、姓名、性别:
1234 wangfang M
num=1234
name=wangfang
sex=M
```

从上例可以看出，在 C 语言中，结构体不能包含函数。在面向对象的程序设计中，对象具有状态(属性)和行为，状态保存在成员变量中，行为通过成员方法(函数)来实现。C 语言中的结构体只能描述一个对象的状态，不能描述一个对象的行为。在 C++ 中，考虑到 C 语言到 C++ 语言过渡的连续性，对结构体进行了扩展，C++ 的结构体可以包含函数，这样，C++ 的结构体也具有类的功能，与 class 不同的是，结构体包含的函数默认为 public，而不是 private。

2.1.2　常量、变量和表达式

1. 常量

常量就是指在程序运行的整个过程中值始终保持不变的量。

1) 整型常量

整型常量就是以文字形式出现的整数，包括正整数、零、负整数，其表示形式有十进制、八进制、十六进制。

十进制表示为符号加若干个 0～9 的数字，但数字部分不能以 0 开头，如 132、−345。

八进制表示为符号加以数字 0 为开头的若干个 0～7 的数字，如 010、−0536。

十六进制表示为符号加以 0x 开头的若干个 0～9 数字及 A～F 的字母，如 0x7A、−0X3de。

2) 实型常量

C++ 提供了两种实型常量的表示形式：定点数形式、指数形式。

定点数形式：它由数字和小数点组成，如 0.123、.234、0.0 等，这种形式的常量必须有小数点。

指数形式：由"数字＋E(或 e)＋整数"构成。E 前必须有数字，E 后必须是整数。如 123e4，2.5E2。

默认实型常数为 double 型，后加 F 或 f 表示 float 型，后加 l 或 L 表示 long double 型。

3) 字符常量

字符常量由一对单引号括起的一个字符表示,其值为所括起字符在 ASCII 表中的编码。字符常量包括两种类型：

① 常规字符：单引号括起的一个字符，如 'a'，'x'，'?' 等。

② 转义字符：以"\"开头的字符序列，如"\n"，"\b"等。常用转义字符如表 2-2 所示。

表 2-2 常用转义字符表

转义序列	对应值	对应功能或字符
\a	7	响铃
\b	8	退格
\f	12	换页
\n	10	换行
\r	13	回车
\t	9	水平制表
\v	11	垂直制表
\\	92	反斜线
\'	39	单引号
\"	34	双引号
\?	63	问号

4) 字符串常量

字符串常量是由一对双引号括起的字符序列，字符序列中可以包含空格、转义序列或任何其他字符。例如：

    "C++ is a better C\n"

字符串常量实际上是一个字符数组，组成数组的字符除显示给出的外，还包括字符结尾处标识字符串结束的符号 '0'，所以字符串 "abc" 实际上包含 4 个字符：a、b、c 和\0。

需要注意 'a' 和 "a" 的区别：'a' 是一个字符常量，在内存中占一个字节的存储单元；而 "a" 是一个字符串常量，在内存中占两个字节，除了存储 'a' 以外，还要存储字符串结尾符 '\0'。表 2-3 所示为字符常量与字符串常量的区别。

表 2-3　字符常量与字符串常量的区别

字符常量	字符串常量
用一个字符型变量存放	用一维数组存放
用单引号括起	用双引号括起
字符没有结束符	字符串有一个结束符，该结束符用 "\0" 表示
字符常量 'a' 在内存中占用一个字节	字符串常量 "a" 在内存中占用两个字节
可进行加、减法运算	可进行连接、拷贝运算

5) 布尔常量

我们知道在 C 语言中没有"真"与"假"的数据类型，而在 C++ 中，布尔(bool)常量有两个取值：true(真)和 false(假)，按照定义，true 的值为 1，false 的值为 0。例如下面的代码：

```
bool b;
b = 3 == 3;        // 3==3 成立，则为 ture，所以 b 的值为 1
```

在算数和逻辑表达式里，bool 都被转换为 int 类型的数据，在这种转换后得到的值上进行各种算术和逻辑运算。bool 类型最常见的用途是作为函数的结果类型，判断某一个条件是否成立。例如下面的代码：

```
bool isPrime(int x);                //此函数用于判断一个整数是否为质数。返回 true 或 false
bool greater(int x, int y){return x > y; }  //判断两个数的大小，返回 true 或 false
```

bool 类型还常用于循环语句的判断条件，例如下面的代码：

```
bool b = ture;
while(b){.....};
```

注意：

指针也可以隐式的转换为 bool 类型，空指针转换为 false，非空指针转换为 true。

6) 枚举常量

枚举即一一列举变量的值，变量的值只能从所列举的值中取其一。枚举声明：

```
enum <枚举名>{<枚举表>};
```

说明：

① <枚举表>由若干个枚举符组成，多个枚举符之间用逗号分隔；
② 枚举符是用标识符表示的整型常量，又称枚举常量；
③ 枚举常量的值默认为最前边的一个为 0，其后的值依次加 1；
④ 枚举常量的值也可显式定义，未显式定义的则在前一个值的基础上加 1。

例如：

```
enum day {Sun, Mon, Tue, Wed, Thu, Fri, Sat};
enum day {Sun=7, Mon=1, Tue, Wed, Tur, Fri, Sat};
```

2. 变量

在程序运行过程中，其值可以被改变的量称为变量。

1) 变量的声明

变量的命名规则：变量名是只能由英文字母、十进制数字符号和下划线组成，且以字母或下划线开头的字符序列。

每个标识符中的字符数可以任意，但只有前 32 个字符有效。如果超长，则超长部分被舍弃。变量有 3 个特征：① 每一个变量有一个变量名；② 每一个变量有一个类型；③ 每一个变量保存一个值。

注意：变量在使用之前需要先声明其类型和名称。

变量声明语句的形式如下：

数据类型　变量名 1, 变量名 2, …, 变量名 n;

例如

```
int i, j;
char a;
```

分别声明了两个整型变量 i, j 和一个字符型变量 a。

2) 变量赋值与初始化

在声明变量的同时，可以给它赋以初值，称为变量初始化。赋值形式如下：

数据类型　标识符 1(初始值 1), …, 标识符 n(初始值 n);

数据类型　标识符 1=初始值 1, …, 标识符 n=初始值 n;

例如：

```
double price=15.5;
int size(100);          //这是与 C 语言不同之处
```

以上两个语句分别表示定义双精度型变量 price，并将其初始值赋为 15.5；定义整型变量 size，并赋值为 100。

3) 整型变量

整型变量可分为有符号短整型、无符号短整型、有符号整型、无符号整型、有符号长整型、无符号长整型。

例如：

```
int    a, b;                //指定变量 a, b 为整型
unsigned short int   c, d;   //指定变量 c, d 为无符号短整型，该语句中的 int 可不写
long e, f;                  //指定 e, f 为长整型
```

注意：对变量的定义一般放在一个函数的开头部分。

4) 实型变量

C++ 语言的实型变量分为 2 种：

① 单精度型：类型关键字为 float，一般占 4 个字节。

② 双精度型：类型关键字为 double，一般占 8 个字节。

例如：

```
float   x, y;              //指定 x, y 为单精度实型变量
double   w;               //指定 w 为双精度实型变量
```

5) 字符变量

字符变量用来存储字符常量。注意：每个字符变量只能存放一个字符，一般一个字节存放一个字符，即一个字符变量在内存中占一个字节。将一个字符常量放到一个字符变量中，并不是把该字符本身放到内存单元中去，而是将该字符的 ASCII 码值(无符号整数)以二进制的形式存储到内存单元中。字符变量的类型关键字为 char。

【例 2-2】 字符类型与数值类型间的转换。

程序如下：

```cpp
/*ch02-2.cpp*/
#include<iostream>
using namespace std;
int main ( )
{   char   ch1, ch2 ;          //定义两个字符变量：ch1，ch2
    ch1= 'a';                  //给字符变量 ch1 赋值字母 a
    ch2='b';                   //给字符变量 ch2 赋值字母 b
    cout << " ch1= " << ch1 << '\t' << " ch2 = " << ch2 << " \n" ;
    cout << " ch1=" << (int)ch1 << " ch2 = " << (int)ch2 << " \n" ;
                               //(int)类型强制转换为整型
    return 0;
}
```

运行结果：

```
ch1=a    ch2=b
ch1=97   ch2=98
```

C++ 语言还允许对字符型数据进行算术运算，此时就是对它们的 ASCII 码值进行算术运算。

【例 2-3】 字符型数据与整型数据互相赋值。

程序如下：

```cpp
/*ch02-3.cpp*/
#include<iostream>
using name space std;
int main( )
{   char   ch1 , ch2 ;
    ch1='a'; ch2='b';
    ch1=ch1-32 ;               //字符型数据 ch1 减掉 32 再重新赋给 ch1
    ch2=ch2-32 ;               //字符型数据 ch2 减掉 32 再重新赋给 ch2
    printf( "ch1= %c , ch2= %c\n", ch1, ch2 ) ;
    printf( "ch1= %d , ch2= %d\n", ch1, ch2 ) ;
    return 0;
}
```

运行结果：

ch1=A　　ch2=B

ch1=97　ch2=98

可以看到上例的作用是将小写字母 a 转换成大写字母 A，将小写字母 b 转换成大写字母 B。C++ 语言对字符型数据的这些处理增加了程序设计时的自由度。

3. 表达式

表达式是计算求值的基本单位，它是由运算符和运算数组成的式子。运算符是表示进行某种运算的符号。运算数包含常量、变量和函数等。

(1) 一个表达式的值可以用来参与其他操作。

(2) 一个常量或标识对象的标识符是一个最简单的表达式，其值是常量或对象的值。

2.2　C++ 数据的输入与输出

计算机处理数据的基本流程是：输入数据→处理数据→输出结果。因此，数据的输入/输出几乎是每个程序不可避免的问题。必须指出，C++ 语言不提供输入、输出语句，而是提供一个面向对象的 I/O 软件包，I/O 流类库来实现数据的输入和输出，I/O 流是指数据从键盘流入正在运行的程序或从程序流向屏幕、磁盘文件。C++ 程序没有输入/输出语句，它的输入/输出功能由存放在 C++ 的输入输出流库中的流对象 cin、cout 和流运算符的定义来实现。输入/输出流(I/O 流)是输入或输出的一系列字节，C++ 定义了运算符 "<<" 和 ">>" 的 iostream 类。因此如果在程序中使用 cin、cout 和流运算符，就必须使用预处理命令把头文件 iostream 包含到本文件中。本小节只介绍如何利用 C++ 的标准输入/输出流实现数据的输入/输出功能。

2.2.1　C++ 流的概念

在 C++ 中，I/O(iuput/ouput，输入/输出)数据是一些从源设备到目标设备的字节序列，称为字节流。除了图像、声音数据外，字节流通常代表的都是字符，因此在多数情况下的流(stream)是从源设备到目标设备的字符序列。

流分为输入流和输出流两类。输入流(Input Stream)是指从输入设备流向内存的字节序列。输出流(Output Stream)是指从内存流向输出设备的字节序列。在 C++ 中，标准输入设备通常是指键盘，标准输出设备通常是指显示器。为了从键盘输入数据，或为了将数据输出到显示器屏幕上，程序中必须包含头文件 iostream.h。这个头文件包括了输入流 istream 和输出流 ostream 两种数据类型，而且还用这两种数据类型定义了如下两个对象：

istream cin;

ostream cout;

其中，cin(读作 see-in)用于从键盘输入数据，cout(读作 se-out)用于将内存数据输出到显示器。在定义流对象时，系统会在内存中开辟一段缓冲区，用来暂存输入输出流的数据。在执行 cout 语句时，先把插入的数据顺序存放在输出缓冲区中，直到输出缓冲区满或遇到 cout 语句中的 endl(或 '\n', ends, flush)为止，此时将缓冲区中已有的数据一起输出，并清空缓冲区。输出流中的数据在系统默认的设备(一般为显示器)输出。

2.2.2　cin 和抽取运算符>>

当程序需要执行键盘输入时，可以使用 ">>" 从输入流 cin 中抽取键盘输入的字符和数字，并把它赋给指定的变量。cin 用于输入流操作，与抽取操作符 ">>" 配合可以实现从键盘输入数据。

一般格式为

　　　　cin >> <变量名 1>[>> <变量名 2> >>...>> <变量名 n>];

其中 ">>" 为流抽取运算符。当程序执行到 cin 语句时，就会停下来等待键盘数据的输入，输入数据被插入到输入流中，数据输完后按 Enter 键结束。当遇到运算符 >> 时，就从输入流中提取一个数据，存入内存变量 x 中。

说明：

① cin 是在 iostream.h 中预定义的一个标准输入设备(一般代表键盘)，>> 是抽取运算符，用于从输入流中抽取数据(即从流中分析和提取数据)，并存于其后的变量 x 中。x 是程序中定义的变量名，原则上 x 应该是系统内置的简单数据类型，如 int、char、float、double 等。

② 在一条 cin 语句中可以同时为多个变量输入数据。在输入数据时应当输入与 cin 语句中变量个数相同的数据，各输入数据之间用一个或多个空白(包括空格、回车、Tab)作为间隔符，全部数据输入完成后，按 Enter 键结束。

【例 2-4】　输入 cin 与抽取运算符 >> 结合示例。

程序如下：

```
/*ch02-4.cpp*/
#include<iostream>
using namespace std;
int main()
{
    int a1;
    double a2;
    char a3;
    cin>>a1>>a2>>a3;
    return 0;
}
```

当一条 cin 语句中有多个运算符>>时，需要从键盘输入多个数据到输入流中，每当遇到一个 >> 时，就从输入流中提取一个数据存入其后的变量中。

可以把一条 cin 语句分解为多条 cin 语句，也可以把多条 cin 语句合并为一条语句，所以上面的输入语句与下面的语句组等效。

```
cin>>a1;
cin>>a2;
cin>>a3;
```

③ 在 >> 后面只能出现变量名，这些变量应该是系统预定义的简单类型，否则将出现错误。下面的语句是错误的：

```
cin>>"a=">>a;                    //错误，>>后面含有字符串"a="
cin>>12>>a;                      //错误，>>后面含有常数 12
cin>>'a'>>a:                     //错误，>>后面含有字符 'a'
```

④ cin 具有自动识别数据类型的能力，提取运算 >> 将根据它后面的变量的类型从输入流中为它们提取对应的数据。比如：

```
cin>>a;
```

假设输入数据 2，提取运算符>>将根据其后的 a 的类型决定输入的 2 到底是数字还是字符。若 a 是 char 类型，则 2 就是字符；若 a 是 int、float 之类的类型，则 2 就是一个数字。

再如，若输入 34，且 a 是 char 类型，则只有字符 3 被存储到 a 中，4 将继续保存在流中；若 a 是 int 或 float，则 34 就会被存储在 a 中。

⑤ 数值型数据的输入。在读取数值型数据时，抽取运算符 >> 首先略掉数据前面的所有空白符号，如果遇到正、负号或数字，就开始读入，包括浮点型数据的小数点，并在遇到空白符或其他非数字字符时停止。例如：

```
int a1;
double a2;
char a3;
cin>>a1>>a2>>a3;
```

假如输入 "35.4A" 并按 Enter 键，第 1 个抽取运算符 >> 根据 a1 的类型 int，从输入流中提取一个整数存储在 a1 中，这个整数只能是 35。因为接下来的是 "."，它不是整数的有效数字，所以提取 a1 后，输入流中的数据是 ".4A"。第 2 个提取运算符 >> 将从输入流中为 a2 提取数据，因为 a2 是 double 型，所以只能把 ".4" 存储到 a2 中，因为接在 4 后面的 A 不是有效的数字，所以 a2 的结果是 0.4 (0 由系统产生)；第 3 个提取运算符 >> 为 a3 提取数据，a3 是 char 型，所以 "A" 就被输入到 a3 中。

这个结果说明了在输入数据时，一定要注意数据之间间隔符的正确输入。

输入数值型数据时，还要注意不同进制数据的输入方法。

十进制整数：直接输入数据本身，如 78。

十六进整数：在要输入的数据前加 0x 或 0X，如 0x1A(对应的十进制数是 26)。

八进制整数：在输入的数据前加 0，如 043(代表十进制数 35)。

⑥ 接受一个字符串，遇 "空格"、"Tab"、"回车" 都结束。

【例 2-5】 输入字符串示例。

程序如下：

```
/*ch02-5.cpp*/
#include <iostream>
using namespace std;
int main ()
{
    char a[20];
    cin>>a;
    cout<<a<<endl;
```

```
        return 0;
    }
```

假如输入：verygood!，输出结果则为 verygood!。

如果输入：very good!　　//遇空格结束，输出则为 very。

【例 2-6】 假设有变量定义语句如下，讨论各种输入形式，内存变量所获得的值。

程序如下：

```
/*ch02-6.cpp*/
#include<iostream>
using namespace std;
int main( )
{   int a, b;
    double z;
    char ch;
    return 0;
}
```

下面讨论 12 种语句对不同的数据输入，内存变量所获得的值，见表 2-4 数据输入含义。

表 2-4　数据输入含义

语　　句	输　　入	内存变量的值
cin>>ch;	A	ch='A'
cin>>ch;	AB	ch='A', 'B 被保留在输入流中等待被读取
cin>>a	32	a=32
cin>>a;	32.23	a=32, 后面的 .23 被保留在输入流中等待被读取
cin>>z;	76.21	z=76.21
cin>>z;	65	z=65.0
cin>>a>>ch>>z	23 B 3.2	a=23, ch='B', z=3.2
cin>>a>>ch>>z	23B3.2	a=23, ch='B', z=3.2
cin>>a>>b>>z	23 32	a=23, b=32, 计算机等待输入下一个数据存入 z
cin>>a>>z	2 3.2 24	a=2, z=3.2, 而 24 被保留在输入流中等待被读取
cin>>a>>ch	132	a=132, 计算机等待输入 ch 的值
cin>>ch>>a	132	ch='1', a=32

2.2.3　cout 和插入运算符<<

当程序需要在屏幕上显示输出时，可以使用插入运算符 "<<" 向输出流 cout 对象中插入字符和数字，并把它在屏幕上显示输出。cout 用于输出流操作，与插入运算符 "<<" 配合可以实现向屏幕输出数据。在执行 cout 语句时，先把插入的数据顺序存放在输出缓冲区中，直到输出缓冲区满或遇到 cout 语句中的 endl(或 '\n', ends, flush)为止，此时将缓冲区中已有的数据一起输出，并清空缓冲区。一般格式为

　　　cout << <表达式 1> [<< <表达式 2>　<< ... << <表达式 n>] ;

　　例如：

　　　cout << "Hello.\n";

　　与输入一样，这里的插入操作符"<<"与位移运算符"<<"是同样的符号，但这种符号在不同的地方其含义是不一样的。

　　当程序执行到 cout 语句时，将在显示屏幕上把 Hello. 显示出来，实际上 << 后面可以是字符串、变量或常量。cout 是在 iostream.h 中定义的标准输出设备(一般代表显示器)，<< 是插入运算符，用来将其右边的内容插入到输出流中(cout 是流向的目的地，所以最终是把 << 后面的内容显示在屏幕上)。

1. 输出字符类型的数据

　　字符类型数据包括字符常量、字符串常量、字符变量和字符串变量。对于字符常量和字符串常量，cout 将把它们原样输出在屏幕上；对于字符变量和字符串变量，cout 将把变量的值输出到显示屏幕上。例 2-7 是一个字符输出示例程序。

　　【例 2-7】 用 cout 输出字符数据。

　　程序如下：

```
/*ch02-7.cpp*/
#include<iostream>
using namespace std;
int main()
{
    char ch1 = 'c';
    char ch2 [] = "Hellow c++ !";
    cout << ch1;
    cout << ch2;
    cout << "C";
    cout << "Hellow everyone!";
    return 0;
}
```

　　程序的运行结果如下(这个结果是由程序中的 4 条 cout 语句共同输出的)：

　　　cHellow C++ !CHellow everyone!

　　注意：不能用一个插入运算符"<<"插入多个输出项，如：

　　　cout << a, b, c;　　//错误，不能一次插入多项

　　　cout << a+b+c;　　//正确，这是一个表达式，作为一项

2. 连续输出

　　cout 语句能够同时输出多个数据，其用法如下：

　　　cout << x1 << x2 << x3 << …;

其中，x1、x2 和 x3 可以是相同或不同类型的数据，此命令将依次把 x1、x2 和 x3 的值输出到显示屏幕上。

cout 的这种格式表明，可以把多条 cout 语句合并成一条语句。当然，也可以把一条 cout 语句分解为多条语句。将例 2-7 程序中的 4 条 cout 语句合并成一条命令，不会影响程序的功能，其运行结果完全相同：

```
cout << ch1 << ch2 << "C" << "Hellow everyone!";
```

与 C 语言一样，在 C++ 程序中也可以将一条命令写在多行上。比如，上面的语句也可写成下面的形式：

```
cout<<ch1
<<ch2
<<"C"
<<"Hellow    everyone ! ";
```

3. 输出换行

例 2-7 的输出结果并不清晰，如果能够把它们输出在多行上，效果会更好。在 cout 语句中，可以通过输出换行符 "\n" 或 endl 操纵符将输出光标移动到下一行的开头处。例 2-8 是对例 2-7 的改写。

【例 2-8】　在例 2-7 的输出语句中增加换行符。

程序如下：

```
/*ch02-8.cpp*/
#include<iostream>
using namespace std;
int main()
{
    char ch1='c';
    char ch2[]="Hellow C++!";
    cout<<ch1<<endl;
    cout<<ch2<<"\n";
    cout<<"C"<<endl;
    cout<<"Hellow everyone!\n";
    return 0;
}
```

本程序的输出如下：

```
c
Hellow C++!
C
Hellow everyone!
```

endl 和 "\n" 具有相同的功能，它们可以出现在 cout 语句中任何位置的<<的后面。"\n" 还可以直接放在字符串常数的后面，如语句 "cout<<"Hellow everyone!\n"" 最后的 "\n"。

4. 输出数据类型的数据

数值型常量数据可以利用 cout 直接输出，例如：

```
cout<<1<<2<<3<<endl;
```

将在屏幕上显示：123。数值变量的输出也是如此。比如，下面的程序段：

```
int x1=23;
float x2=34.1;
double x3=67.12;
cout<<x1<<x2<<x3<<900;
```

其中的 cout 语句将在屏幕上输出"2334.167.12900"。

从上面两条输出语句的结果可以看出：cout 在输出多个数据时，不会在数据之间插入任何间隔符，其结果是使输出数据变得含混不清，如数值 1，2，3 被输出成了 123。针对这种情况，需要在 cout 输出语句中添加一些数据间隔符。比如，可将上面的语句改写为

```
cout<<1<<" "<<2<<" "<<3<<endl;
cout<<"x1="<<x1<<" "<<"x2="<<x2<<" "<<"x3="<<x3<<endl<<900<<endl;
```

下面是这两条语句的输出结果(显然它比前面的输出结果更清晰)：

```
1 2 3
x1=23 x2=34.1 x3=67.12
900
```

2.2.4 I/O 流常用的格式控制符

在程序运行过程中，常常需要按照一定的格式输出其运行结果，如设置数值精度、设置小数点的位置、设置输出数据宽度或对齐方式、按照指定的进制输出数据等等。数据输出格式的设置是程序设计的一个重要内容，影响到程序结果的清晰性。

C++ 在头文件 iomanip.h 中定义了控制符(Manipulators)对象，用控制符可以对 I/O 流的格式进行控制。C++ 提供了许多控制数据输出格式的函数和操纵符(也称操纵函数或操纵算子)，这些操纵符或操纵函数是在 iomanip.h 或 iostream.h 中定义的，本节介绍的 setprecision、setw、left、right 都是在 iomanip.h 中定义的，直接将这些控制符嵌入到 I/O 语句中进行格式控制。在使用这些控制符时，要在程序的开头包含头文件 iomanip.h。表 2-5 列出了常用的 I/O 流控制符。

表 2-5 I/O 流的常用控制符

控 制 符	描 述
dex	置基数为 10
oct	置基数为 8
hex	置基数为 16
setfill(w)	设填充字符为 w
setprecision(m)	设显示小数精度为 m 位
setw(m)	设域宽为 m 个字符
setiosflags(ios::fixed)	固定的浮点数显示
setiosflags(ios::scientific)	浮点数采用科学记数法表示

控　制　符	描　述
setiosflags(ios::right)	右对齐
setiosflags(ios::left)	左对齐
setiosflags(ios::skipws)	忽略前导空白
setiosflags(ios::lowercase)	十六进制数小写输出
setiosflags(ios::uppercase)	十六进制数大写输出
setiosflags(ios::showpoint)	强制显示小数点符号
setiosflags(ios::showpos)	强制显示符号

1. 数制基数

在默认方式下，C++ 按照十进制形式输出数据。当要按其他进制输出数据时，就需要在输出语句中指定输出数据的基数。

C++ 在 iostream.h 中预定义了 hex、oct、dec 等操纵符。hex 操纵符可使数据按十六进制输出，oct 可使数据按八进制输出，dec 则使数据按十进制输出。例 2-9 是按照不同进制输出数据的一个例子。

【例 2-9】 输出不同进制的数据。

程序如下：

```
/*ch02-9.cpp*/
#include<iostream>
using namespace std;
int main()
{
    int x=34;
    cout<<hex<<17<<" "<<x<<" "<<18<<endl;
    cout<<17<<" "<<oct<<x<<" "<<18<<endl;
    cout<<dec<<17 <<" "<<x<<" "<<18<<endl;
    return 0 ;
}
```

设置数制基数后，它将一直有效，直到遇到下一个基数设置。因此本程序的运行结果如下：

```
11 22 12
11 42 22
17 34 18
```

其中，第 1 行和第 2 行的 11 是十六进制数，第 2 行的 42 和 22 是八进制数，第 3 行是十进制数。

【例 2-10】 使用格式控制字符控制不同进制的输出示例。

程序如下：

```
/*ch02-10.cpp*/
#include<iostream>
using namespace std;
int main()
{
    int a=27;
    float x=3.14;
    cout<<"a="<<oct<<a<<" a="<<hex<<a<<endl;        //分别以 8 进制和 16 进制的形式输出 a
    cout<<"x="<<x<<setw(10)<<"x="<<x<<endl;
    cout<<setiosflags(ios::fixed)<<"x="<<x<<endl;
    return 0;
}
```

运行结果：

```
a=33      a=1b
x=3.14            x=3.14
x=3.140000
```

2. 设置浮点数的精度

在需要设置输出数据的精度时，可以用操纵函数 setprecision()。其用法如下：

setprecision(n)

其中，n 代表有效数位，包括整数的位数和小数的位数。如 setprecision(3)将所有数值的输出精度都指定为 3 位有效数字，直到再次用 setprecision()改变输出精度为止。setprecision()是在 iomanip.h 中定义的，在使用时要包含该头文件。比如，语句：

cout<<setprecision(3)<<3.1415926<<"   "<2.4536<<endl;

将输出：3.14 2.45.

3. 设置输出域宽和对齐方式

在 C++ 中可以用操纵函数 setw()设置输出数据占用的列数(即域宽，也就是占用的字符个数)。setw()的用法如下：

setw(n)

其中，n 是输出数据占用屏幕宽度的字符个数，在默认情况下，输出数据按右对齐。若输出数据的位数比 n 小，则左边留空。若输出数据的实际位数比 n 大，则输出数据将自动扩展到所需占用的列数。例如：

cout<<"1234567812345678"<<endl;

cout<<setw(8)<<23.27<<setw(8)<<78<<endl;

cout<<setw(8)<<"Abc"<<78<<endl;   //setw(8)只对跟在其后的字符串 "Abc" 有效;

上述语句的输出结果如下：

```
123456781234567878
      23.27      78
     Abc78A
```

注意：setw()只对紧随其后的一个输出数据有效。

【例2-11】 使用格式控制字符控制输出宽度和控制空位填充示例。

程序如下：

```cpp
/*ch02-11.cpp*/
#include<iostream>
#include<iomanip>          // setfill 在头文件 iomanip.h 中定义
using namespace std;
int main()
{
    cout<<setfill('%')<<setw(3)<<11<<endl<<setw(5)<<11<<endl;
    cout<<setfill(' ');
    return 0;
}
```

运行结果：

```
%11
%%%11
```

4．设置对齐方式

在 iostream.h 中定义的操纵函数 setiosflags()和 resetiosflags()可用于设置或取消输入/输出数据的各种格式，包括改变数制基数、设置浮点数的精度、转换字母大小写、设置对齐方式等。它们的用法如下：

```
setiosflags(longf);
resetiosflags(long f);
```

在 iostream.h 中还定义了两个表示对齐方式的常数，表示左对齐的常数值是 ios:left，表示右对齐的常数值是 ios::right。这两个常数可作为 setiosflags()和 resetiosflags()操纵符的参数，用于设置输出数据的对齐方式。

在默认方式下，C++ 按右对齐方式输出数据，所以在一般情况下只需要设置左对齐输出方式。当用 setiosflags()设置输出对齐方式成功后，将一直有效，直到用 resetiosflags()取消它。

例 2-12 是设置输出对齐方式的一个简单例子。

【例2-12】 用 setiosflags()和 resetiosflags()设置和取消输出数据的对齐方式。

程序如下：

```cpp
/*ch02-12.cpp*/
#include<iostream>
#include<iomanip>
using namespace std;
int main()
{
    cout<<"12345678123456781234567812345678"<<endl;
    cout<<setiosflags(ios::left )<<setw(8)<<456<<(8)<<123<<endl;
```

```
        cout<<resetiosflags(ios::left)<<setw(8)<<123<<end1;
    }
```

运行结果：

```
    123456781234567812345678
    456     123
        123
```

输出结果的第 1 行是第 1 个 cout 语句输出的；第 2 行是第 2 个 cout 语句输出的，输出的两个数据各占 8 位，且设置了左对齐方式；第 3 行是第 3 个 cout 语句输出的，输出数据占 8 位，由于在输出之前用 resetiosflags(ios:left)操纵符取消了左对齐，使数据输出又成了默认的右对齐方式，所以输出数据的左边留了 5 个空白。

【例 2-13】　使用格式控制字符控制输出精度和控制正、负符号的显示示例。

程序如下：

```
/*ch02-13.cpp*/
#include<iostream>
#include<iomanip>
using namespace std;
int main()
{
    double a=1.234567;
    cout<<setprecision(3)<<a<<endl;
    cout<<20.0/4<<endl;
    cout<<setiosflags(ios::showpoint)<<20.0/4<<endl;          //强制显示小数点
    cout<<20<<" "<<-30<<endl;
    cout<<setiosflags(ios::showpos)<<20<<" "<<-30<<endl;      //强制显示符号
}
```

运行结果：

```
1.23
5
5.00
20   -30
+20   -30
```

如果希望显示的数字是 1.23，即保留两位小数，此时可用 setprecision(n)控制符加以控制，此时显示 3 位有效位。当小数位数截短显示时，进行四舍五入处理。C++ 默认的输出流数值的有效位是 6。

【例 2-14】　使用格式控制字符控制左右对齐示例。

程序如下：

```
/*ch02-14.cpp*/
#include<iostream>
#include<iomanip>
```

```
    using namespace std;
    int main()
    {
        cout<<setiosflags(ios::right)<<setw(4)<<4<<setw(4)<<5<<endl;          //右对齐
        cout<<setiosflags(ios::left)<<setw(4)<<6<<setw(4)<<7<<endl;           //左对齐
    }
```

运行结果：

    4   5

    6   7

默认情况下，C++ 程序的 I/O 流以左对齐方式显示输出的内容。使用控制符 setiosflags(ios::left) 和 setiosflags(ios::right)，可以控制输出内容的左、右对齐方式。setiosflags(ios::left)和 setiosflags(ios::right)控制符在头文件 iomanip.h 中定义。

2.2.5　字符与字符串输入输出函数

1. 字符输入函数 getch()、getche()和 getchar()

(1) getch()：直接从键盘接受一个字符，如：char c1; c1=getch(); 将一个从键盘输入的字符赋给字符型变量 c1，在屏幕上不回显该字符。

(2) getche()：直接从键盘接受一个字符，并在屏幕上回显该字符。

从上面的说明可以看出 getch()和 getche()函数两者的区别就是 getch()函数不将读入的字符回显在显示屏幕上，而 getche()函数却将读入的字符回显到显示屏幕上。

(3) getchar()：从键盘接受一个字符，并在屏幕上回显该字符，在按了回车键后该字符才进入内存。

【例 2-15】 输入输出函数示例。

程序如下：

```
/*ch02-15.cpp*/
#include<iostream>
#include<iomanip>
using namespace std;
int main()
{   char c1;
    c1=getch();        //从键盘上读入一个字符不回显送给字符变量 c1
    cout<<"c1="<<c1<<endl;
    c1=getche();       //从键盘上带回显的读入一个字符送给字符变量 ch
    cout<<"c1="<<c1<<endl;
    c1=getchar();      //c1 接收的值是输入第 3 个字符后按下的回车，否则 c1 是不会显示的
    cout<<"c1="<<c1<<endl;
    return 0;
}
```

运行结果：

　　　　输入 ABC(回车)

　　　　c1=A

　　　　Bc1=B

　　　　C

　　　　c1=C

注意：

(1) 当使用 getchar()时，必须将有关的头文件 stdio.h 包含进源文件；

(2) 当使用 getch()、getche()时，必须将有关的头文件 conio.h 包含进源文件；

(3) 字符输出函数 putch(ch)和 putchar(ch)，其功能是在屏幕上以字符形式显示字符变量 ch，如：

　　　　char c1='M';

　　　　putch(c1);　　　//将在屏幕上显示字符 M 在这里，将 putch()换成 putchar()结果是一样的。

2. 字符串输入函数

在阅读 C++ 程序时常常会看到 cin.get()、cin.getline()、getline()这种表示，在这里我们介绍一下它们的表示含义及使用方法。

① 不带参数的 get 函数，其调用形式为

　　　　cin.get( )

用来从指定的输入流中提取一个字符(包括空白字符)，函数的返回值就是读入的字符。若遇到输入流中的文件结束符，则函数值返回文件结束标志为 EOF(End Of File)，一般以 −1 代表 EOF，用 −1 而不用 0 或正值，是考虑到不与字符的 ASCII 代码混淆，但不同的 C++ 系统所用的 EOF 值有可能不同。

【例 2-16】 不带参数的 get 函数示例。

程序如下：

```
/*ch02-16.cpp*/
#include <iostream>
using namespace std;
int main( )
{
    int c;
    cout<<"enter a sentence:"<<endl;
    while((c=cin.get())!=-1)
        cout.put(c);
    return 0;
}
```

运行结果：

　　　　enter a sentence:

　　　　I study C++ very hard. (输入一行字符)

　　　　I study C++ very hard. (输出该行字符)

　　C 语言中的 getchar 函数与流成员函数 cin.get( )的功能相同,C++ 保留了 C 的这种用法,可以用 getchar(c)从键盘读入一个字符赋给 c。

　　② 有一个参数的 get 函数,其调用形式为

　　　　cin.get(ch)

　　其作用是从输入流中读取一个字符,赋给字符变量 ch。如果读取成功,则函数返回 true(真),如失败(遇文件结束符),则函数返回 false(假)。

　　【例 2-17】 有一个参数的 get 函数示例。

　　程序如下:

```
/*ch02-17.cpp*/
#include <iostream>
using namespace std;
int main( )
{
    char c;
    cout<<"enter a sentence:"<<endl;
    while(cin.get(c))          //读取一个字符赋给字符变量 c,如果读取成功,cin.get(c)为真
    {cout.put(c); }
    cout<<"end"<<endl;
    return 0;
}
```

　　输入输出结果与用法①相同。

　　③ 有 3 个参数的 get 函数,其调用形式为

　　　　cin.get(字符数组, 字符个数 n, 终止字符)

或

　　　　cin.get(字符指针, 字符个数 n, 终止字符)

其作用是从输入流中读取 n−1 个字符,赋给指定的字符数组(或字符指针指向的数组),如果在读取 n−1 个字符之前遇到指定的终止字符,则提前结束读取。如果读取成功,则函数返回 true(真),如失败(遇文件结束符),则函数返回 false(假)。

　　【例 2-18】 有 3 个参数的 get 函数示例。

　　程序如下:

```
/*ch02-18.cpp*/
#include <iostream>
using namespace std;
int main( )
{
    char ch[20];
    cout<<"enter a sentence:"<<endl;
    cin.get(ch, 10, '\n');          //指定换行符为终止字符
    cout<<ch<<endl;
```

```
            return 0;

        }
```

运行结果:

```
        enter a sentence:

        I study C++ very hard.

        I study C
```

输出 10 个字符，在 10 个字符之前并未出现换行符，所以输出 10 个字符就结束。假如我们要想在输出 10 个字符前结束输出，就要指定结束标志。

【例 2-19】　指定终止字符 get 函数示例。

程序如下:

```
    /*ch02-19.cpp*/

    #include <iostream>

    using namespace std;

    int main( )

    {

        char ch[20];

        cout<<"enter a sentence:"<<endl;

        cin.get(ch, 10, 'u');          //指定换行符为终止字符

        cout<<ch<<endl;

        return 0;

    }
```

运行结果:

```
        enter a sentence:

        I study C++ very hard.

        I st
```

因为终止符为 u，即遇到第一个 u 就会终止输出，不管是否到达了指定字符个数。在输入流中有 22 个字符，但由于在 get 函数中指定的 n 为 10，读取 n-1 个(即 9 个)字符并赋给字符数组 ch 中前 9 个元素。

如果输入 I study C++ very hard.，即未读完第 9 个字符就遇到终止字符同时读取操作终止，前 5 个字符已存放到数组 ch[0] 到 ch[4] 中，ch[5] 中存放 '\0'。

如果在 get 函数中指定的 n 为 20，而输入 22 个字符，则将输入流中前 19 个字符赋给字符数组 ch 中前 19 个元素，再加入一个 '\0'。

get 函数中第 3 个参数可以省，终止字符也可以用其他字符。如:

```
        cin.get(ch, 10, 'x');
```

在遇到字符'x'时停止读取操作。

④ cin.getline()函数读入一行字符。

getline 函数的作用是从输入流中读取一行字符，其用法与带 3 个参数的 get 函数类似。即 cin.getline(字符数组(或字符指针)，字符个数 n，终止标志字符)

【例 2-20】　cin.getline()函数使用示例。

程序如下：

```
/*ch02-20.cpp*/
#include <iostream>
using namespace std;
int main( )
{
    char m[20];
    cin.getline(m, 5);              //第二次此处 5 修改为 20
    cout<<m<<endl;
    return 0;
}
```

输入：abcabcabc

输出：abca

接受 5 个字符到 m 中，其中最后一个为 '\0'，所以只看到 4 个字符输出；如果把 5 改成 20：

输入：abcabcabc

输出：abcabcabc

cin.getline()实际上有三个参数，cin.getline(接收字符串的变量，接收字符个数，结束字符)；当第三个参数省略时，系统默认为 '\0'；如果将例子中 cin.getline()改为 cin.getline(m, 5, 'x')；当输入 abcabcabc 时，输出 abca，输入 abxabcabc 时，输出 ab。

⑤ getline()。

当接收一个字符串，可以接收空格并输出，需包含 "#include<string>"。

【例 2-21】 getline()函数使用示例。

程序如下：

```
/*ch02-21.cpp*/
#include<iostream>
#include<string>
using namespace std;
int main ()
{
    string str;
    getline(cin, str);
    cout<<str<<endl;
    return 0;
}
```

输入：abcabcabc

输出：abcabcabc

注意两个问题，一个是 cin.getline()属于 istream 流，而 getline()属于 string 流，是不一样的两个函数；另一个是当同时使用 getline(cin, str); 时，在不设置结束标志的情况下系统默

认该字符为 '\n'，也就是回车换行符(遇到回车停止读入)。将回车符作为输入流的一部分，输入完回车符后才算把要输入的内容输入完成，这时候再敲回车才能看到结果。

2.3　C++ 中的类型转换

2.3.1　类型转换

类型转换就是将一种数据类型转换为另一种数据类型。在同一个算术表达式中，若出现了两种以上的不同数据类型，就会进行适当的数据类型转换，然后再计算表达式的值。类型转换可分为隐式转换和显式转换。在 C++ 中，类型转换经常发生在算术表达式计算、函数的参数专递、函数返回值及赋值语句中。

1. 隐式类型转换

C++ 定义了一套标准数据类型转换的规则，在必要时，C++ 会用这套转换规则进行数据类型的转换。这种转换是自动进行的，所以称为隐式类型转换。在以下 4 种典型情况下，都会发生隐式类型转换。

① 在出现了多种数据类型的算术表达式中。转换的总原则是窄数据类型(占用存储空间少的类型)向宽数据类型转换(占用存储空间多的类型)。窄类型向宽类型转换不会损失数据的精度，因为宽类型有足够的存储空间保存窄类型数据，这种转换是安全的。相反，宽数据类型转换成窄数据类型是不安全的，常会发生精度损失。因为从宽类型转换成窄类型常采用截取方法，即从宽类型中截取与窄类型大小相同的存储区作为转换的结果，而宽类型中多出的字节就丢掉了。

② 将一种类型的数据赋值给另一种类型的变量，会发生隐式类型转换，把赋值句右边的表达式结果转换成赋值句左边变量的类型。

③ 函数调用时，若实参表达式与形式参数的类型不相符，将发生隐式类型转换。

```
int    min(int a, int b) {
    return a<b?a:b;
}
```

假设对上面的函数 min()，存在如下函数调用：

```
int a=2;
float b=3.4;
int x=min(b, a+3.5);
```

由于 min 的形式参数是 int，所以在"min(b, a+3.5)"调用中，将把 b 的值 3.4 从 float 型转换成 int 型的 3，"a+3.5"的结果 5.5 也被转换成 int 型的 5。

④ 函数返回时，如果返回表达式的值与函数返回类型不同，发生隐示类型转换。目标类型是函数返回类型，即将表达式结果转换为函数返回类型。

```
double add(int a , int b) {
    return a+b;
}
```

在本函数中，"a+b"的结果是 int 型，而函数的返回值类型是 double 型，所以 return 语句将先把"a+b"的计算结果从 int 型转化为 double 型数据。

2. 显示类型转换

显示类型转换也称为强制类型转换，是指把一种数据类型强制转换为指定的另一种类型。C 风格的转换格式虽然简单但是也有不少缺点，它并不能满足 C++ 语言中数据类型转换的使用要求，所以 C++ 提供了自己的类型转换操作符，C++ 的类型转换操作符一共有四种，如下代码所示：

```
static_cast<new_type>(expression);
const_cast<new_type>(expression);
dynamic_cast<new_type>( expression);
reinterpret_cast<new_type>(expression);
```

xxx_cast 代表强制类型，new_type 是强制转换后的类型，expression 是要转换类型的表达式。接下来我们就对这四种类型转换操作符进行详细讲解。

1) static_cast<>

static_cast<>是静态强制转换，能够实现任何类型的标准类型转换，如从整形到枚举类型，从浮点型到整形之间的转换等。它的作用主要有以下几个方面：① 基本数据类型之间的转换，如把 int 类型转换为 char 类型等；② 把任何类型的表达式转换为 void 类型；③ 把空指针转换为目标类型的指针；④ 用于类层次结构中基类和子类之间指针或引用的转换，在进行上行转换(把子类的指针或引用转换成基类类型)是安全的，但是在进行下行转换(把基类指针或引用转换成子类类型)时，由于没有动态类型检查，是不安全的。

事实上，凡是转换方式能够实现的类型转换，static_cast 都能够实现。例如：

```
char p='d';
int x=static_cast<int>(p);          //将 p 转换为 int , x=100
double y=static_cast <double>(54)    //将 54 从 int 型转换为 double 型
```

注意：

static_cast<>不能转换数据的 const、volatile 等特性(可变)。

2) const_cast<>

const_cast<>在进行类型转换时用来修改类型的 const 或 volatile 属性，除了 const 或 volatile 修饰之外，原来的数据值和数据类型都是不变的。

为了让读者更深刻地理解其用法，接下来通过一个案例来演示，如例 2-22 所示。

【例 2-22】 const_cast<>类型转换使用示例。

程序如下：

```
/*ch02-22.cpp*/
#include<iostream>
using namespace std;
int main( )
{
    int num=100;
```

```
const int*p1=&num;
int *p2= const_cast< int*>(p1);            //将常量指针去掉 const 属性
*p2=200;
cout<<" num="<<num<<endl;
return 0;
}
```

运行结果：

num=200

由结果可知，通过 const_cast<>操作符将 p1 指针的 const 属性去除然后赋值给 p2，通过 p2 指针成功修改了 num 的值。常量指针被转化为非常量指针，并且仍然指向原来的对象。但是若使用 static_cast<>则无法达到这个目的。

3）dynamic_cast<>

dynamic_cast 是动态强制转换，只能用来转换指针或引用，它能够把一种类型的指针或引用转换成另一种类型的指针或引用。该操作符用于运行时检查类型转换是否安全，但只能在多态类型时合法，即该类型至少具有一个虚拟方法。它与 static_cast<>具有相同的语法，但 dynamic_cast<>主要用于类层次间上行和下行转换，以及类之间的交叉转换。在类层次间进行上行转换时，它和 static_cast 效果是一样的，在进行下行转换时，它具有类型检查的功能，比 static_cast 更安全。dynamic_cast 所完成的类型转换是在程序运行时刻实现的，而其他类型的强制转换在编译时就完成了。

4）reinterpret_cast<>

reinterPret_cast 是重解释强制转换，它能够完成互不相关的数据类型之间的转换，如将整型转换成指针，或把一个指针转换成与之不相关的另一种类型的指针 。

```
int i;
char*c="try fly";
i=reinterpret_cast<int>(c);
```

reinterpret_cast 其实是按强制转换所指定的类型对要转换数据对应的内存区域进行重新定义。在本例中，reinterpret_cast 将 c 对应的内存区域(一个内存地址，因为 c 是指针)重新定义为一个整数，这种转换在这里并没有多大的意义。

随着 C++ 知识的逐步深入学习，会依次用到这四个类型转换操作符，读者可以在以后的学习中多多使用加深理解。

2.3.2 C++ 中的 const 常量

在 C 语言中，习惯使用 #define 来定义常量，如：

```
#define   SIZE 100
```

实际上，这种方法只是在预编译时进行字符置换，把程序中出现的标识符 SIZE 全置换为 100，在预编译之后，程序中不再有 SIZE 这个标识符。SIZE 不是变量，没有类型，不占用存储单元，而且容易出错。在 C++ 中提供了一种更灵活、更安全的方式来定义常量，即使用 const 修饰符来定义常量。

1. 常量的定义

变量实质上是在程序运行过程中其值可以改变的内存单元的名字，与之相对应，常量就是在程序执行过程中其值固定不变的内存单元的名字。在 C++ 中，常用 const 修饰符定义常量，定义方法如下：

```
const 常量类型  常量名=常量值;
```

例如：

```
const i=10;                    //定义没有指定类型的常量默认为 int 类型
const int i=10;                //定义 i 是 int 类型的常量
const char char c='a';         //定义了字符常量 c
const char s[]="C++ const ! "; //定义了字符常量数组 s。
```

说明：

① 常量一经定义就不能修改(常量名不能出现在赋值符"="的左边)，例如：

```
const int i=5;                 //定义常量 1
i=10;                          //错误，修改常量
i++;                           //错误，修改常量
```

② const 常量必须在定义时初始化，例如：

```
const int n;                   //错误，常量 n 未被初始化
```

③ 在 C++ 中，表达式可以出现在常量定义语句中。如果定义的常量是整型，则类型关键字 int 可以省略。

2. const 与 #define 的区别

下面从几个方面说明一下两者的差别：

(1) const 定义的常数是变量，也带类型，#define 定义的只是个常数，不带类型。

(2) define 是在编译的预处理阶段起作用，而 const 是在编译、运行的时候起作用。

(3) define 只是简单的字符串替换，没有类型检查。而 const 有对应的数据类型，是要进行判断的，可以避免一些低级的错误。

【例 2-23】 #define 定义常量的隐含错误。

程序如下：

```
/*ch02-23.cpp*/
#include<iostream>
using namespace std;
int main( )
{   #define    A 10+10
    #define    B   A-A          // B 相当于 10+10-10+10
    cout<<"B="<<B<<endl;
    return 0;
}
```

此程序的运行结果是：B=20。但根据 B 的定义，应该 B=0 才对。与 #define 不同的是 const 具有类型检查机制。用 const 定义的常量可以有自己的数据类型，C++ 编译程序在编

译时会对它进行严格的类型检查，避免因数据类型不符而引起的错误，消除了 #define 的不安全性。建议在 C++ 程序中用 const 取代 #define 定义常量。如果将上面程序中的 #define 换成 const，具体操作步骤为：

```
const   A =10+10;
const   B =A-A;
```

则程序的运行结果将是：B=0。

(4) 从空间占用情况来看，const 只是个限定符，表示一个变量不能在运行时间被修改。但其他所有属于变量的特性仍保留着：它有已分配的存储器，而且这个存储器可能有地址。所以代码不将它(const 变量)看做常量，而通过访问指定的内存位置替代该变量(除非是 static const，这样它就会被优化)，然后在运行时间上加载它的值。#define 简单地用一个值替代一个名字。此外，一个 #define 定义的常量可以在预处理器中使用：可以将其和 #ifdef 一起使用，在它的值的基础上做条件编译，或者使用连接符#以获取一个值对应的字符串。并且因为编译器在编译时知道它的值，编译器将可以在该值的基础上进行优化。例如：

```
#define PI 3.14            //预处理后占用代码段空间
const float PI=3.14;       //本质上还是一个 float，占用数据段空间
```

(5) const 常量是可以进行调试的，define 是不能进行调试的，因为在预编译阶段就已经被替换掉了。

(6) const 不能重定义，而 #define 可以通过 #undef 取消某个符号的定义，再重新定义。

总之，在程序中用 define 还是 const，一般情况下，建议如果是 C++ 程序就使用 const，而不是 #define 来定义常量。必须指出 define 的作用也非常强大，虽然它没有类型检测，不能调试，还要考虑边界效应，但正是因为没有类型检测，预编译即完成，才使得它的使用更加灵活，功能更加强大，只要我们可以善用 define，往往可以发挥到意想不到的效果。

2.3.3　C++ 中的 string 类型

在 C 语言中没有字符串这一数据类型，都是用字符数组来处理字符串，C++ 也支持这种 C 风格的字符串。除此之外，C++ 还提供了一种自定义数据类型——string，string 是 C++ 标准模板库(STL)中的一个字符串类，包含在头文件 string 中，它能更方便快捷地定义、操作字符串。用 C++ string 类来定义字符串，不必担心字符串长度、内存不足等情况，而且 string 类中重载的运算符和提供的多个函数足以完成我们所需要的所有操作，接下来我们就学习一下如何用 string 来定义字符串以及它提供的操作。

1．用 string 定义字符串

string 是标准库的一个类，但是我们完全可以把它当做 C++ 的一个基本数据类型来用，用 string 来定义字符串有如下几种方式：

```
string s1;
s1 = "hello C++";           //第一种方式
string s2 = "hello C++";    //第二种方式
string s3 = "hello C++";    //第三种方式
string s4(6, 'a');          //第四种方式
```

第一种方式定义字符串变量，再为字符串变量赋值；第二种方式用"="符号为字符串变量赋值，这种方式与普通变量的定义相同；第三种方式是调用"()"运算符为字符串变量赋值；第四种方式有两个参数，它表示用 6 个字符"a"去初始化 s4，初始化后 s4 的值为"aaaaaa"。

2. 用[ ]来访问字符串中的字符

string 类重载了"[]"操作符，所以可以用 s[i]的形式来访问操作字符串中的字符，如例 2-24 所示。

【例 2-24】 用 s[ ]访问字符串中的字符使用示例。

程序如下：

```
/*ch02-24.cpp*/
#include <iostream>
#include <string>
using namespace std;
int main()
{
    string s = "hello, C++";
    s[7] = '-';
    s[8] = '-';
    cout << s << endl;
    return 0;
}
```

运行结果：

```
hello, C++
```

由结果所知，通过 s[7], s[8]将字符串中的字符"+"修改成了"-"。关于运算符重载我们将在第 6 章详细讲解，在这里读者只需了解即可。

3. 直接用"+"运算符将 sring 字符串连接

在 C 语言中，连接两个字符串需要调用 strcat()函数，还要考虑存储的字符数组内存空间是否足够大。而在 C++ 中，可以使用"+"运算符直接将两个 string 字符串连接，也不必考虑内存大小问题。接下来通过一个示例来说明，如例 2-25 所示。

【例 2-25】 用"+"运算符将 sring 字符串连接。

程序如下：

```
/*ch02-25.cpp*/
#include <iostream>
#include <string>
using namespace std;
int main()
{
    string s1, s2;
```

```
            cout << "please input two strings:" << endl;
            cin >> s1 >> s2;
            cout << s1 + s2 << endl;
            return 0;
        }
```

运行结果：

please input two strings:

xiao ming

xiaoming

从结果可见，用户输入两个独立的字符串 "xiao" 与 "ming"，通过 "+" 运算符直接将两个字符串连接在了一起。

4. 可以直接比较两个 string 字符串是否相等

在 C 语言中，比较两个字符串是否相等需要调用 strcmp()函数，而在 C++ 中，可以直接调用 ">"、"<"、"!=" 等运算符来比较两个 string 字符串。其用法如例 2-26 所示。

【例 2-26】 比较两个 string 字符串示例。

程序如下：

```
/*ch02-26.cpp*/
#include <iostream>
#include <string>
using namespace std;
int main()
{
    string s1, s2;
    cout << "please input two strings:" << endl;
    cin >> s1 >> s2;
    if (s1 > s2)
        cout << "the first string is greater" << endl;
    else if (s1 < s2)
        cout << "the second string is greater" << endl;
    else
        cout << "two strings is equal" << endl;
    return 0;
}
```

运行结果：

please input two strings:

xiao ming

the first string is greater

例 2-25 中分别调用了 ">"、"<"、"!=" 运算符来比较字符串，用户输入了两个字符串，

通过比较得出第一个字符串小于第二个字符串。读者还可以输入不同的字符串来验证不同的结果。

5．length()和 size()函数

string 类也提供了一些获取字符串信息的函数，其中较为常用的是 length()函数和 size()函数，用于获取字符串长度，其函数声明如下所示：

```
int length() const
int size() const
```

这两个函数都用来获取字符串的长度，功能相同，类似于 C 语言中的 strlen()函数但 strlen()函数只用于 char* 类型的字符串，而针对 string 类型的字符串，string 类提供了自己的一些函数。接下来我们通过一个示例来说明这两个函数的用法，如例 2-27 所示。

【例 2-27】 length()和 size()函数使用示例。

程序如下：

```cpp
/*ch02-27.cpp*/
#include <iostream>
#include <string>
using namespace std;
int main()
{
    string s = "Xiao ming";
    cout << "size: " << s.size() << endl;
    cout << "length: " << s.length() << endl;
    return 0;
}
```

运行结果：

```
size: 9
length: 9
```

如结果所示，用 size()与 length()两个函数求得字符串 s 的结果是一样的，都不包括末尾的 '\0'。

6．swap()函数

swap()函数用来交换两个字符串的值，其函数声明如下所示：

```
void swap(string &s)
```

swap()函数用于交换当前字符串与字符串"s"的值，它只用于 string 类型的字符串，不能用于 C 风格的字符串。接下来通过一个例子来说明 swap()函数的用法，如例 2-28 所示。

【例 2-28】 swap()函数函数使用示例。

程序如下：

```cpp
/*ch02-28.cpp*/
#include <iostream>
```

```
#include <string>
using namespace std;
int main()
{
    string s1 = "hello C++";
    string s2 = "chuan zhi bo ke!";
    cout << "before swap: " << endl;
    cout << "s1: " << s1 << endl << "s2: " << s2 << endl;
    s1.swap(s2);
    cout << "after swap: " << endl;
    cout << "s1: " << s1 << endl << "s2: " << s2 << endl;
    return 0;
}
```

运行结果：

before swap:

s1: Xiao ming

s2: Zhang fang

after swap:

s1: Zhang fang

s2: Xiao ming

在例 2-27 中定义了两个字符串 s1 和 s2，用 swap()函数将两个字符串进行交换，结果显示交换成功。在交换过程中不必考虑字符串长度，内存不足等问题，直接调用函数即可。

值得一提的是，string 是一个类，它所有的定义对象的格式，对字符串的操作处理都是类内部封装的一些函数，使用起来方便快捷。

2.3.4　typedef

typedef 是一个类型定义符，C++ 允许用它来定义新的数据类型名。事实上，它并不能创建一种新的数据类型，而是为已存在的类型定义一个新名称。

type 数据类型

typedef 的用法如下：

typedef type newname;

其中的 type 是已存在的数据类型，newname 是为 type 指定的新类型名。新类型名 newname 并未取代原来的类型 type，即 type 和 newname 在程序中都是可用的，例如：

```
typedef float housc_price      //定义了一种新类型 house_price
house_price x, y;              //用 house_price 定义了两个变量 x 和 y，实际上 x、y 都是 float 类型的
float a, b;                    //定义 a, b 是 float，可见 float 是按原来的方式继续使用
```

用 typedef 可以给已有类型定义一个容易阅读的描述性名称，提高了程序代码的可读性。但要注意的是，typedef 并没有建立新的数据类型，只是为已有类型引入了一个助记符，一个别名而已。

2.4 指针与引用

2.4.1 指针的概念

内存是由内存单元(一般称为字节)构成的一片连续的存储空间，每个内存单元都有一个编号。内存单元的编号就是内存地址，简称地址，变量在内存中占有一定空间，用于存放各种类型的数据。变量名是给内存空间取的一个容易记忆的名字，变量的地址是变量所使用的内存空间的地址，变量值是在变量的地址所对应的内存空间中存放的数值，即变量的值或变量的内容，变量名、变量地址、变量值示意图如图 2-2 所示。

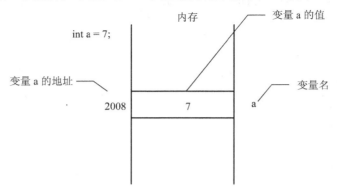

图 2-2　变量名、变量地址、变量值示意图

指针就是"内存单元的地址"，指针指向一个内存单元。变量的指针就是"变量的地址"。变量的指针指向一个变量对应的内存单元。指针变量就是地址变量。地址(指针)也是数据，可以保存在一个变量中。保存地址(指针)数据的变量称为指针变量。指针变量 p 中的值是一个地址值，可以说指针变量 p 指向这个地址。如果这个地址是一个变量 i 的地址，则称指针变量 p 指向变量 i。指针变量 p 指向的地址也可能仅仅是一个内存地址。

注意：指针变量就是地址变量，指针变量是变量，它也有地址，图 2-3 给出了指针、变量的指针、指针变量示意图。

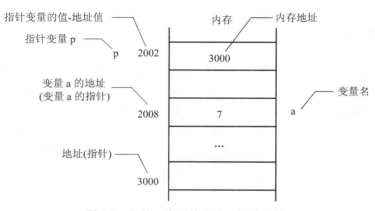

图 2-3　指针、变量的指针、指针变量

系统访问变量的两种方式(变量的存取方式)：① 按地址存取内存的方式称为"直接访问"，如：a=3；*(&a)=3；② 间接访问(使用指针变量访问变量)，将变量 b 的地址(指针)存放在指针变量 p 中，p 中的内容就是变量 b 的地址，也就是 p 指向 b，然后利用指针变量 p 进行变量 b 的访问，如图 2-4 所示。

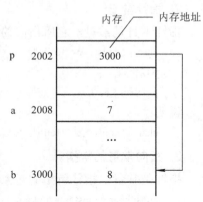

图 2-4　通过指针 p 对变量 b 的间接访问

若

    int b;

    int *p=&b

    b=8；

则 *p 的值也是 8，即 *p=8；，反之，*p=125，则 b=125。

可以说，指针代表了两个变量：一个是指针变量本身，另一个是它所指向的变量。对于语句 int *p，就可以认为定义了两个变量 p 和 *p，p 是一个地址变量，只能存放整型变量是内存中的地址；*p 是一个整型变量，只能存放一个整数。

指针是一个复杂的概念，它能够指向(保存)不同类型变量的内存地址。例如：

    int *pi;   // pi 是指向 int 的指针

    int **pc;   // pc 是指向 int 指针的指针

    int *pA[10];   // pA 是指向 int 的指针数组

    int (*f)(int, char)   // f 是指向具有两个参数的函数的指针

    int *f(int);   // f 是一个函数，返回一个指向 int 的指针

2.4.2　指针与常量

前面我们讲过，const 表示"不变化的值"，它可以加到一个变量的声明上，将该变量声明为一个常量。因为常量一经定义就不能修改，所以常量必须在定义时进行初始化。

const 可以与指针结合，由于指针涉及"指针本身和指针所指的对象"，因此它与常量的结合也比较复杂，可分为以下 4 种情况：

1. 常量指针

指针所指的对象是常量，指针本身是变量。例如：

    const char *p="Hello";   //定义了一个指针变量 pc

    p[2]='t';   //错误，修改了变量

    p="wang";   //正确

上面第一条语句定义了一个指针变量 p，在 p 中存放的是字符串常量 Hello，如图 2-5 所示。

可以这样理解，"p 是一个指针"，"这个指针指向一个字符串"，"这个字符串是一个常量"。即定义的指针 p 本身是一个变量，它可以指向不同的字符串对象，但它指向的对象是一个常量，即 *p 是字符

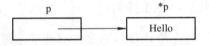

图 2-5　在 *pc 中存放的字符串常量

串常量。因此可以修改 p 中的内容，但不能修改 *p 的任何内容。第二条语句是错误的，因为修改了 p 指针指向的内容，第三条语句是正确的，因为常量指针可以修改 p 的值。

2. 指针常量

指针本身是常量，它所指向的对象是变量。例如：

```
char  *const  p="Hello";      //定义 p 是常量指针，*p 是字符串常量
p [2]='t';                    //正确
p="wang";                     //错误。不能修改 p，让它指向其他字符串的内存地址
```

说明：

```
char  *const  p="Hello"; 可以等价定义为 char const  *p="hello";
```

3. 指向常量的常指针

指针是常量，指针所指的对象也是常量。例如：

```
const char *const pc="dukang";    //定义 pc 为指向字符常量的常量指针，即指针 pc 为常量，它所
                                  //指向的对象 *pc 也是常量，都不允许修改
pc [2]='t';                       //错误，不能修改 *pc 的内容
pc="wang";                        //错误，不能修改 pc 的内容
```

4. const、指针与变量赋值

const 对指针和变量之间的相互赋值具有一定影响，在使用它们时需要注意以下问题：

① 不能将非 const 对象的指针指向一个常量对象，否则将引起编译错误。例如：

```
int *pi;        //定义 pi 是指针
const int i1=9; //定义 i1 是常量
pi=&i1;         //错误
```

最后一条语句将引起编译错误，因为 pi 是一个非 const 限制的指针，若允许它指向 i1，它就试图修改 i1，而 i1 却是一个不可修改的常量。若要让一个指针指向常量对象，可以将它定义为指向常量的指针。如在上例中，在第一条语句中将 pi 定义为指向常量的指针，第三条语句就不会有错误了。

```
        const int *pi;
```

② const 对象的地址只能赋给指向 const 对象的指针，但指向 const 对象的指针可以被赋予一个非 const 对象的地址。例如：

```
const int *pi;      //定义 pi 是指针，*pi 是字符串常量
int   i1=9;         //定义 i1 是整型变量
pi=&i1;             //常量指针 pi 指向变量 i1
*pi=O;              //错误，不能通过 *pi 修改 i1，因为*pi 是常量
```

2.4.3 void 指针

每个指针都是一个内存地址，都有一个相关的类型，这个类型指示编译器怎样解释它所指定内存的内容，以及该内存区域应该跨越多少个内存单元。比如，在 32 位微机上，一个 int 型的指针会指示编译器存取连续的 4 个字节的内存单元作为一个整数，而一个 float 型的指针则会指示编译器连续存取 8 字节的内存单元作为一个浮点数。基于上述原因，当

同类型的指针进行比较或相互赋值时才有意义，一种类型的指针不能被初始化或赋值为其他类型对象的地址。例如：

```
int i, *pi;            //定义一个整型的 i 变量和指针变量 pi
double d, *pd;         //定义一个双精度的 d 变量和指针变量 pd
pi=&i;                 //正确，将 pi 指向 i
pd=&i;                 //错误，不能将 double 类型的 pd 指针指向整型变量所在的内存地址
```

当 pi 和 pd 都指向 i 时，它们对 i 所对应的存储单元的数据的解释是不同的。在 32 位微机中，pi 会存取连续的 4 个字节，将其中的数据解释为整数；而 pd 则会存取连续的 8 个字节，并将之解释为双精度浮点数。事实上，i 对应的连续 4 字节内存地址中存放的是一个整数。同理，将 d 的地址赋给 pi 也是不正确的。

但 C++ 提供了一种能够接受任何数据类型的指针，就是空指针 void*。void* 指针表示与它相关的值是个地址，但该地址的数据类型是未知的。两个 void* 指针可以相互赋值、比较相等与否。只能显式地将一个 void* 指针转换成某种数据类型的指针(但函数指针不能赋给 void*型的指针)，其他操作都是不允许的。例如：

```
int i, *pi;
void* pv;
double d, *pd;
pv=p1;        //正确
pv=pd:        //正确
pv=&i;        //正确
```

void*最重要的用途是作为函数的参数，向函数传递一个类型可变的对象。另一种用途就是从函数返回一个无类型的对象，在使用时再将它显式转换成适当的类型。

注意：在 C 语言中，常用宏 NULL 表示指针 0：在 C++ 中，由于类型检查机制更严格，而宏是按预编译方式处理的，其类型检查机制相对较弱，若将 NULL 定义为非 0 时，可能会引出一些难以预料的问题。因此，在 C++ 程序中常用 0 代替 NULL。

2.4.4　引用

引用是隐式的指针，是 C++ 常用的重要内容之一，灵活地使用引用可以使程序简洁高效。引用是某个对象(即变量)的别名，即某个对象的替代名称(相当于一个人的曾用名)。在 C 语言中没有引用这一概念，它是 C++ 引入的新概念。

1. 引用的初始化

引用就是给一个变量起一个别名，用 "&" 标识符来标识，其格式如下：

```
类型&引用名=变量名;
```

上述格式中，"&" 并不是取地址符，而是起标识作用，标识所定义的标识符是一个引用。引用声明完成以后相当于目标变量有两个名称，例如：

```
int i = 9;
int &ir = i;    //定义 ir 为 i 的别名
```

相当于 i 还有一个名字叫 ir。对 ir 的操作就是对 i 的操作。

【例2-29】 引用的使用方法。

程序如下：

```
/*ch02-29.cpp*/
#include <iostream>
#include <string>
using namespace std;
int main()
{
    int i = 9;
    int& ir = i;
    cout << "i=" << i << "    " << "ir=" << ir << endl;
    ir=20;
    cout << "i=" << i << "    " << "ir=" << ir << endl;
    i = 12;
    cout << "i=" << i << "    " << "ir=" << ir << endl;
    cout << "i 的地址是" << &i << endl;
    cout << "ir 的地址是" << &ir << endl;
    return 0;
}
```

运行结果：

```
i=9    ir=9
i=20   ir=20
i=12   ir=12
i 的地址是 0012FF7C
ir 的地址是 0012FF7C
```

从结果可以看出，ir 和 i 其实是同一内存变量，对 ir 的操作实际上就是对 i 的操作。在使用引用时有以下几点需要注意：

(1) 在定义引用时，引用符&与指针运算符一样，在类型和引用名之间的位置是灵活的，以下几种定义完全相同：

```
int& ir=i;
int & ir=i;
int &ir=i;
```

建立引用时，需要注意以下几个限制：

① 不能建立引用的引用。

② 可以建立指针的引用，但不能创建指向引用的指针。

例如：

```
int i=0, a[10];
int a[10];
int &aa=a;                    //错误，aa 是数组的引用
```

```
int &ia[5];                     //错误，ia 是引用数组
int &*ip=i;                     //错误，ip 是指向引用的指针
int &&ii=i;                     //错误，ii 是引用的引用
int *pi=&i;
int *&pr=pi;                    //正确，pr 是指针的引用
```

(2) 在变量声明时出现的&才是引用运算符(包括函数参数声明和函数返回类型的声明)，其他地方出现的&都是地址操作符。

```
int i;
int &r = i;                     //引用
int &f(int &i1, int &);         //引用参数，函数返回引用
iInt *p = &i;                   //&取 i 的地址
cout << &p;                     //&取 p 的地址
cout << &i;                     //&取 i 的地址
```

(3) 引用在定义时必须初始化，如 int &ir；语句是错误的。

(4) 引用在初始化时只能绑定左值，不能绑定常量值，如 int &ir =10: 语句是错误的。对于每一个变量，都有两个与它相关联的值：左值和右值。左值是指变量对应的那块内存区域的地址，是可以"放在赋值符号左边的值"；右值是指变量对应的内存区域中存储的数据值，是可以"放在赋值符号右边的值"。

一般，赋值语句的左边都要求一个左值，当一个变量名放在赋值语句的左边时，是对它的左值进行操作，即修改它对应的内存区域中的值；当放于赋值句的右边时，操作的是它的右值，即读取变量对应的内存单元中的值进行相关运算。

常量、表达式都是一个右值，所以不能把它们放在赋值句的左边。例如：

```
int i=1;
i=i+10;
i+10=i;                         //错误，i+10 是一个右值，不能放在 = 的左边
i=10;
10=i;                           //错误，右值不能放在=左边
```

上面代码中在"="的两边都有 i，但它们是有区别的。"="左边取的是 i 的内存地址(左值)，右边取的是 i 在对应内存中的值 1(右值)。

引用是一个左值，也就是说，引用一定与某块内存区域相对应，能够放在赋值符"="的左边。当然，const 引用是个例外，形式上它可以是常数的引用，但事实上它仍然是与某一个内存地址关联到一起的。

(5) 可以为一个变量指定多个引用 。为引用提供的初始值，可以是一个变量，也可以是另一个引用名。例如：

```
float f;                        //定义变量 f
float &r1=f;                    //定义引用 r1
float &r2=f;                    //定义引用 r2，f 有了两个引用名 r1 和 r2
float &r3=r1;                   //用引用名 r1 定义引用 r3
```

这样定义后，r1、r2、r3 都是 f 的别名，对它们的任何运算都是对 f 的运算。

(6) 引用一旦初始化，其值就不能改变，即不能再做别的变量的引用。代码如下所示：

```
int r1 = 10;
int r2 = 20;
int &p = r1;
p = r2;                    //为 p 赋值
```

p 为变量 r1 的引用，当 p=r2 执行时，并不是把 p 指向了变量 r2，而是 r2b 给 r1 赋值。

(7) 引用实际上是一种隐式指针，但它与指针的用法存在区别。

【例 2-30】 引用与指针的区别。

程序如下：

```
/*ch02-30.cpp*/
#include <iostream>
#include <string>
using namespace std;
int main()
{
    int    i=9;
    int  *pi=&i;         // pi 是指针
    int  &ir=i;          // ir 是引用
    *pi=2 ;              //指针的引用形式，它将把 i 所对应的内存值改为 2
    ir=8 ;               //引用的使用形式，它将把 i 对应的内存值改为 8
}
```

虽然引用实质上也是一种指针，但它与指针至少存在两个区别：① 指针必须通过引用运算符 " * " 才能访问它所指向的内存单元，而引用不需要通过 " * " 就能够访问它所代表的内存单元，与普通变量的访问方法差不多；② 指针是一个变量，可以对它重新赋值，让它指向另外的地址，但引用必须在定义时进行初始化，并且一经定义就再也不能作为其他变量的引用了。

(8) 当用&运算符获取一个引用地址时，实际取出的是引用对应的变量的地址。例如：

```
int    i=9;
int   &ir=i;
int*pi=&ir;
```

pi 实际指向的是 i，因为 ir 是 i 的别名，所以&ir 将获得 i 的内存地址。

(9) 数组不能定义引用，因为数组是一组数据，无法定义其别名。

```
int i=0, a[10];
int a[10];
int &aa=a;                //错误，aa 是数组的引用
int &ia[5];               //错误，ia 是引用数组
```

引用与指针的区别主要是指针是一种数据类型而引用不是，指针可以转化它所指向的数据变量类型，如下代码所示：

```
int a = 10;
```

```
int *p = &a;
double *pd = (double*)p;
```

经过转化后，pd 指针就可以指向 double 类型数据，而引用则必须要和目标变量的数据类型相同，无法进行数据类型的转化。相对指针，引用的定义与使用更为简单，与普通变量的操作相同。

(10) 引用与指针的区别。引用是隐式的指针，指针变量要另外开辟内存单元，其内容是地址。而引用变量不是一个独立的变量，不单独占内存空间。

2. 引用与 const 限定符

在前面的学习中，我们知道引用不能绑定常数值，如果想用常量值去初始化引用，则必须用 const 来修饰，这样的引用我们称为 const 引用。相对于指针，引用与 const 结合是很简单的，只有非 const 引用与 const 引用两种，非 const 引用已经学习，这里就简单学习一下 const 引用。

const 引用可以用 const 对象和常量值来初始化，例如：

```
const int &a = 10;          //常量值初始化 const 引用
const int a = 10;
const int &b = a;           // const 对象初始化 const 引用
```

一般来说，对于 const 对象而言，只能采用 const 引用，如果没有对引用进行限定，那么就可以通过引用对数据进行修改，这是不允许的。但 const 引用不一定都得用 const 对象初始化，还可以用非 const 对象来初始化，例如：

```
int a = 10;
const int &b = a;
```

用非 const 对象初始化 const 引用，只是不允许通过该引用修改变量值。除此之外，const 引用甚至可以用不同类型的变量来初始化 const 引用，例如：

```
double d = 1.2;
const int &b = d;
```

这是连指针都没有的优越性，此处 b 引用了一个 double 类型的数值，编译器在编译这两行代码时，先把 d 进行了一下转换，转化成 int 类型数据，然后又赋值给了引用 b，其转化过程如下面代码所示：

```
double d = 1.2;
const int temp = (int)d;
const int &b = temp;
```

在这种情况下，b 绑定的是一个临时变量。而当非 const 引用时，如果绑定到临时变量的值，那么可以通过引用修改临时变量值，修改一个临时变量的值是没有任何意义的，因此编译器把这种行为定义为是不对的。用不同类型的变量初始化一个一般引用也是不对的。

因此，除了像指针一样用于改变实参的值需要引用参数之外，在 C++ 中引用主要用来定义函数的参数和函数返回类型，以传递大型的类对象或数据结构，因为引用只需要传递一个对象的地址。在传递大型对象的函数参数或从函数返回大型对象时，可以提高效率。

2.5　动态内存分配

2.5.1　关于动态内存

C++ 程序的内存格局通常分为四个区：全局变量、静态数据、常量存放在**全局数据区(又称为静态存储区)**，这部分内存在程序编译的时候就已经分配好，并在程序的整个运行期间都存在；所有类成员函数和非成员函数代码存放在**代码区**；为运行函数而分配的局部变量、函数参数、返回数据、返回地址等存放在**栈区**，函数执行开始时在栈上创建空间，执行结束时这些存储单元自动被释放，栈内存分配运算内置与处理器的指令集中，效率很高，但内存容量较为有限；剩余的空间都作为**堆区**，在堆上进行内存分配又称为**动态内存分配**。

我们已经学习过数组，在对大量数据进行处理时，由于无法确定数据的准确数目，一般采用定义尽可能大的数组长度，这样会在一定程度上造成内存空间的浪费，如果估计的数目偏小，则又会对数据处理带来影响。C++ 中的动态内存分配技术可以解决类似的问题，它能保证我们在程序运行过程中按照实际需要申请适量的内存，并在合适的地方进行自行释放。这种在程序运行过程中申请和释放的存储单元又称为堆对象，申请和释放过程一般称为建立和删除。

指针常与堆(heap)空间的分配有关。所谓堆，就是一块内存区域，它允许程序在运行时以指针的方式申请一定数量的存储单元(其他存储空间的分配是在编译时完成的)，用于程序数据的处理。堆内存也称动态内存。堆内存的管理由程序员完成。

在 C 语言中，动态分配内存时一般使用 malloc()函数，但是对于非内置类型(如 struct、enum、class 等)，malloc()与 free()无法满足动态对象的需求，因此 C++ 引入 new 与 delete 关键字，用来进行内存申请与释放空间。本节我们就要讨论 C++ 中的动态内存分配。

2.5.2　new 运算符

new 运算符可以用来申请一块连续的内存，其格式如下：

　　　new 数据类型(初始化列表);

C 语言中的 malloc()函数申请内存时返回一个 void* 类型的指针，而 new 与 malloc()不同，它分配了一块连续空间并且指定了类型信息，并根据初始化列表中给出的值进行初始化，是直接使用的内存，这个过程，程序员称之为 new 一个对象。而且 new 创建一个对象时不必为该对象命名，直接指定数据类型即可。

用 new 可以创建基本数据类型对象，示例代码如下：

```
char *pc = new char;              //申请一段空间来储存 char 类型，内存中没有初始值
int * pi = new int(10);           //申请一段空间储存 int 类型数据，初始化值为 10
double * pd = new double[n];      //申请一段空间分配具有 n 个 double 类型元素的数组。
```

new 能够根据 type 自动计算分配的内存大小，不需要用 sizeof()计算。若分配成功后，会将得到的堆内存的首地址存放在指针变量 p 中；如果分配不成功，则返回空指针，在程序中可以此作为判断内存分配成功与否的依据。

```
int    *p1, *p2, *p3:
p1=new int[100];
if(!p1){//程序中常会见到这样的判定
    cout<<"allocation failure"<<endl;          //分配不成功，就显示错误信息
    return 1;                                   //终止程序，并返回错误代码
}
...
```

2.5.3　delete 运算符

用 new 运算符分配内存空间，使用后要及时释放以免造成内存泄露，C++ 提供 delete 运算符来释放 new 出来的内存空间，其格式如下：

　　　　delete 指针名

用 delete 的功能类似于 free，用于释放 new 分配的堆内存，以便它被其他程序使用。

```
delete pc;          //用于释放动态分配的单个到内存
delete[]pc;         //用于释放动态分配的数组存储区
```

其中，pc 是用 new 分配的堆空间指针变量。

下面总结一下，new 和 delete，申请内存用运算符 new，释放内存用运算符 delete。

例如：

```
int *p = new int;
*p = 5;                      //可以合在一起，int *p = new int(5);
delete p;
int *arr = new int[10];      //申请块内存
delete []arr;                //释放块内存
```

注意：申请内存要判断是否成功，释放内存要设空指针。

```
int *arr = new int[1024];
//一定要判断一下
if(arr == NULL){
    //分配失败
}else{
    delete []arr;
    arr = NULL;              //一定要有，否则误操作以后，后果很严重
}
```

使用 new 和 delate
运算符的注意事项

接下来，再看一个完整的例题，进一步掌握 new 和 delete 的使用方法。

【例 2-31】 new 和 delete 运算符分配与释放堆内存。

程序如下：

```
/*ch02-31.cpp*/
#include <iostream>
using namespace std;
int main()
```

```
    {
        int *pi; float *pf; int *ps;
        pi=new int(6);
        pf=new float(5.893);
        ps=new int[5];
        for(int i=0; i<5; i++)
            ps[i]=i;
        cout << "*pi=" << *pi << endl;
        cout << "*pf=" << *pf << endl;
        cout << "*ps 指向的数组元素依次为:" << endl;
        for(int j=0; j<5; j++)
        cout << ps[j]<<" ";
        cout << endl;
        delete pi;
        delete pf;
        delete []ps;
        return 0;
    }
```

运行结果:

　　*pi=6

　　*pf=5.893

　　*ps 指向的数组元素依次为:

　　0 1 2 3 4

注意:在使用 new 分配多个连续的存储空间时,分配成功得到的地址存放在基类型相同的指针变量中,该指针变量可以当做数组名来使用下标引用法对相应存储空间进行存取。

2.5.4　new、delete 和 malloc、free 的区别

在 C++ 程序中,仍然可以使用 malloc()、free()进行动态存储空间的管理,但它们没有用 new、delete 方便。主要体现在以下几个方面:

① malloc( )/free()是 C 语言的标准库函数,new/delete 是 C++ 的运算符,它们都可用于申请动态内存和释放内存,new/delete 在实现上其实调用了 malloc( )/free()函数,然后又做了一些其他封装,所以两者虽有相似却又有不同。

② new 创建对象时返回的是直接带类型信息的指针,而 malloc()返回的都是 void*类型的指针。new 不需要进行类型转换,它能够自动返回正确的指针类型。

③ 两者在创建对象时都可能造成内存泄露,但 new 可以定位到哪个文件的哪一行,而 malloc()没有这些信息。

④ new 能够自动计算要分配的内存类型的大小,不必用 sizeof0 计算所要分配的内存字节数,减少了出错的可能性。

⑤ 对于非内置类型对象而言,new/delete 在创建对象时不止是分配内存,还会自动执

行构造函数进行初始化，对象消亡之前自动执行析构函数，而 malloc( )/free()只能简单地分配释放内存。

⑥ new 与 malloc()申请内存位置不同，new 从自由存储区(free store)分配，而 malloc()。从堆区(heap)分配，free store 和 heap 很相似，都是动态内存，但位置不同，这就是为什么 new 出来的内存不能通过 free()释放。所以 malloc( )/free()和 new/delete 要各自配对使用。

⑦ new 和 delete 可以被重载，程序员可以借此扩展 new 和 delete 的功能，建立自定义的存储分配系统。

在 C++ 程序中完全可以用 new/delete 来代替 malloc( )/free()，但 C++ 程序经常要调用 C 函数，而 C 程序只能用 malloc( )/free()来管理内存，为了保持与 C 兼容，在 C++ 中把 malloc()/free()也保留了下来。

本 章 小 结

C++ 的基本数据类型包括布尔型、字符型、整数型、实数型、空值型，分别用 bool、char、int、float、void 表示。其中 float 类型对有些带小数的实数只能近似表示。各种数据类型都有自己的表示范围。在 C++ 中，程序中必须包含头文件 iostream，这个头文件包含了输入流 istream 和输出流 ostream 两种数据类型，这两种数据类型定义了 cin，cout 这 2 个对象，cin 用于从键盘中输入数据，cout 用于将内存数据输出到显示器。

在 C++ 中，除了#define 外，一般使用 const 修饰符来定义字符常量。string 是 C++ 标准模板库(STL)中的一个字符串类，它是一种自定义数据类型——string，包含在头文件 string 中，它能更方便快捷地定义、操作字符串。

在 C 语言中没有引用这个概念，它是 C++ 引入的新概念，引用是一个对象(即变量)的别名，可以将函数的参数和返回值定义为引用。引用只需传递一个对象的地址，从而提高函数的调用和运行效率。可以将函数的参数和返回值设置为引用。

在 C++ 程序中，使用 new 和 delete 在堆中申请和释放动态空间。运算符 new 的功能类似于 malloc()，用于从堆内存中分配指定大小的内存空间，并获得内存区域的首地址。运算符 delete 的功能类似于 free()，用于释放 new 分配的堆内存空间，以便于被其他程序使用。

习 题 2

一、单项选择题

1. 设 x、y、z 均为实型变量，代数式 x / (yz)的正确写法是(　　)。
   A. x/y*z　　　　　B. x/y/z　　　　　C. x%y*z　　　　　D. x%y%z

2. 已知：a=5; float=5.5; 那么，下列表达式中(　　)是非法的。
   A. a%3+b　　　　B. b*b&&++a;　　C. (a>b)+(int(b)%2;　　D. -- -a+b;

3. 下列关于 bool 类型的描述，错误的是(　　)。
   A. bool 类型是 C++ 中的数据类型，C 语言没有

　　B．bool 类型有两个值，真或假

　　C．在算术和逻辑表达式里，bool 都被转换为 int 类型的数据

　　D．指针无法转换为 bool 类型

4．下列关于类型转换的描述中，(　　)是错误的。

　　A．在不同类型操作数组成的表达式中，其表达式类型一定是最高类型 double 型

　　B．逗号表达式的类型是最后一个表达式的类型

　　C．赋值表达式的类型是左值的类型

　　D．在由低向高的类型转换中是保值映射

5．使用 C++ 标准 string 类定义一个字符串，需要包含的头文件是(　　)。

　　A．string.h　　　　B．string　　　　C．cstring　　　　D．stdlib.h

6．关于用 string 定义字符串，下列选项中错误的是(　　)。

　　A．string s; s = "hello C++"";　　　B．string　s = "hello C++";

　　C．string s["hello C++"];　　　　　　D．string s("hello C++");

7．下列关于 string 字符串的操作，错误的是(　　)。

　　A．string 不像字符数组，不可以用[]来访问字符串中的元素

　　B．可以直接用"+"运算符将两个 string 字符串连接

　　C．可以直接用 = 来比较两个 string 字符串是否相等

　　D．可以调用 swap()函数来交换两个字符串内容

8．下列关于 cin 和 cout 的说法中，错误的是(　　)。

　　A．cin 用于读入用户输入的数据

　　B．cout 用于输出数据

　　C．cin 比 C 语言中的 scanf()函数更有优势，它可以读取空格

　　D．cout 通常与 << 运算符结合

9．下列类型转换中，哪一项是 static_cast<>;所不具有的(　　)。

　　A．基本数据类型之间的转换

　　B．把任何类型的表达式转换成 void 类型

　　C．用于类层次结构中基类和子类之间指针或引用的转换

　　D．转换掉数据的 const、valitble 等特性

10．下列关于引用的说法，错误的是(　　)。

　　A．引用在定义时必须初始化

　　B．引用初始化后，可以通过更变来引用其他变量

　　C．引用在初始化时不能绑定常量值

　　D．数组不能定义引用

11．下列对变量的引用中，错误的是(　　)。

　　A．int a;　int &p = a;　　　　　　B．char a;　char &p = a;

　　C．int a;　int &p;　p=a;　　　　　D．float a;　float &p = a;

12．下列关于引用的说法中，错误的是(　　)。

　　A．引用在定义时必须初始化

　　B．引用就是指针

C．引用在初始化时只能绑定左值，不能绑定常量值

D．引用一旦初始化，其值就不能再更改

13．下列关于 new 与 delete 的说法中，错误的是(　　)。

A．new 分配一块存储空间并且会指定类型信息

B．new 分配的内存空间都会被初始化

C．delete 用来释放由 new 分配的内存空间

D．new 分配的内在空间只能由 delete 来释放

14．下列语句中，new 运算符用法错误的是(　　)。

A．int *pi = new int(5);　　　　　B．string *ps = new string(10);

C．char *pc = new char[10];　　　D．double *pd = new double();

15．下列关于 new 分配内存的用法，错误的是(　　)。

A．int* p = new int;　　　　　　B．char* pc = new char（'a'）;

C．int* pi = new int[10];　　　　D．char* pch = new char[10]（'a'）;

16．与 y=（x>0?1:x<0?-1:0); 的功能相同的 if 语句是(　　)。

A. if(x>0)y=1;　　　　　　　　B. if(x)

　　else if(x<0)y-=-1;　　　　　　if(x>0)y=1;

　　　　else y=0;　　　　　　　　else y=0;

C. y-=-1　　　　　　　　　　　D. y=0;

　　if(x)　　　　　　　　　　　　if(x>=0)

　　if(x>0)y=1;　　　　　　　　if(x>0)y=1;

　　else if(x==0)y=0;　　　　　　else y=-1;

　　　　else y=-1;

17. 若有定义 float f; int a，b;，则合法的 switch 语句是(　　)。

A. switch(f)　　　　　　　　　　B. swich(a);

　　{　　　　　　　　　　　　　　{

　　　　case 1.0:cout<<"*\n";　　　　　case 1 cout<<"*\n";

　　　　case 2.0:cout<<"**\n";　　　　　case 2:cout<<"**\n";

　　}　　　　　　　　　　　　　　}

C. switch(b)　　　　　　　　　　D. switch(f);

　　{　　　　　　　　　　　　　　{

　　　　case 1:cout<<"*\n";　　　　　case 1:cout<<"*\n"

　　　　default: cout<<"\n";　　　　　case 2: cout<<"**\n"

　　　　case 1+2:cout<<"**\n";　　　　default:cout<<"\n"

　　}　　　　　　　　　　　　　　}

18. 已知 char s[]="12345";，则数组 s 占用的字节数是(　　)。

A. 5　　　　　　B. 6　　　　　　C. 7　　　　　　D. 不固定

19. 下列哪段程序是正确的(　　)。

A. int a=30;　　　　　　　　　B. const int i=30;

　　int b=40;　　　　　　　　　　int *p;

```
        int *const p=&a;              p=&i;
        p=&b;
        a=80;
    C. const int i=30;        D. int i=30;
       const int *p;              const int *const p;
       p=&i;                      p=&i;
```

20. 已知声明引用如下:

```
    int a = 12;
    int &ra = a;
```

下列正确的语句是(   )。

    A. int *ip = &ra;   B. int &&rri = ra;

    C. int &*pri;   D. int &ar[3];

二、填空题

1. 已知:

```
    int a=3, b=100;
```

下面的循环语句执行__(1)__次，执行后 a、b 的值分别为__(2)__、__(3)__。

```
    while(b/a>5){
        if(b-a>25) a++;
        else b/=a;
    }
```

2. 执行下面程序段后，m 和 k 的值分别为__(1)__、__(2)__。

```
    int m, k;
    for(k=1, m=0; k<=50; k++){
        if(m>=10) break;
        if(m%2==0){
            m+=5;
            continue;
        }
        m-=3;
    }
```

3. 已知程序段:

```
    if(num==1)    cout<<"Alpha";
    else if(num==2)    cout<<"Bata";
        else if(num==3)    cout<<"Gamma";
            else cout<<"Delta";
```

当 num 的值分别为 1、2、3 时，上面程序段的输出分别为_____、_____、_____。

4. 已知:

```
    int x, y, n, k;
```

下面程序段的功能是选项中的_____，当 n=10, x=10 打印结果是_____。

```
cin>>x>>n;
k=0;
do{
    x/=2;
    k++;
}while(k<n);
y=1+x;
k=0;
do{
    y=y*y;
    k++;
}while(k<n);
cout<<y<<endl;
```

选项：

A.　$y = (1 + \dfrac{x}{n})^n$　　B.　$y = (1 + \dfrac{x}{2^n})^{2^n}$　　C.　$y = (1 + \dfrac{x}{2^n})^n$　　D.　$y = (1 + \dfrac{x}{2^{n+1}})^{2^n}$

5．当我们用 new 运算符申请内存成功时，将返回这个类型的指针；如果内存申请失败，则返回_____

6．如果有整型量 int x = 5，执行情况 x += 1.9 后，打印 x 的值为_____。

7．在 C++ 中，类型转换运算符_____可以转换掉数据的 const 属性。

8．引用作为函数参数时，传递的是实参的_____。

9．在 string 类中，函数_____可以实现两个字符串的交换。

10．在 C++ 中，标准输入对象是_____。

三、判断下列描述是否正确，对者划 √，错者划 ×

1．不同类型的指针分配到的内存空间的大小是一样的。（　　）

2．字符串可作为一个整体进行输入、输出，但不能作为整体进行赋值、比较等。（　　）

3．在对数据进行强制类型转换时，可以不遵循隐式转换的原则。（　　）

4．C++ 中关系表达式和逻辑表达式的运算结果只有两种可能：零和非零。（　　）

5．引用实际上是隐式的指针，和指针是同一种数据类型。（　　）

6．引用可以指向不同的变量。（　　）

7．string 是 STL 库中封装的一个类。（　　）

8．操纵符 endl 与字符 '\n' 都能起到换行的作用。（　　）

9．用非 const 对象是可以初始化 const 引用的，但是不允许通过该引用修改变量值。（　　）

10．new 分配的内存都有类型信息。（　　）。

四、指出下列程序段中的错误并说明错误原因

```
1.  float level;
    cin>>level;
```

```
switch(level) {
    case 1:   cout << "one";
              break;
    case 1.5: cout << "one and a half";
              break;
    case 2:   cout<<"two";
              break;
    default:  ;
}
```

2．
```
cin>>x>>y;
 if  x>y   cout << x
    else   cout << y ;
```

3．
```
int x=1;
while ( x++>0 )
        cout<<"*" ;
```

4．下面程序段用于计算 23 除以 5 的余数：
```
float x = 23, y = 5, z;
z = x % y;
cout<<"23 % 5 = " << z << endl;
```

5．
```
int i=0, j=9;
for ( ; i++ != j-- ; )
    cout << "hi" ;
```

6．下面程序段用于从键盘接收一个数，若此数为 1，则将 x 加上 10；若此数为 2，则将 x 减去 10；若此数为 3，则将 x 乘以 2；若为其他数，则什么也不做。
```
int n;
cin>>n;
switch(n) {
    case  1 :    x = x +10;
    case  2 :    x = x-10;
    case  3 :    x = x*2;
    default :    ;
}
```

五、程序阅读题

1．分析下面程序的运行结果。
```
#include<iostream >
using namespace std;
int main()
{
```

```
        const double pi(3.1415926), e(2.7182818);
        double r=0.5;
        cout << "(int)pi*r*r=" << (int)pi*r*r << endl;
        cout << "int(e*1000)=" << int(e*1000) << endl;
        cout << "pi=" << pi << "  e=" << e << endl;
        return 0;
    }
```

2. 分析下面程序的循环次数并写出运行结果。

```
#include<iostream >
using namespace std;
int main()
{
    int n=0, total=0;
    do{
        total=total+n;
            n++;
    } while (n++ < 20 );
    cout << "total=" << total << endl ;
    return 0;
}
```

3. 分析下面程序的功能并写出程序的运行结果。

```
#include <iostream>
using namespace std;
int main( )
{
    int i=100, n=0;
    while (--i ) {
        if ( i % 5 == 0 && i % 7 == 0 ) {
            cout << i << endl ;
            n++ ;
        }
    }
    cout << "n=" << n << endl ;
    return 0;
}
```

4. 阅读程序，写出执行结果。

```
#include<iostream>
using namespace std;
int main()
```

```
    {
        int    a = 1 , b = 2, x , y ;
        cout << a++ + ++b << endl ;
        cout<< a % b << endl ;
        x = !a > b;   y = x-- && b;
        cout<< x << endl;
        cout<< y <<endl;
        return 0 ;
    }
```

5．阅读程序，写出执行结果。

```
#include<iostream>
using namespace std;
int main()
{
    int    x , y , z , f ;
    x = y = z =1;
    f =--x || y--&& z++;
    cout<<"x="<< x <<endl;
    cout<<"y="<< y <<endl;
    cout<<"z="<< z <<endl;
    cout<<"f="<< f <<endl;
    return 0;
}
```

6．阅读程序，写出执行结果。

```
#include<iostream>
using namespace std;
#define M 1.5
#define A(a) M*a
int main()
{
    int x(5), y(6);
    cout<<" "<<A(x+y)<<endl;
    return 0;
}
```

7．阅读程序，写出执行结果。

```
#include<iostream>
using namespace std;
#define MAX(a, b) (a)>(b)?(a):(b)
int main()
```

```
    {
        int m(1), n(2), p(0), q;
        q=MAX(n, n+p)*10;
        cout<<q<<endl;
        return 0;
    }
```

8. 阅读程序，写出执行结果。

```
    #include<iostream>
    using namespace std;
    #include "f1.cpp"
    int main()
    {
        int a(5), b;
        b=f1(a);
        cout<<b<<endl;
        return 0;
    }
```

f1.cpp 文件内容如下：

```
    #define M(m) m*m
    f1(int x)
    {
        int a(3);
        return -M(x+a);
    }
```

9. 阅读程序，写出执行结果。

```
    #include<iostream>
    using namespace std;
    int main()
    {
        int i(0);
        while(++i)
        {
            if(i==10) break;
            if(i%3!=1) continue;
            cout<<i<<endl;
        }
        return 0;
    }
```

10. 阅读程序，写出执行结果。

```cpp
#include<iostream>
using namespace std;
int main()
{
    int i(1);
    do{
        i++;
        cout<<++i<<endl;
        if(i==7) break;
    }while(i==3);
    cout<<"Ok!\n";
    return 0;
}
```

11. 阅读程序，写出执行结果。

```cpp
#include<iostream.h>
int main()
{
    int i(1), j(2), k(3), a(10);
    if(!i)
    a--;
    else if (j)
        if(k) a=5;
        else
            a=6;
        a++;
        cout<<a<<endl;
    if(i<j)
        if(i!=3)
            if(!k)
                a=1;
        else if(k)
            a=5;
    a+=2;
    cout<<a<<endl;
    return 0;
}
```

12. 写出以下程序运行后的输出结果。

```cpp
#include<iostream>
using namespace std;
```

```cpp
int main()
{
    int a=2, b=7, c=5;
    switch (a<0)
    {
        case 1: switch (b<0)
        {   case 1: cout<<"@"; break;
            case 2: cout<<"!"; break;
        }
        case 0: switch(c==5)
        {
            case 0: cout<<"*"; break;
            case 1:cout<<"#"; break;
            default: cout<<"#"; break;
        }
        default: cout<<"&";
    }
    cout<<endl;
    return 0;
}
```

六、问答题

1．请简述一下 C++ 中的类型转换，并说明各个转换运算符的特点。

2．常量指针与指针常量的区别？

3．一个表达式中，各运算符的运算次序由什么决定？

4．请简述一下引用与指针的区别。

5．请简述一下 new 与 malloc 在分配内存时的区别。

6．使用 new 运算符申请的内存空间，为什么在程序结束时要使用 delete 运算符进行内存释放？

七、编程题

1．有一个函数：

$$y = \begin{cases} x & (x < 1) \\ 2x - 1 & (1 \le x \le 10) \\ 3x - 11 & (x \ge 10) \end{cases}$$

编写程序，输入 x，输出 y。

2．编程求各位数字的和为偶数的三位数(例如 163)，并统计这样的数有多少个。

3．编写程序，输入一个长整数，统计它的位数。

4．编程输出如下图形：

```
                1
             2  2  2
          3  3  3  3  3
       4  4  4  4  4  4  4
```

5．编程打印如下图形：

```
                *
             *  *  *
          *  *  *  *  *
       *  *  *  *  *  *  *
          *  *  *
          *  *  *
          *  *  *
```

6．输入一个正整数 n，求 1! + 2! + 3! + ⋯ + n!。

7．编程找出 1～500 之间满足除 3 余 2，除 5 余 3，除 7 余 2 的整数。

8．将 100 元换成 10 元、5 元和 1 元的组合，共有多少种方法？请编程列出所有的组合方法。

9．两队选手每队 5 人进行一对一的比赛，甲队为 A、B、C、D、E，乙队为 J、K、L、M、N，经过抽签决定比赛配对名单。规定 A 不和 J 比赛，M 不和 D 及 E 比赛，请编程列出所有可能的比赛名单。

10．编程模拟选举过程，假定四位候选人为 zhang、wang、li、zhao，代号分别为 1、2、3、4。选举人直接键入候选人代码，1～4 之外的整数视为弃权，−1 为结束标志。打印各位候选人的得票以及当选者(得票数超过票数一半)名单。

11．请编写一个程序，要求：

(1) 使用 new 运算符创建一个长度为 5 的整型数组 pArr；

(2) 按照 1～5 的规律依次赋值，然后创建一个值为 1 的整型变量 num；

(3) 将 num 的值与数组的第四位数字替换；

(4) 最后把这个数组的值循环打印出来。

第 3 章 函 数

本章要点

- 函数的基本概念
- 带默认值函数
- 内联函数
- 重载函数
- 变量的作用域和生存期
- 命名空间

C++ 语言是函数式的语言，函数是程序的基本单位，是 C++程序设计的基础。函数既可以简化程序的结构，也可以节省编写相同程序代码的时间，达到程序模块化的目的。本章我们先简要介绍 C++ 语言中用户函数的定义、调用和声明的方法、函数的嵌套调用等基本知识。重点讲解 C++ 对函数的扩展内容，包括带默认值函数、内联函数和重载函数，名称空间和变量的作用域与存储类别。

3.1 函数的概述

一个 C++ 程序可由一个或多个源程序文件组成；一个源程序文件可由一个或多个函数组成；函数是构成 C++ 程序的基础，任何一个 C++ 源程序都是由若干个函数组成的。C++ 中的函数分为库函数与自定义函数两类，库函数是由 C++ 系统提供的标准函数，自定义函数是需要用户自己编写的函数。本章主要讨论自定义函数的定义格式与调用方法。

在 C++ 语言中，函数是一个能完成某一独立功能的子程序，也就是程序模块。函数是对复杂问题的一种"自顶向下，逐步求精"思想的体现。编程者可以将一个大而复杂的程序分解为若干个相对独立而且功能单一的小块程序(函数)进行编写，并通过在各个函数之间进行调用来实现总体的功能。

3.1.1 函数的定义及说明

函数可以被看做是一个由用户定义的操作。函数用一个函数名来表示。函数的操作数称为参数，由一个位于括号中并且用逗号分隔的参数表指定。在 C++ 程序中，调用函数之前，首先要对函数进行定义。如果调用此函数在前，定义函数在后，就会产生编译错误。函数的结果被称为返回值，返回值的类型被称为函数返回类型，不产生值的函数返回类型是 void，意思是什么都不返回。函数执行的动作在函数体中指定。函数体包含在花括号中，有时也称为函数块。函数返回类型以及其后的函数名、参数表和函数体构成了函数定义。

函数定义一般有两种形式:

1. 无参函数的一般形式

```
类型说明符　函数名()
{
    类型说明符
        语句
}
```

其中,类型说明符和函数名称为函数头,函数的类型实际上是函数返回值的类型。函数名后有一个空括号,其中无参数,但括号不可少。{} 中的内容称为函数体,一个函数的功能,通过函数体中的语句来完成。在函数体中也有类型说明,这是对函数体内部所用到的变量的类型说明。在很多情况下都不要求无参函数有返回值,此时函数类型符可以写为 void。

2. 有参函数的一般形式

```
类型说明符　函数名(类型说明　形参)
形式参数类型说明
{
    类型说明
    语句
}
```

有参函数比无参函数多了两个内容,一是形式参数表,二是形式参数类型说明。在形参表中给出的参数称为形式参数,用于向函数传送数值或从函数带回数值,每一个参数都有自己的类型,各参数之间用逗号间隔。注意:形式参数不同于变量定义,在变量定义时,几个变量可以使用一个类型说明,如 int a, b, c; 。

【例 3-1】　有参函数使用实例。

程序如下:

```cpp
/*ch03-1.cpp*/
#include <iostream>
using namespace std;
int max(int a,int b)            //为 max 函数定义
{
    if(a>b)return a;
    else return b;
}
int main()                      //主函数
{
    int max(int a, int b);           //函数声明
    int x, y, z;
    cout<<"input two numbers:"<<endl;
```

```
            cin>>x>>y;
            z=max(x,y);
            cout<<"maxmum= "<<z<<endl;
            return 0;
        }
```

运行结果：

```
    input two numbers:
    23 56
    maxmum= 56
```

函数定义和函数声明并不是一回事(这个后面还要专门讨论)。从代码中可以看出函数声明与函数定义中的函数头相同，但是末尾要加分号。

还应该指出的是，在 C++ 语言中，所有的函数定义，包括主函数 main 在内，都是平行的。函数不能嵌套定义。但是函数之间允许嵌套调用。函数还可以自己调用自己，称为递归调用。main 函数是主函数，它可以调用其他函数，而不允许被其他函数调用。C++ 程序的执行总是从 main 函数开始，完成对其他函数的调用后再返回到 main 函数，最后由 main 函数结束整个程序。一个 C++ 源程序必须有也只能有一个主函数 main。

3.1.2　函数声明

为了使函数的调用不受函数定义位置的影响，可以在调用函数前进行函数的声明。这样，不管函数是在哪里定义的，只要在调用前进行函数的声明，就可以保证函数调用的合法性。

C++ 中函数声明又被称为函数原型，C 语言中没有强调必须使用函数原型，但在 C++ 中要求定义函数原型。C++ 是一种强制类型检查语言，每个函数的实参在编译期间都要经过类型检查。如果实参类型与对应的形参类型不匹配，C++ 就会尝试可能的类型转换，若转换失败，或实参个数与函数的参数个数不相符，就会产生一个编译错误。标准库函数的函数原型都在头文件中提供，程序可以用 #include 指令包含这些原型文件。

对于用户自定义函数，程序员应该在源代码中说明函数原型。在主调函数中，如果要调用另一个函数，则须在本函数或本文件中的开头将要被调用的函数事先作一声明。声明函数，就是告诉编译器函数的返回类型、名称和形参表构成，以便编译系统对函数的调用进行检查。

函数原型是一条程序语句，它由函数首部和分号组成。

一般形式为

  <函数类型>　函数名(<形参列表>);

除了需在函数声明的末尾加上一个分号 ";" 之外，其他的内容与函数定义中第一行(称为函数首部)的内容一样。

函数声明和函数首部的异同如下：

(1) 两者的函数名、函数类型完全相同。

(2) 两者中形参的数量、次序、类型完全相同。

(3) 函数声明中的形参可以省略名称只声明形参类型，而函数首部不能。例如，fun1()

的函数声明可以简化成：

```
double fun1(double, double);
```

(4) 函数声明是语句，而函数首部不是。

(5) 当函数定义在调用它的函数前时，函数声明不是必需的；否则，必须在调用它之前进行函数声明。如例 3-1 中 max()函数定义在 main()函数前，所以可以不用函数声明。但是如果把 max()函数定义在 main()函数之后，则应该写成如例 3-2 所示程序。

【例 3-2】 函数声明在前，定义在后的示例。

程序如下：

```
/*ch03-2.cpp*/
#include <iostream>
using namespace std;
int max(int a,int b);          //函数声明
int main()                     //主函数
{
    int max(int a, int b);
    int x,y,z;
    cout<<"input two numbers:"<<endl;
    cin>>x>>y;
    z=max(x,y);
    cout<<"maxmum= "<<z<<endl;
    return 0;
}
int max(int a, int b)          //用户定义函数
{
    if(a>b)return a;
    else return b;
    return 0;
}
```

若输入相同，结果与例 3-1 相同。虽然函数声明有时候可以省略，但希望读者能书写函数声明。因为在一个复杂的程序中函数间的调用顺序是不可预见的。如果没有函数声明，程序员必须考虑函数的定义顺序，甚至有些程序是不能完成的。

3.1.3　函数值和函数类型

1. 函数返回值与函数类型

通常，函数被调用总是希望得到一个确定的值，这就是函数的返回值。函数的返回值确定了函数的类型，即函数类型就是返回值的类型。C++ 语言的函数兼有其他语言中的函数和过程两种功能，从这个角度看，又可把函数分为有返回值函数和无返回值函数两种。

(1) 有返回值函数。

有返回值函数被调用执行完后将向调用者返回一个执行结果，返回类型必须是函数定

义声明的函数类型，例如：

```
int sum(int a, int b)                //有返回值，为整型
{
    return (a+b);
}
```

(2) 无返回值函数。

无返回值函数，执行完成后不向调用者返回函数值。这类函数类似于其他语言的过程。

由于函数无需返回值，用户在定义此类函数时可指定它的返回为"空类型"，空类型的说明符为"void"。例如：

```
void printsum(int a, int b)          //无返回值
{
    cout<<a+b<<endl;
}
```

2. return 语句

函数的返回值是通过 return 语句获得的。return 语句有三种表示形式：

```
return (表达式);
return  表达式;
return;
```

说明：

(1) 返回值可以用括号括起来，也可以不括起来，还可以没有返回值。如果没有返回值，当程序执行到该 return 语句时，程序会返回到主调函数中，并不带回返回值。

(2) 一个函数如果有一个以上的 return 语句，当执行到第一条 return 语句时函数返回确定的值并退出函数，其他语句不被执行。

(3) return 语句可以返回一个表达式的值。

(4) 在无返回值的函数体中可以没有 return 语句，函数执行到函数体的最后一条语句，遇到花括号"}"时，自动返回到主调用程序。

(5) 如果 return 语句中表达式的值和函数的值类型不一致，则以函数类型为准，如果能够进行类型转换，就进行类型转换，否则在编译时会发生错误。例如，如果函数类型为整型，而 return 返回值类型为实型，则会自动将这个实型数据转换为整型数据，然后再返回。

(6) 如果没有使用 return 返回一个具体的值，而函数又不是 void 型，则返回值为一个随机整数。

3.2 函数的调用与参数传递

3.2.1 函数的调用

1. 函数调用的格式

函数调用是用一个表达式表示。函数调用的一般形式为

　　函数名(实际参数表)

　　其中，函数名是用户自定义的或是 C++ 提供的标准函数名。实参列表是由逗号分隔的若干个表达式，每个表达式的值为实参。实参是用来在调用函数时对形参进行初始化的，实参与形参个数相同、类型一致、顺序一致。对无参函数调用时则无实际参数表。实际参数表中的参数可以是常数、变量或其他构造类型数据及表达式。

2. 函数调用过程

　　当调用一个函数时，整个调用过程分为 3 步进行：

　　(1) 第 1 步：函数调用。

　　① 将函数调用语句下一条语句的地址保存在一种称为"栈"的内存中空间中，以便函数调用完后返回。将数据放到栈空间中的过程称为压栈。

　　② 对实参表从后向前，依次计算出实参表达式的值，并将值压栈。

　　③ 转跳到函数体处。

　　(2) 第 2 步：函数体执行，即逐条运行函数体中语句的过程。

　　④ 如果函数中还定义了变量，将变量压栈。

　　⑤ 将每一个形参以栈中对应的实参值取代，执行函数的功能体。

　　⑥ 将函数体中的变量和保存在栈中的实参值，依次从栈中取出，以释放栈空间。从栈中取出数据称为出栈，x 出栈用 pop(x)表示。

　　(3) 第 3 步：返回，即返回到函数调用表达式的位置。

　　⑦ 返回过程执行的是函数体中的 return 语句。

3. 函数调用的方式

　　在 C++ 语言中，可以用以下几种方式调用函数：

　　1) 函数表达式

　　如果在函数定义时需要返回某个数值，则 return 语句后必须有表达式。此时，函数作为表达式中的一项出现在表达式中，以函数返回值参与表达式的运算。这种方式要求函数是有返回值的。当程序执行到函数体的 return 语句时，把 return 后面表达式的值带给主调函数，同时程序执行顺序返回到主调用程序中调用函数的下一条语句。例如：z=max(x,y)是一个赋值表达式，把 max 的返回值赋予变量 z。如果表达式的类型与函数的类型不相同，则将表达式的类型自动转换为函数的类型。在任何情况下，C++ 能自动将变量的类型转换为与参数一致的类型，这是 C++ 标准类型转换的一部分。任何非法的转换都会被 C++ 编译程序检测出来。

　　2) 函数语句

　　函数调用的一般形式加上分号即构成函数语句。

　　3) 函数实参

　　函数实参是指函数作为另一个函数调用的实际参数出现。这种情况是把该函数的返回值作为实参进行传送，因此要求该函数必须有返回值。

　　在函数调用中还应该注意的一个问题是求值顺序的问题。所谓求值顺序，是指对实参表中各量是自左至右使用，还是自右至左使用。对此，各系统的规定不一定相同。

如果在一个文件中有多个函数，一般都将主程序或主函数放在其他所有函数的前面。在函数调用前进行函数原型的说明，被调用的函数定义放在后面。函数调用表达式的值是函数的返回值，其类型是函数类型。通常使用函数调用的返回值来给某个变量赋值。函数的返回值是在被调用函数中通过返回语句 return 来实现的。返回语句 return 有两个重要的作用：其一是使函数立即返回到其主调程序，其二是返回某个值。

3.2.2　函数调用时的参数传递

在 C 或 C++ 中所有函数都要在运行栈(堆栈)中分配的存储区域保存数据，该存储区域一直保存到函数调用结束。C++ 将在函数运行的栈空间中为每个函数参数提供存储区，存储区的大小由参数决定。

参数传递称为"实虚结合"，即实参向形参传递信息，使形参具有确切的含义(即具有对应的存储空间和初值)。这种传递又分为两种不同的方式：一种是按值传递，另一种是地址传递或引用传递。

1. 按值传递

以按值传递方式进行参数传递的过程为：首先计算出实参表达式的值，接着给对应的形参变量分配一个存储空间，该空间的大小等于该形参类型的长度，然后把已求出的实参表达式的值一一存入到为形参变量分配的存储空间中，成为形参变量的初值，供被调用函数执行时使用。这种传递是把实参表达式的值传送给对应的形参变量，故称这种传递方式为"按值传递"。这种方式下，被调用函数本身不对实参进行操作，也就是说，即使形参的值在函数中发生了变化，实参的值也完全不会受到影响，仍为调用前的值。

【例 3-3】 按值传递。

程序如下：

```cpp
/*ch03-3.cpp*/
#include <iostream.h>
void swap(int,int);
int main()
{
    int a=3, b=4;
    cout<<"a="<<a<<", b="<<b<<endl;
    swap(a, b);
    cout<<"a="<<a<<", b="<<b <<endl;
    return 0;
}
void swap(int x, int y)
{
    int t=x;
    x=y;
    y=t;
}
```

运行结果：

```
a=3,b=4
a=3,b=4
```

按值传递参数时，函数 swap()处理的是它在本地的复制值，这些复制值在运行栈中，其修改不会引起实参值 a,b 的变化。当函数调用完成时，与该函数相对应的存储区域将自动释放，以便被其他函数调用。函数中定义的变量 x,y、常数以及函数调用时传递的参数都会因存储区域的释放而变得无效。

关于值传递参数应当注意下面几个问题：

(1) 形参在没有被调用时，不占用存储空间。只有在发生函数调用时，才为形参开辟存储空间，并传递相应的值。当函数结束后，形参释放其所占用的存储空间，函数返回值。

(2) 调用函数时，应该注意函数的实参与形参类型一致，否则会出现错误。所以定义函数形参时应当考虑所用到的数据类型。

(3) C++ 函数中参数的求值顺序是自右至左的，即 C++ 函数中实参的值是从右到左确定的。

【例 3-4】 函数参数的传递顺序。

程序如下：

```
/*ch03-4.cpp*/
#include <iostream.h>
int some_fun(int a,int b)
{       return a+b;      }
int main(   )
{
    int x,y;
    x=2; y=3;
    cout<<some_fun(++x , x+y)<<endl;
    x=2;      y=3;
    cout<<some_fun(x+y , ++x)<<endl;
    return 0;
}
```

运行结果：

```
8
9
```

2. 地址传递

如果在函数定义时将形参的类型说明成指针，则对这样的函数进行调用时就需要指定地址值形式的实参，这时的参数传递方式即为地址传递方式。这种地址传递与上述的按值传递不同，它把实参的存储地址传送给对应的形参，从而使得形参指针和实参指针指向同一个地址。因此，被调用函数中对形参指针所指向的地址中内容的任何改变都会影响到实参。

【例 3-5】 地址传递。

程序如下：

```
/*ch03-5.cpp*/
#include <iostream.h>
void swap(int *, int *);
void main()
{
    int a=3, b=4;
    cout<<"a="<<a<<", b="
        <<b<<endl;
    swap(&a,&b);
    cout<<"a="<<a<<", b="
        <<b<<endl;
}
void swap(int *x, int *y)
{
    int t=*x;
    *x=*y;
    *y=t;
}
```

运行结果：

```
a=3,b=4
a=4,b=3
```

指针作为参数时，C++ 将把实参的地址复制到指针参数在运行栈中分配的存储单元中。在调用函数时，C++ 将把实参的地址复制到参数在栈中的存储单元中。函数通过指针形参完成了实参对应的内存数据的交换。必须指出，用指针作形参需要给它分配储存单元，在调用时要反复使用 "*指针名"，且实参传递时要取地址，这样很容易出现错误，程序的可读性也会下降。

3. 引用传递

C++ 增加引用的类型，主要的应用就是把它作为函数的参数，以扩充函数传递数据的功能，引用做函数参数时区别值传递与址传递，如果以引用作为参数，则既可以使得对形参的任何操作都能改变相应的实参的数据，又使函数调用显得方便、自然。引用传递方式是在函数定义时在形参前面加上引用运算符 "&"。接下来为我们以交换两个数据得值为例来分析引用作为函数参数的用法。

【例 3-6】 引用传递。

程序如下：

```
/*ch03-6.cpp*/
#include "iostream.h"
```

引用作为函数参数

```cpp
void swap(int &, int &);
int main()
{
    int a=3, b=4;
    cout<<"a="<<a<<",b="<<b<<endl;
    swap(a,b);
    cout<<"a="<<a<<",b="<<b<<endl;
    return 0;
}
void swap(int &x, int &y)
{
    int t=x;
    x=y;
    y=t;
}
```

运行结果：

```
a=3,b=4
a=4,b=3
```

从例题中可以看出：

(1) 在 main()函数中调用 swap()时，实参不必用变量的地址，而直接用变量名。系统向形参传送的是实参的地址而不是实参的值。显然，这种用法比使用指针变量简单、直观、方便。使用变量的引用，可以代替指针的操作。有些过去只能用指针来处理的问题，现在可以用引用代替，从而降低了程序设计的难度。

(2) 引用传递就克服了值传递和地址传递的缺点，引用作为参数传递的是实参变量本身(实际是变量的左值)，而不是将实参的值复制到函数参数在运行栈中的存储区域中。函数操作的是实参本身，而不是实参的拷贝值，这就意味着函数能够改变实参的值。

(3) 引用是变量的别名，也可以认为在进行函数的参数传递时，引用参数对应实参的别名，在函数中操作引用参数时，实际上操作的就是与引用参数对应的实参。

由于引用参数传递的是实参的地址，因此在调用函数时，不能向引用参数传递常数。对于上例函数 swap0，下面的调用是错误的：

```cpp
int x=5; .
swap(3,4);    //错误，3, 4 是常数
swap(x,9);    //错误，9 是常数
swap(6,x);    //错误，6 是常数
```

有时候在传递参数时不希望函数改变实参传入的值，也可以使用 const 来限定形参，就像使用指针常量一样，例如下面的函数，比较两个字符串长短。

```cpp
bool islonger(const string &s1, const string &s2)
{
    return s1.size()>s2.size();
```

　　　　}

　　在这个函数中，明显只希望比较两个字符串长短而不改变字符串，所以就用 const 来限定形参，这样别人就不能改变这两个字符串的内容。

　　使用引用可以返回函数的值，采用这种方法可以将函数的调用放在赋值运算符的左边，请看下面示例。

　　【例 3-7】　使用引用返回函数值。

　　程序如下：

引用作为函数的返回值

```
/*ch03-7.cpp*/
#include <iostream>
#include <string>
using namespace std;
char &get_val(string &str,int ix)
{
    return str[ix];
}
int main()
{
    string s("a string");
    cout <<s <<endl;
    get_val(s, 0) = 'A';
    cout << s << endl;
    return 0;
}
```

　　运行结果：

　　　　a string

　　　　A string

　　分析上面的运行结果，可以看出，调用一个返回引用的函数得到左值，其他返回类型得到右值，可以像使用其他左值一样来使用返回引用的函数的调用，特别是我们可以为返回类型为非常量引用的函数结果赋值。

　　除了像指针一样用于改变实参的值需要引用参数之外，C++ 引入引用的另一原因是传递大型的类对象或数据结构。在按值传递参数的情况下，传递小型类对象和结构变量不存在效率问题，但在传递大型结构变量或类对象时，需要进行大量的数据复制(把实参对象或结构变量的值复制到函数参数在运行栈分配的存储区域中)，效率就太低了。关于引用作为函数参数，在后面的学习中读者要多加练习掌握。

3.2.3　函数的嵌套调用和递归调用

1. 函数的嵌套调用

　　若在一个函数调用中又调用了另外一个函数，则称这样的调用过程为函数的嵌套调用。

程序执行时从主函数开始执行，遇到函数调用时，如果函数是有参函数，则系统先进行实参对形参的替换，然后执行被调用函数的函数体；如果函数体中还调用了其他函数，则再转入执行其他函数体。函数体执行完毕后，返回到主调函数，继续执行主调函数中的后续程序行。C++中函数的定义是平行的，除了 main()以外，都可以互相调用。函数不可以嵌套定义，但可以嵌套调用。比如，函数1调用了函数2，函数2再调用函数3，这便形成了函数的嵌套调用。

【例3-8】 函数的嵌套调用，求三个数中最大数和最小数的差值。

程序如下：

```cpp
/*ch03-8.cpp*/
#include<iostream>
using namespace std;
int max(int x,int y,int z)
{
    int t;
    t=x>y?x:y;
    return(t>z?t:z);
}
int min(int x,int y,int z)
{
    int t;
    t=x<y?x:y;
    return(t<z?t:z);
}
int dif(int x,int y,int z)
{
    return max(x,y,z)-min(x,y,z);
}
void main()
{
    int a,b,c;
    cin>>a>>b>>c;
    cout<<"Max-Min="<<dif(a,b,c)<<endl;
}
```

运行结果：

5 -6 15✓

21

2．函数的递归调用

C++程序中允许函数递归调用。在调用一个函数的过程中如果出现直接或间接调用该函数本身，则称做函数的递归调用，这样的函数称为递归函数。例如：

```
int   fun1( )
{  …                        //函数其他部分
   z=fun1( );               //直接调用自身
   …                        //函数其他部分
}
```

在函数 fun1()中，又调用了 fun1()函数，这是直接调用，调用过程如图 3-1 所示。
间接调用可以表现为如下形式：

```
int   fun2()                    int fun3()
{                              {
   x=fun3();                      y=fun2();
}                              }
```

函数 fun2( )中调用了 fun3( )，而 fun3( )中又调用了 fun2( )，这种调用称为间接递归调用，调用过程如图 3-2 所示。

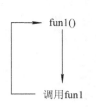

图 3-1　直接调用过程示意图

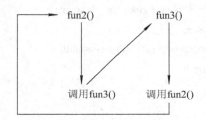

图 3-2　间接调用过程示意图

可以看到，递归调用是一种特殊的嵌套调用。由上面两种递归调用(参看图 3-1 和图 3-2)可看出，这两种递归调用都是无限的调用自身。显然，这样的程序将出现类似于"死循环"的问题，然而，实际上应当出现有限次的递归调用，即当到达某种情况时结束递归调用。编写递归函数时，必须有终止递归调用的条件，否则递归会无限制地进行下去。常用的办法是加条件判断(用 if 语句来控制)，满足某种条件就不再进行递归调用，所以特别要注意使用递归时要确定递归终止条件。递归函数设计的一般格式如下：

```
函数类型  递归函数名 f(参数 x )
{
    if(满足结束条件)
        结果=初值;
    else
        结果=含 f(x-1)的表达式;
    返回结果;
}
```

【例 3-9】　编程计算某个正整数的阶乘。

分析：求阶乘可以从 1 开始，乘 2，再乘 3，……，一直到 n。其实求阶乘也可以用递归的方法来解决。即 n! = n × (n−1)!，而(n−1)! = (n−1) × n−2)!，…，2! = 2 × 1!，1! = 1。程

序代码如下：

```
/*ch03-9.cpp*/
#include <iostream.h>
long int fac(int n)
{   int total;
    if (n==1|| n==0)
        total=1;
    else
        total= fac(n-1)* n;
    return total;
}
int main(   )
{
    int n;
    cout<<"please input   a   integer :";
    cin>>n;
    cout<<n<<"! is "<<fac(n)<<endl;
    return 0;
}
```

运行结果：

please input   a   integer: 12✓

12! is 479001600

说明：

(1) 递归调用的两个阶段：

第一阶段：递推。将原问题不断分解为新的子问题，逐渐从未知向已知递推，最终达到已知的条件，即递归结束的条件，这时递推阶段结束。

第二阶段：回归。从已知条件出发，按照递推的逆过程，逐一求值回归，最后达到递归的开始处，结束回归阶段，完成递归调用。图 3-3 所示为以 4 的阶乘为例的函数参数传递过程。

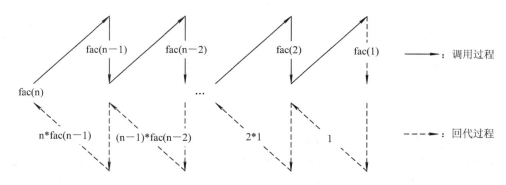

图 3-3　函数参数传递过程

(2) 递归可以使用非递归方法代替。

【例 3-10】　编写函数 fac()，用非递归方法求阶乘。

程序如下：

```
/*ch03-9.cpp*/
long int fac(int n)
{
    int total=1 ;
    if (n>0)
    {
        while(n)
        {
            total*=n;
            n--;
        }
    }
    return    total;
}
```

比较例 3-9 和例 3-10 的求阶乘问题，既可以用递归解决，也可以用非递归解决，用递归程序可读性更强。但是必须注意，不是所有的程序都可以写成递归，写成递归程序是有条件的。

【例 3-11】　汉诺塔问题。有 3 个座 A、B、C，开始时 A 上有 64 个盘子，盘子大小不等，大的在下、小的在上，如图 3-4 所示(为了便于表示，图中只画了 4 个盘子，64 个盘子的情况其原理是一样的)。问题是如何把 A 上的 64 个盘子移到 C 上，但要求每次只能移动一个盘子，且在移动过程中始终保持大的盘子在下，小的盘子在上。

A(源)　　　　　　　　　B(辅助)　　　　　　　　　C(目标)

图 3-4　汉诺塔问题示意图

分析：这个问题的解决方法为：将 63 个盘子从 A 移到 B 上，再把最大的盘子从 A 移到 C 上，最后把 B 上的 63 个盘子移到 C 上。在这个过程中，将 A 上 63 个盘子移到 B 上和最后将 B 上的 63 个盘子移到 C 上，又可以看成两个有 63 个盘子的汉诺塔问题，所以也用上述的方法解决。依次递推，最后可以将汉诺塔问题转变成将一个盘子由一个座移动到另一个座的问题。对于一个盘子移动的问题，可以直接使用 A---->B 表示，只要设计一个输出函数就可以。将 n 个盘子从 A 柱移到 C 柱可分解为 3 步，示意图如图 3-5 所示。

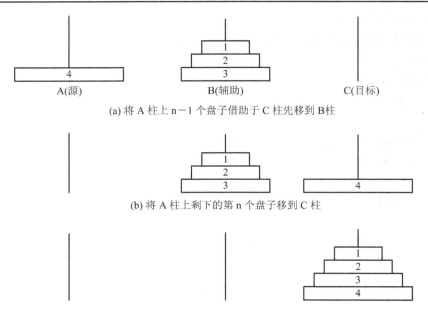

(a) 将 A 柱上 n−1 个盘子借助于 C 柱先移到 B柱

(b) 将 A 柱上剩下的第 n 个盘子移到 C 柱

(c) 将 B 柱上 n−1 个盘子借助 A 移到 C 柱

图 3-5　将 n 个盘子从 A 柱移到 C 柱示意图

具体程序如下：

```cpp
/*ch03-11.cpp*/
#include <iostream>
using namespace std;
void move(int n, char source, char target)
{
    cout<<"( "<<n<<", "<<source<<"--->"<<target<<" )"<<endl;
}
void hanoi(int n, char A, char B, char C)
{
    if(n==1)
        move(1, A, C);
    else {
        hanoi(n-1, A, C, B);
        move(n, A , C);
        hanoi(n-1, B, A, C);
    }
}
int main()
{
    int num;
```

```
        cout<<"Input the number of diskes";
        cin>>num;
        hanoi(num,'A','B','C');
        return 0;
    }
```
运行结果：
```
Input the number of diskes3
(1, A--->C)
(2, A--->B)
(2, C--->B)
(3, A--->C)
(1, B--->A)
(2, B--->C)
(1, A--->C)
```

递归调用有其优、缺点。使用递归方法编写的程序简洁、清晰，可读性强。但是，用递归调用的方法编写的程序执行起来在时间和空间上的开销很大，每次调用自身系统都要为其进行断点保护，并开辟一定量的存储单元。现代程序设计的目标主要是规范化。随着计算机硬件性能的不断提高，程序在更多场合优先考虑的是可读性而不是高效性。所以，鼓励用递归函数实现程序设计。

3.3 内 联 函 数

内联扩展(Inline Expansion)简称为内联(Inline)，内联函数也称为内嵌函数，它是通过在编译时将函数体代码插入到函数调用处，将调用函数的方式改为顺序执行方式来节省程序执行的时间开销，这一过程叫做内联函数的扩展。在一个函数的定义或声明前加上关键字 inline，则就把该函数定义为内联函数。内联函数实际上是一种用空间换时间的方案，它主要是解决程序的运行效率。

在内联函数扩展时也进行了实参与形参结合的过程：先用实参名(而不是实参值)将函数体中的形参处处替换，然后搬到调用处。但从用户的角度看，调用内联函数和一般函数没有任何区别。

计算机在执行一般函数的调用时，无论该函数多么简单或复杂，都要经过参数传递、执行函数体和返回等操作，这些操作都需要一定的时间开销。若把一个函数定义为内联函数，则在程序编译阶段，编译器就会把每次调用该函数的地方都直接替换为该函数体中的代码，由此省去函数的调用及相应的保护现场、参数传递和返回操作，从而加快了整个程序的执行速度。

【例 3-12】 将字符数组 str1 中所有小写字母(a～z)转换成大写字母。
程序如下：
```
/*ch03-12.cpp*/
```

```cpp
#include <iostream>
#include <string.h>
using namespace std;
int up_letter(char ch);
int main( )
{
    char str[80];
    int i, n;
    cout<<"please input a string :";
    cin>>str;
    n=strlen(str);
    for(i=0; i<n; i++)
    {
        if (up_letter(str[i]))
        str[i]-=32;
    }
    cout<<"the result is :"<<str<<endl;
    return 0;
}
int up_letter(char ch)
{
    if (ch>='a'&&ch<='z')
        return 1;
    else
        return 0;
}
```

运行结果：

　　Please input a string:goodMORNING3456

　　The result is:GOODMORNING3456

在本例中，频繁的调用函数 up_letter()来判断字符是否是小写字母，这将使程序的效率降低。因为调用函数实际上是将程序执行到被调函数所存放在的内存单元，将被调函数的内容执行完后，再返回去继续执行主调函数。这种调用过程需要保护现场和恢复现场，因此函数的调用需要一定的时间和空间开销。特别是对于像 up_letter()这样函数体代码不大，但调用频繁的函数来说，对程序的效率影响很大。这如何来解决呢？当然，为了不增加函数调用给程序带来的负担，可以把这些小函数的功能直接写入到主调函数，例如例 3-11 可以写成下面的形式：

```cpp
#include <iostream>
#include <string.h>
using namespace std;
```

```
int main(   )
{    char str[80];
     int i;
     cout<<"please input a string :";
     cin>>str;
     for(i=0; i<strlen(str); i++)
     {
         if (str[i]>='a'&& str[i]<='z')
         str[i]-=32;
     }
         cout<<"the result is :"<<str<<endl;
     return 0;
}
```

函数 up_letter()的功能由关系表达式 str[i]>='a'&& str[i]<= 'z' 代替。但这样做的结果使程序的可读性降低了。为了解决这个问题，C++ 中使用了内联函数这个方法。定义内联函数的方法很简单，只要在函数定义的头前加上关键字 inline 就可以了。

内联函数的定义格式如下：

inline 函数类型 函数名 (形式参数表)
{
     函数体;
}

内联函数能避免因函数调用而降低程序的效率，这是因为：在程序编译时，编译器将程序中被调用的内联函数都用内联函数定义的函数体进行替换。这样做只是增加了函数的代码，而减少了程序执行时函数间的调用。所以，上面的问题可以用内联函数来解决，具体程序如下：

【例 3-13】 内联函数的使用示例。

程序如下：

```
/*ch03-13.cpp*/
#include <iostream>
using namespace std;
#include <string.h>
inline   int up_letter(char ch);
int main(   )
{
    char str[80];   int i;
    cout<<"please input a string :";
    cin>>str;
    for(i=0; i<strlen(str); i++)
    {
```

```
        if (up_letter(str[i]))
            str[i]-=32;
    }
    cout<<"the result is :"<<str<<endl;
    reutrn 0;
}
inline    int up_letter(char ch)
{
    if (ch>='a'&&ch<='z')
        return 1;
    else
        return 0;
}
```

说明：

(1) 内联函数与一般函数的区别在于函数调用的处理。一般函数进行调用时，要将程序执行到被调用函数中，然后返回到主调函数中；而内联函数在调用时，是将调用部分用内联函数体来替换。

(2) 内联函数必须先声明后调用。因为程序编译时要对内联函数进行替换，所以在内联函数调用之前必须声明是内联的，否则将会像一般函数那样产生调用，而不是进行替换操作。在函数声明或定义时，将 inline 关键字加在函数返回类型前面的就是内联函数。在例 3-12 中如果把声明语句写成 int up_letter(char ch); ，内联函数的声明就是错误的。

使用内联函数有 3 个注意点：

(1) 在内联函数内部不允许使用循环语句和分支语句，否则系统会将其视为普通函数。

(2) 内联函数不能是递归函数。

(3) 语句数尽可能少，一般不超过 5 行。

由于计算机的资源总是有限的，使用内联函数虽然节省了程序运行的时间开销，但却增大了代码占用内存的空间开销。因此在具体编程时应仔细地权衡时间开销与空间开销之间的矛盾，以确定是否采用内联函数。

与处理 register 变量相似，是否对一个内联函数进行扩展完全由编译器自行决定。因此，说明一个内联函数只是请求，而不是命令编译器对它进行扩展。事实上，如果将一个较复杂的函数定义为内联函数，则大多数编译器会自动地将其作为普通函数来处理。

3.4　带默认形参值的函数

C++ 语言允许在函数说明或函数定义中为形参预赋一个默认的值，这样的函数就叫做带有默认形参值的函数。在 C++ 语言中调用函数时，通常要为函数的每个形参给定对应的实参。若没有给出实参，则按指定的默认值进行工作。在调用带有默认参数值的函数时，若为相应形参指定了实参，则形参将使用实参的值；否则，形参将使用其默认值。当一个函数既有定义又有声明时，形参的默认值必须在声明中指定，而不能放在定义中指定。只有当函数没有声明时，才可以在函数定义中指定形参的默认值。这就大大地方便了函数的使用。

例如：

```
int fun(int x=15,int y=8)
{
    return    x-y;
}
void main(void)
{
    fun(34,22);      //传递给形参 x,y 的值分别为 34 和 22
    fun(10);         //传递给形参 x,y 的值分别为 10 和 8
    fun();           //传递给形参 x,y 的值分别为 15 和 8
}
```

(1) 若函数具有多个形参，则缺省形参值必须自右向左连续地定义，并且在一个缺省形参值的右边不能有未指定缺省值的参数。这是由于 C++ 语言在函数调用时参数是自右至左入栈这一约定所决定的。

例如：

```
void    add_int( int a=1, int b=5, int c=10);      //正确的函数声明
void    add_int( int a , int b=5, int c=10);       //正确的函数声明
void    add_int( int a=1, int b , int c=10);       //错误的函数声明
void    add_int( int a=1, int b, int c)            //错误的函数声明
```

在进行函数调用时，实参与形参按从左到右的顺序进行匹配。当实参的数目少于形参时，如果对应位置形参又没有设定默认值，就会产生编译错误；如果设定了默认值，则编译器将为那些没有对应实参的形参取默认值。

(2) 在调用一个函数时，如果省去了某个实参，则直到最右端的实参都要省去(当然，与它们对应的形参都要有缺省值)。

假如有如下声明：

```
int fun(int a, float b=5.0, char c='.', int d=10);
```

采用如下调用形式是错误的：

```
fun(8, , , 4);          //语法错误
```

(3) 缺省形参值的说明必须出现在函数调用之前。这就是说，如果存在函数原型，则形参的缺省值应在函数原型中指定；否则，在函数定义中指定。另外，若函数原型中已给出了形参的缺省值，则在函数定义中不得重复指定，即使所指定的缺省值完全相同也不行。如果一个函数的定义先于其调用，没有函数原型，若要指定参数默认值，需要在定义时指定。

例如：

```
int sub(int x=8, int y=3);      //缺省形参值在函数原型中给出
```

```
void main(void)
{
    sub(20,15);          // 20-15
    sub(10);             // 10-3
    sub();               // 8-3
}
int sub(int x,int y)     //缺省形参值没有在函数定义时给出
{
    return   x-y;
}
```

(4) 在同一个作用域，一旦定义了缺省形参值，就不能再定义它。

例如：

```
int fun(int a, float b, char, int d=10);

int fun(int a, float b, char c='.', int d=10);     //错误：企图再次定义缺省参数 c 和 d
```

(5) 如果几个函数说明出现在不同的作用域内，则允许分别为它们提供不同的缺省形参值。

例如：

```
int fun(int a=6, float b=5.0, char c='.', int d=10);
void main(void)
{
    int fun(int a=3, float b=2.0, char c='n', int d=20);
    cout<<fun( )<<endl;          // fun 函数使用局部缺省参数值
}
```

(6) 对形参缺省值的指定可以是初始化表达式，甚至可以包含函数调用。

例如：

```
//d 参数的缺省值是函数调用。
int fun(int a, float b=5.0, char c= '.', int d= sub(20,15));
```

(7) 在函数原型给出了形参的缺省值时，形参名可以省略。

例如：

```
int fun(int , float =5.0, char = '. ', int = sub(20,15));
```

(8) 形参的默认值可以是全局常量、全局变量、表达式、函数调用，但不能为局部变量。

例如：

```
//下例不合法：
void fun ()
{
    int k;
    void g(int x=k);          // k 为局部变量
}
```

3.5　函　数　重　载

3.5.1　函数重载的定义

　　在生活中经常会出现这样一些情况，一个班里可能同时有两个叫小红的同学，甚至有多个，但是他们的身高、体重、性别、外貌等会有所不同，老师点名字时都会根据他们的特征来区分，如男小红，女小红等。其实在编程语言里也会存在这种情况，几个不同的函数有着相同的名字，在调用时根据参数的不同确定调用哪个函数，这就是 C++ 提供的函数重载机制。

　　在 C 语言中，函数名必须唯一，不允许同名的两个函数出现在同一程序中。如果要对不同类型的数据实施相同的操作，就必须编写不同名字的函数。例如，要计算 int、float、double 三种类型数据的绝对值，就要编写类似下面形式的几个函数：

　　　　int iabs(int x) (return x>0?x:-x; }

　　　　float fabs(float x) {return x>0?x:-x; }

　　　　double dabs(double x) (return x>0?x-x; }

　　但是利用 C++ 提供的函数重载机制就可以把上面的三个函数名用一个函数名代替。所谓重载函数，就是在同一个作用域内几个函数名字相同，但参数列表不同，即同一个函数名对应多个函数，多个函数具有同一个函数名。

　　例如，求和的函数可以定义为 sum()，但在 C++ 语言中定义函数，不同数据类型相加或加数不一样的时候就要定义不同的函数，因为 C++ 语言通过函数名区别不同函数。例如求两个整数之和的函数与求两个实数之和的函数可以声明如下形式：

　　　　int sum (int,int);

　　　　int sum(int);

　　　　double sum (int,long);

　　　　double sum(long);

　　这种方法要求程序员要对函数间传递的数据类型详细掌握，否则就可能出错。然而 C++ 提供了函数重载的功能，在 C++ 程序编译过程中，通过名字分裂的方法，将函数类型、参数类型和参数个数的信息添加到函数名中，以便区别不同的函数。名字分裂法是将一系列能表示参数类型的代码附加到函数名上，达到区别同名函数的目的。

3.5.2　函数重载的绑定

　　函数重载要求编译器能够唯一地确定调用一个函数时应执行哪个函数代码。确定对重载函数的哪个函数进行调用的过程称为绑定(Binding)，绑定的优先次序为：精确匹配、对实参的类型向高类型转换后的匹配、实参类型向低类型及相容类型转换后的匹配。确定函数时，编译器是通过函数的参数个数、参数类型和参数顺序来区分的。也就是说，进行函数重载时，要求同名函数参数个数不同、参数类型不同或参数顺序不同，否则，将无法确定是哪一个函数体。

例如：重载函数 add ()的绑定：

```
cout<<add(1,2)<<endl;              //匹配 int add(int , int);
cout<<add(1.2,3.4)<<endl;          //匹配 double add(double , double);
cout<< add('a' , 'b')<<endl;        //匹配 int add(int , int);
```

注意：

(1) 重载函数的类型(即函数的返回类型)可以相同，也可以不同。但如果仅仅是返回类型不同，而函数名相同、形参表也相同，则是不合法的，编译器会报"语法错误"。也就是说，重载函数不能用返回值来区分。如下面两行代码不是函数重载：

```
int func1(int a, int b);
double func1(int a, int b);
```

(2) 除形参名以外其他都相同的情况，编译器不认为是重载函数，只认为是对同一个函数原型的多次声明。

(3) 在调用一个重载函数 func1()时，编译器必须判断函数名 func1 到底是指哪个函数。函数是通过编译器，根据实参的个数和类型对所有 func1()函数的形参一一进行比较，从而调用一个最匹配的函数。

【例 3-14】 求三个操作数之和。

程序如下：

重载函数

```
/*ch03-14.cpp*/
#include <iostream.h>
int sum(int,int,int);
double sum(double,double,double);
void main()
{
    cout<<"Int:"<<sum(2,3,4)<<endl;
    cout<<"Double:"<<sum(1.4,2.7,3.8)<<endl;
}
int sum(int a, int b, int c)
{
    return a+b+c;
}
double sum(double a,double b,double c)
{
    return a+b+c;
}
```

运行结果：

```
Int:9
Double:7.9
```

从结果可以看出，二次调用 sum()函数，传入不同的参数就调用了对应的函数，在这个过程中，编译器会根据传入的实参与几个重载函数逐一匹配，然后根据比较结果决定到底调用哪个函数。

注意：当重载函数中的形参都是普通形参时，定义和调用一般不会出现问题，但是当形参由 const 修饰或者有默认参数值时，有一些问题需要注意，接下来我们就分别来学习一下这四种情况。

1. 重载函数与 const 形参

如果是底层的 const 形参，即 const 修饰的是指针指向的变量，则通过区分其指向的是常量对象还是非常量对象。

可以实现函数的重载，例如下面两对函数：

```
void func1(int *x);        //普通指针
void func2(const int*x);   //常量指针
void func2(int &x);        //普通引用
void func2(const int &x);  //常引用
```

上面的两对重载函数，编译器可以通过形参是否是常量来推断应该调用哪个函数。对于 const 对象，因为 const 对象不能转换成其他类型，所以只能把 const 对象传递给 const 形参；而对于非 const 对象，因为非 const 对象可以传递给 const 形参，所以上面的重载函数都可以被非 const 对象调用，但是在重载函数中，编译器会优先选择非常量版本的函数。

接下来通过一个示例来加深读者对重载函数中 const 形参的印象，如例 3-14 所示。

【例 3-15】 在重载函数中带 const 形参示例。

程序如下：

```cpp
/*ch03-15.cpp*/
#include <iostream>
using namespace std;
void func1(const int *x)    //常量指针
{
    cout<<"const int *x:"<<*x<<endl;
}
void func1(int *x)    //普通指针
{
    cout<<"int*:"<<*x<,endl;
}
void func2(const int &x)  //常引用
{
    cout<<"const int &:"<<x<<endl;
}
void func2(int &x)    //普通引用
{
    cout<<"int&:"<<x<<endl;
}
```

```
int main()
{
    const int a=1;
    int b=2;
    func1(&a); //常量函数
    func1(&b); //非常量函数
    func2(a);   //常量函数
    func2(b);   //非常量函数
    return 0;
}
```

运行结果：

```
const int*: 1
int*: 2
const int&: 1
int&: 2
```

由结果可以看出，当传入常量对象参数时会调用 const 形参函数，当传入非常量对象时，则优先调用了非 const 形参函数。

但如果是顶层的 const 形参，即 const 修饰的是指针本身，则无法和另一个没有顶层 const 的形参区分开来，对于 const 修饰形参变量，只是不能在函数内部改变变量的值，并不一定要求传入进来的变量就得是常量；对于 const 修饰指针，只是保证这个指针不指向别的变量而已，而不要求它指向的变量是常量。例如下面的函数：

```
void func1(int x);
void func1(const int x);           //函数 func1()重复声明
void func2(int *x);
void func2(int *const x);          //函数 func2()重复声明
```

这两对函数，第二个函数都是对第一个函数的重复声明，因为顶层 const 必定会影响传入函数的对象，所以无法以顶层 const 形参重载函数。

2. 引用与 const 形参

对于用指针和引用做形参而言，存在实参被意外修改的危险。在 C++ 中，很多时候都需要通过引用向函数传递大型参数对象，但并不希望函数修改这些对象的值，就可以将相关参数限制为 const 引用类型。例如：

```
int fcmp(const double &d1, const double &d2 ) {
if (d1>d2 )
    return 1
else if(d1==d2)        //错误，d1 是 const 型的
    return 0;
else if (d1<d2 )
    return-1;
```

由于函数 fcmp()中的 d1 是 const 型的参数，所以在编译该函数时，编译器就会指出"if(d1=d2)"是错误的，因为该语句会修改 d1 的值，而 d1 是 const 型的参数。

3. const 限制其返回值

对于返回指针或引用的函数，也可以用 const 限制其返回值。

【例 3-16】 返回 const 引用的函数。

程序如下：

```
/*ch03-16.cpp*/
#include<iostream.h>
const intE index ( int x[], int n) {
return x[n]
void main()
{
    int a[ ]={0, 1, 2, 3, 4, 5, 6, 7, 8, 9}
    cout<<index (a, 6 ) <<endl;
    index (a,2) = 90;
    cout<<a [ 2 ] <<endl;
}
```

函数调用 index(a,2)返回 a[2]的地址，由于函数 index()返回的是 const 引用，所以不能对它进行修改。如果 indexj 的返回值没有 const 限制，例如：

```
int& index ( int x[ ], int n)
{
    return x[n]
}
```

则对于此函数而言，主函数没有错误"index(a,2)=90;"将首先返回数组元素 a[2]，然后再将它改为 90，所以 main 中的最后一条语句将输出 90。

4. 重载和带默认形参值函数

当使用具有默认参数的函数重载形式时需注意防止调用的二义性，例如下面的两个函数：

```
int add(int x,int y=1);
void add(int x);
```

当有如下函数调用时就会产生歧义：add(10); 它既可以调用第一个 add()函数，也可以调用第二个 add()函数，编译器无法确认到底要调用哪个重载函数，这就产生了调用的二义性。在使用时要注意这种情况。

3.6 作用域与生存期

3.6.1 标识符的作用域

作用域指标识符在定义(声明)之后在程序中有效的区域，即标识符在该区域可见。标识符的作用域均始于标识符声明处,结束位置根据声明的位置而定。具体地,C++ 中标识符的作用域分为局部作用域(块作用域)、函数作用域、函数原型作用域、文件作用域和类作用域。由于类作用域具有独特性,本书后续章节将进行介绍,在此我们只讨论 4 种作用域。

1. 局部作用域

当标识符的声明出现在由一对花括号所括起来的一段程序(块)内时,该标识符的作用域从声明点开始,到块结束处为止,该作用域的范围具有局部性。函数体就是函数中最大的块。在语法上,块可以当成单语句使用,称为块语句。

在块内定义的变量具有块作用域,块作用域是从块内变量定义处到块的结束处。具有块作用域的变量只能在变量定义处到块尾之间的区域中使用,而不能在其他区域使用,具有块作用域的变量为局部变量。

【例 3-17】 块作用域示例。

程序如下:

```
/*ch03-17.cpp*/
#include <iostream>
using namespace std;
int main( ) {                          // 1
    int i, j;                          // 2
    i = 1; j = 2;                      // 3
    {   int a, b;                      // 4
        a = 5;                         // 5
        b = j;                         // 6
        cout << a << "\t" << b << endl;  // 7
    }                                  // 8
    cout << i << "\t" << j << endl;    // 9
    return 0;                          // 10
}                                      // 11
```

上述程序中有两个块,第一个块是从第 1 行到第 11 行的主函数块,在主函数块中定义的变量 i,j 作用域从第 1 行开始,到第 11 行结束;第二个块是从第 4 行到第 8 行的块,在块内定义变量 a,b 的作用域从第 4 行开始,到第 8 行结束。因此,第 4 行定义的变量具有块作用域,只能在第 4 行到第 8 行的块中使用,而不能在块外使用。

引入块作用域的目的之一是为了解决变量的同名问题。当变量具有不同的作用域时,允许变量同名;当变量具有相同的作用域时,不允许变量同名。C++ 语言规定:当程序块嵌套时,如果外层块中的变量与内层块中的变量同名,则在内层块执行时,外层块中的同名变量不起作用,即局部优先。下面的例题可以说明这一点。

【例 3-18】 块作用域示例。

程序如下:

```
/*ch03-18.cpp*/
```

```
#include <iostream>
using namespace std;
int main( )                                    // 1
{                                              // 2
    int x(3), y(5);                            // 3
    for ( ; x > 0; x--)                        // 4
    {                                          // 5
        int x(4);                              // 6
        cout << x << "\t" << y << endl;        // 7
    }                                          // 8
    cout << endl << x << "\t" << y << endl;    // 9
    return 0 ;                                 // 10
}                                              // 11
```

运行结果：

```
4       5
4       5
4       5
0       5
```

2. 函数作用域

标号是唯一具有函数作用域的标识符。函数作用域是指在函数内定义的标识符的作用范围，函数作用域从其定义开始，到函数结束为止。

3. 函数原型作用域

函数原型作用域是指在函数原型中所指定的参数标识符的作用范围。函数原型作用域的作用范围是在函数原型声明中的左、右括号之间，从函数原型变量定义开始，到函数原型结束。由于函数原型中声明的变量与该函数的定义和调用无关，所以，可在函数原型声明中只作参数的类型声明，而省略参数名。

例如，有下列函数原型：

```
double Area(double radius);
```

参数 radius 的作用域开始于函数原型声明的左括号，结束于函数声明的右括号。它不能用于程序正文其他地方，可以写成：

```
double Area(double);  或 double Area(double radius = 5);
```

也可简化成：

```
double Area(double = 5);
```

注意：函数原型中的形参，其作用域仅限于声明中。

4. 文件作用域

在函数外定义的变量、static 变量或用 extern 声明的变量具有文件作用域，其作用域从声明之处开始，直到源文件结束。当具有文件作用域的变量出现先使用、后定义的情况时，要先用 extern 对其作外部声明。

【例3.19】 文件作用域示例。

程序如下：

```cpp
/*ch03-19.cpp*/
#include <iostream>
using namespace std;
int i;                              //全局变量，文件作用域
int main( )
{
    i = 5;
    {   int i;                      //局部变量，块作用域
        i = 7;
        cout << "i=" << i << endl;  //输出 7
    }
    cout << "i=" << i << endl;      //输出 5
    return 0;
}
```

表 3-1 给出了四种作用域的作用范围。

表 3-1　四种作用域小结

作用域	作 用 范 围
块作用域	从块内标识符定义开始到块结束
函数作用域	从函数内标识符定义开始到函数结束
函数原型作用域	从标识符定义开始到函数原型声明结束
文件作用域	从标识符定义处到整个源文件结束(可用 extern 进行扩展)

3.6.2　局部变量与全局变量

在讨论函数的形参变量时曾经提到，形参变量只在被调用期间才分配内存单元，调用结束立即释放。这一点表明形参变量只有在函数内才是有效的，离开该函数就不能再使用了。这种变量有效性的范围称为变量的作用域。不仅对于形参变量，C 语言中所有的量都有自己的作用域。变量说明的方式不同，其作用域也不同。C 语言中的变量，按作用域范围可分为两种，即局部变量和全局变量。

1. 局部变量

在一个函数内部说明的变量是内部变量，局部变量是在函数内作定义说明的。它只在该函数范围内有效。也就是说，只有在包含变量说明的函数内部，才能使用被说明的变量，在此函数之外就不能使用这些变量了。所以内部变量也称"局部变量"。其作用域仅限于函数内，离开该函数后再使用这种变量是非法的。

函数中的局部变量存放在栈区。在函数开始运行时，局部变量在栈区被分配空间；函数退出时，局部变量随之消失。局部变量在定义时，若没有初始化，则它的值是随机的。

【例 3-20】 使用局部变量。

程序如下:

```cpp
/*ch03-20.cpp*/
#include <iostream>
using namespace std;
int f1(int a)              /*函数 f1*/
{
    int b,c;
    ……
}                          // a,b,c 作用域
int f2(int x) /*函数 f2*/
{
    int y,z;
}                          // x, y, z 作用域
int main()
{
    int m, n;
    return 0;
}                          // m, n 作用域
```

在函数 f1 内定义了三个变量,a 为形参,b、c 为一般变量。在 f1 的范围内 a、b、c 有效,或者说 a、b、c 变量的作用域限于 f1 内。同理,x、y、z 的作用域限于 f2 内。 m、n 的作用域限于 main 函数内。关于局部变量的作用域还要说明以下几点:

(1) 主函数中定义的变量也只能在主函数中使用,不能在其他函数中使用。同时,主函数中也不能使用其他函数中定义的变量。因为主函数也是一个函数,它与其他函数是平行关系。这一点是与其他语言不同的,应予以注意。

(2) 形参变量是属于被调函数的局部变量,实参变量是属于主调函数的局部变量。

(3) 允许在不同的函数中使用相同的变量名,它们代表不同的对象,分配不同的单元,互不干扰,也不会发生混淆。因此,形参和实参的变量名相同是完全允许的。

(4) 在复合语句中也可定义变量,其作用域只在复合语句范围内。

【例 3-21】 分析变量 k 的作用域。

程序如下:

```cpp
/*ch03-21.cpp*/
#include <iostream>
using namespace std;
int main()
{
    int i=2, j=3, k;
    k=i+j;
    {
```

```
        int k=8;
        if(i==3) cout<<k<<endl;
    }
    cout<<i<<endl<<k<<endl;
    return 0;
}
```

本程序在 main 中定义了 i、j、k 三个变量，其中 k 未赋初值；而在复合语句内又定义了一个变量 k，并赋初值为 8。应该注意，这两个 k 不是同一个变量。在复合语句外由 main 定义的 k 起作用，而在复合语句内则由在复合语句内定义的 k 起作用。因此程序第 4 行的 k 为 main 所定义，其值应为 5。第 7 行输出 k 值，该行在复合语句内，由复合语句内定义的 k 起作用，其初值为 8，故输出值为 8，第 9 行输出 i、k 值。i 是在整个程序中有效的，第 7 行对 i 赋值为 3，故输出也为 3。而第 9 行已在复合语句之外，输出的 k 应为 main 所定义的 k，此 k 值由第 4 行已获得为 5，故输出也为 5。

2. 全局变量

全局变量也称为外部变量，它是在函数外部定义的变量。它不属于哪一个函数，它属于一个源程序文件，其作用域是整个源程序。在函数中使用全局变量，一般应作全局变量说明。只有在函数内经过说明的全局变量才能使用。全局变量的说明符为 extern。 但在一个函数之前定义的全局变量，在该函数内使用可不再加以说明。例如：

```
int a,b;      /*外部变量*/
void f1() /*函数 f1*/
{
    …
}
float x,y;    /*外部变量*/
int fz()      /*函数 fz*/
{
    …
}
void main()   /*主函数*/
{
    …
}          /*全局变量 x,y 作用域 全局变量 a,b 作用域*/
```

从上例可以看出，a、b、x、y 都是在函数外部定义的外部变量，都是全局变量。但 x、y 定义在函数 f1 之后，而在 f1 内又无对 x、y 的说明，所以它们在 f1 内无效。a、b 定义在源程序最前面，因此在 f1、f2 及 main 内不加说明也可使用。

【例 3-22】 输入正方体的长宽高分别为 l、w、h。求体积及三个面 x*y、x*z、y*z 的面积。

程序如下：

```
/*ch03-22.cpp*/
#include <iostream.h>
int s1, s2, s3;
int vs(int a, int b, int c)
{
    int v;
    v=a*b*c;
    s1=a*b;
    s2=b*c;
    s3=a*c;
    return v;
}
void main()
{
    int v,l,w,h;
    cout<<"input length, width and height"<<endl;
    cin>>l>>w>>h;
    v=vs(l, w, h);
    cout<<v<<s1<<s2<<s3;
}
```

本程序中定义了三个外部变量 s1、s2、s3，用来存放三个面积，其作用域为整个程序。函数 vs 用来求正方体体积和三个面积，函数的返回值为体积 v。由主函数完成长、宽、高的输入及结果输出。由于 C++ 语言规定函数返回值只有一个，当需要增加函数的返回数据时，用外部变量是一种很好的方式。本例中，如不使用外部变量，在主函数中就不可能取得 v、s1、s2、s3 四个值。而采用了外部变量，在函数 vs 中求得的 s1、s2、s3 值在 main 中仍然有效。因此，外部变量是实现函数之间数据通信的有效手段。对于全局变量，还有以下几点说明：

(1) 对于局部变量的定义和说明，可以不加区分。而对于外部变量则不然，外部变量的定义和外部变量的说明并不是一回事。外部变量的定义必须在所有的函数之外，且只能定义一次。其一般形式为：

　　[extern] 类型说明符 变量名，变量名…

其中，方括号内的 extern 可以省去不写。

例如：

　　int a, b;

等效于：

　　extern int a,b;

而外部变量说明出现在要使用该外部变量的各个函数内，在整个程序内，可能出现多次，外部变量说明的一般形式为：

　　extern 类型说明符 变量名，变量名，…；

　　外部变量在定义时就已分配了内存单元，外部变量定义可作初始赋值，外部变量说明不能再赋初始值，只是表明在函数内要使用某外部变量。

　　(2) 全局变量增加了函数之间数据联系的渠道，但是，使用全局变量降低了程序的可理解性，软件工程学提倡尽量避免使用全局变量。

　　(3) 全局变量存放在内存的全局数据区。在定义全局变量时，若未对变量进行初始化，则自动初始化为 0。

　　(4) 在同一源文件中，允许全局变量和局部变量同名。在局部变量的作用域内，全局变量不起作用。

【例 3-23】 全局变量与局部变量使用示例。

程序如下：

```
/*ch03-23.cpp*/
#include <iostream>
using namespace std;
int vs(int l, int w)
{
    extern int h;
    int v;                  //定义局部变量 v
    v=l*w*h;                //引用全局变量 w、h 和局部变量 v、l
    return v;
}
void main()
{
    extern int w, h;
    int l=5;                //定义局部变量 l
    cout<<vs(l, w);
}
int l=3, w=4, h=5;          //定义全局变量 l、w、h
```

　　本例程序中，外部变量在最后定义，因此在前面函数中对要用的外部变量必须进行说明。外部变量 l、w 和 vs 函数的形参 l、w 同名。外部变量都作了初始赋值，mian 函数中也对 l 作了初始化赋值。执行程序时，在输出语句中调用 vs 函数，实参 l 的值应为 main 中定义的 l 值，等于 5，外部变量 l 在 main 内不起作用；实参 w 的值为外部变量 w 的值，等于 4，进入 vs 后这两个值传送给形参 l。vs 函数中使用的 h 为外部变量，其值为 5，因此 v 的计算结果为 100，返回主函数后输出。

3.6.3　动态变量与静态变量

1. 变量在内存中的存储

一个程序将操作系统分配给其运行的内存块分为 4 个区域。

(1) 代码区(Code Area)：存放程序代码，即程序中各个函数的代码块，也称程序区。

(2) 全局数据区(Data Area)：存放全局数据和静态数据；分配该区时内存全部清零。

(3) 栈区(Stack Area)：存放局部变量，如函数中的变量等；分配栈区时内存不处理。

(4) 堆区(Heap Area)：存放与指针相关的动态数据(new 或 malloc 就在此区域中分配储存空间)。分配堆区时内存不处理，存放动态变量。

图 3-6 所示为程序的内存区域。

全局数据区
(存放全局变量、静态变量)
代码区(存放程序代码)
栈区(存放局部变量)
堆区(存放动态数据)

图 3-6　程序的内存区域

2. 动态变量

动态变量用来在程序执行过程中，定义变量或者调用函数时分配存储空间。在该变量作用域结束处自动释放存储空间。

3. 静态变量

在程序开始执行时就分配存储空间，在程序运行期间，即使变量处于其作用域之外，静态变量也一直占用为其分配的存储空间，直到程序执行结束时，才收回为变量分配的存储空间，这种变量称为静态变量。

3.6.4　变量的存储类型

各种变量的作用域不同，就其本质来说是因变量的存储类型相同。所谓存储类型，是指变量占用内存空间的方式，也称为存储方式。变量的存储方式可分为静态存储和动态存储两种。

静态存储变量通常是在变量定义时就分定存储单元并一直保持不变，直至整个程序结束。动态存储变量是在程序执行过程中，使用它时才分配存储单元，使用完毕立即释放。其典型的例子是函数的形式参数，在函数定义时并不给形参分配存储单元，只是在函数被调用时才予以分配，调用函数完毕立即释放。如果一个函数被多次调用，则反复地分配、释放形参变量的存储单元。从以上分析可知，静态存储变量是一直存在的，而动态存储变量则时而存在时而消失。我们把这种由于变量存储方式不同而产生的特性称为变量的生存期。生存期表示了变量存在的时间。生存期和作用域是从时间和空间这两个不同的角度来描述变量的特性，这两者既有联系，又有区别。一个变量究竟属于哪一种存储方式，并不能仅从其作用域来判断，还应有明确的存储类型说明。

在 C++ 语言中，对变量的存储类型说明有以下四种：

(1) auto：自动变量。

(2) register：寄存器变量。

(3) extern：外部变量。

(4) static：静态变量。

自动变量和寄存器变量属于动态存储方式,外部变量和静态变量属于静态存储方式。在介绍了变量的存储类型之后,可以知道对一个变量的说明不仅应说明其数据类型,还应说明其存储类型。因此变量说明的完整形式应为

存储类型说明符　数据类型说明符　变量名,变量名…;

例如:

```
static int a,b;                //说明 a, b 为静态类型变量
auto char c1,c2;               //说明 c1, c2 为自动字符变量
static int a[5]={1,2,3,4,5};   //说明 a 为静整型数组
extern int x,y;                //说明 x, y 为外部整型变量
```

下面分别介绍以上四种存储类型。

1. 自动类型(Auto)

这种存储类型是 C++ 语言程序中使用最广泛的一种类型。C++ 语言规定,函数内凡未加存储类型说明的变量均视为自动变量,也就是说,自动变量可省去说明符 auto。在前面各章的程序中所定义的变量凡未加存储类型说明符的都是自动变量。例如:

```
{
    int i,j,k;
    char c;
    …
}
```

等价于:

```
{
    auto int i,j,k;
    auto char c;
    …
}
```

自动变量具有以下特点:

(1) 自动变量的作用域仅限于定义该变量的个体内。在函数中定义的自动变量,只在该函数内有效。在复合语句中定义的自动变量只在该复合语句中有效。例如:

```
int kv(int a)
{
    auto int x,y;
    {
        auto char c;
    }        /*c 的作用域*/
    …
}            /*a,x,y 的作用域*/
```

(2) 自动变量属于动态存储方式,只有在使用它(即定义该变量的函数被调用)时才给它分配存储单元,开始它的生存期。函数调用结束,释放存储单元,结束生存期。因此,函

数调用结束之后，自动变量的值不能保留。在复合语句中定义的自动变量，在退出复合语句后也不能再使用，否则将引起错误。例如以下程序：

```
void main()
{
    auto int a,s,p;
    cout<<"input a number: "<<endl;
    cin>>n;
    if(a>0)
    {
        s=a+a;
        p=a*a;
    }
    cout<<s<<p;
}
```

如果改成：

```
void main()
{
    auto int a;
    cout<<"input a number:"<<endl;
    cin>>a;
    if(a>0)
    {
        auto int s,p;
        s=a+a;
        p=a*a;
    }
    cout<<s<<p;
}
```

其中，s、p 是在复合语句内定义的自动变量，只能在该复合语句内有效。而程序的第 9 行却是退出复合语句之后用 cout 语句输出 s、p 的值，这显然会引起错误。

(3) 由于自动变量的作用域和生存期都局限于定义它的个体内(函数或复合语句内)，因此不同的个体中允许使用同名的变量，而不会混淆。即使在函数内定义的自动变量也可与该函数内部的复合语句中定义的自动变量同名。例 3-23 表明了这种情况。

【例 3-24】 自动变量使用示例。

程序如下：

```
/*ch03-24.cpp*/
#include <iostream.h>
void main()
{
```

```
    auto int a, s=100, p=100;
    cout<<"input a number:"<<endl;
    cin>>a;
    if(a>0)
    {
        auto int s, p;
        s=a+a;
        p=a*a;
        cout<<s<<p;
    }
    cout<<s<<p;
}
```

本程序在 main 函数中和复合语句内两次定义了变量 s、p，为自动变量。按照 C++ 语言的规定，在复合语句内，应由复合语句中定义的 s、p 起作用，故 s 的值应为 a+a，p 的值为 a*a；退出复合语句后的 s、p 应为 main 所定义的 s、p，其值在初始化时给定，均为 100。从输出结果可以分析出两个 s 和两个 p 虽变量名相同，但却是两个不同的变量。

(4) 对构造类型的自动变量(如数组等)，不可作初始化赋值。

2. 寄存器类型(Register)

变量一般都存放在存储器内，因此当对一个变量频繁读/写时，必须要反复访问内存储器，从而花费大量的存取时间。为此，C++ 语言提供了另一种变量，即寄存器变量。这种变量存放在 CPU 的寄存器中，使用时不需要访问内存，而直接从寄存器中读/写，这样可提高效率。寄存器变量的说明符是 register。对于循环次数较多的循环控制变量及循环体内反复使用的变量，均可定义为寄存器变量。寄存器变量与自动变量相似，也是动态局部变量，也具有块作用域，区别在于自动变量存储在栈区，寄存器变量存储在寄存器中。register 的使用形式如下：

    [register] <数据类型> <变量名表>

例如：

    register int m, n = 3;

【例 3-25】 寄存器变量使用示例，求 $\sum\limits_{i=1}^{200} i$ 。

程序如下：

```
/*ch03-25.cpp*/
#include <iostream>
using namespace std;
void main()
{
    register i, s=0;
    for(i=1; i<=200; i++)
```

```
        s=s+i;
    cout<<s;
}
```

本程序循环 200 次，i 和 s 都将频繁使用，因此可定义为寄存器变量。

对寄存器变量，还要说明以下几点：

(1) 只有局部自动变量和形式参数才可以被定义为寄存器变量。因为寄存器变量属于动态存储方式。凡需要采用静态存储方式的量，不能被定义为寄存器变量。

(2) 在 Turbo C，MS C 等微机上使用的 C++ 语言中，实际上是把寄存器变量当成自动变量处理的，因此其速度并不能提高。而在程序中允许使用寄存器变量只是为了与标准 C 保持一致。

(3) 即使能真正使用寄存器变量的机器，由于 CPU 中寄存器的个数是有限的，因此使用寄存器变量的个数也是有限的。

3. 外部类型(Extern)

用关键字 extern 声明的变量被称为外部变量，外部变量是全局变量，具有文件作用域。用 extern 声明外部变量的目的有两个，一是扩展当前文件中全局变量的作用域，二是将其他文件中的全局变量的作用域扩展到当前文件中。

【例 3-26】 求两个整数的最大值。

程序如下：

```
/*ch03-26.cpp*/
#include <iostream>
using namespace std;
extern int a, b;                //第 3 行声明 a、b 为外部变量
int main( ) {
    int c;
    int max(int x, int y);
    c = max(a, b);              //第 7 行使用全局变量 a、b
    cout << "max=" << c << endl;
    return 0;
}
int a = 3, b = 5;              //第 11 行定义全局变量 a、b
int max(int x, int y) {
    int z;
    z = x > y ? x : y;
    return z;
}
```

4. 静态类型(Static)

静态变量的类型说明符是 static。静态变量属于静态存储方式，但是属于静态存储方式的量不一定就是静态变量，例如，外部变量虽属于静态存储方式，但不一定是静态变量，

必须由 static 加以定义后才能成为静态外部变量，或称静态全局变量。对于自动变量，前面已经介绍它属于动态存储方式。但是也可以用 static 定义它为静态自动变量，或称静态局部变量，从而成为静态存储方式。

由此看来，一个变量可由 static 进行再说明，并改变其原有的存储方式。静态变量根据定义在函数内还是函数外，分为静态局部变量与静态全局变量。

1) 静态局部变量

在局部变量的说明前再加上 static 说明符就构成静态局部变量。

静态局部变量的定义格式如下：

[static] <数据类型> <变量名表>

例如：

static int a, b;

static float array[5]={1, 2, 3, 4, 5};

静态局部变量属于静态存储方式，它具有以下特点：

① 静态局部变量在函数内定义，但不像自动变量那样，当调用时就存在，退出函数时就消失。静态局部变量始终存在着，也就是说它的生存期为整个源程序。

② 静态局部变量的生存期虽然为整个源程序，但是其作用域仍与自动变量相同，即只能在定义该变量的函数内使用该变量。退出该函数后，尽管该变量还继续存在，但不能使用它。

③ 允许对构造类静态局部量赋初值。若未赋以初值，则由系统自动赋以 0 值。

④ 对基本类型的静态局部变量若在说明时未赋以初值，则系统自动赋予 0 值。而对自动变量不赋初值，则其值是不定的。根据静态局部变量的特点，可以看出它是一种生存期为整个源程序的量。虽然离开定义它的函数后不能使用，但如再次调用定义它的函数时，它又可继续使用，而且保存了前次被调用后留下的值。因此，当多次调用一个函数且要求在调用之间保留某些变量的值时，可考虑采用静态局部变量。虽然用全局变量也可以达到上述目的，但全局变量有时会造成意外的副作用，因此仍以采用局部静态变量为宜。

【例 3-27】 自动变量静态局部变量使用示例。

程序如下：

```
#include <iostream>
using namespace std;
int main()
{   int i;
    void f();                /*函数说明*/
    for(i=1; i<=5; i++)
    f();                     /*函数调用*/
}
void f()                     /*函数定义*/
{
    auto int j=0;
    ++j;
```

```
        cout<<j;
    }
```

上述程序中定义了函数 f，其中的变量 j 说明为自动变量并赋予初始值为 0。当 main 中多次调用 f 时，j 均赋初值为 0，故每次输出值均为 1。现在把 j 改为静态局部变量，即把例 3-27 的 f()函数中 j 变量类型原来自动变量改为静态局部变量代码如下：

【例 3-28】

```
    void f()
    {
        static int j=0;
        ++j;
        cout<<j<<endl;
    }
```

由于 j 为静态变量，能在每次调用后保留其值并在下一次调用时继续使用，所以输出值成为累加的结果。读者可自行分析其执行过程。

2) 静态全局变量

全局变量(外部变量)的说明之前再冠以 static 就构成了静态的全局变量。全局变量本身就是静态存储方式，静态全局变量当然也是静态存储方式。这两者在存储方式上并无不同。这两者的区别虽在于：非静态全局变量的作用域是整个源程序，当一个源程序由多个源文件组成时，非静态的全局变量在各个源文件中都是有效的。而静态全局变量则限制了其作用域，即只在定义该变量的源文件内有效，在同一源程序的其他源文件中不能使用它。由于静态全局变量的作用域局限于一个源文件内，只能为该源文件内的函数公用，因此可以避免在其他源文件中引起错误。从以上分析可以看出，把局部变量改变为静态变量后是改变了它的存储方式，即改变了它的生存期；把全局变量改变为静态变量后是改变了它的作用域，限制了它的使用范围。因此，static 这个说明符在不同的地方所起的作用是不同的。应予以注意。

【例 3-29】 静态局部变量使用示例。

程序如下：

```
    #include <iostream>
    using namespace std;
    void fn( );
    static int n;                    //定义静态全局变量
    int main( ) {
        n=20;
        cout << n << endl;
        fn( );
        return 0;
    }
    void fn( ) {
        n++;
```

```
        cout << n << endl;
    }
```

静态全局变量有以下特点:

(1) 静态全局变量存储在内存的静态存储区;

(2) 未经初始化的静态全局变量会被编译器自动初始化为 0;

(3) 静态全局变量在声明它的整个文件内都是可见的, 在文件之外则不可见。

3.6.5 生存期

作用域针对标识符而言, 生存期则专对变量而言, 生存期指变量从被创建开始到被释放为止的时间。生存期和作用域从时间和空间这两个不同的角度来描述变量的特性, 两者既相联系, 又有区别。在 C++ 中, 变量的生存期分为静态生存期和动态生存期。

1. 静态生存期

静态变量可分为静态全局变量和静态局部变量, 前者的作用域是整个程序范围, 后者的作用域限于定义它的语句块。静态变量的作用域与普通变量的作用域是相同的, 但它与全局变量有着同样的长的生存期。这种生存期与程序的运行期相同, 只要程序一开始运行, 这种生存期的变量就存在, 当程序结束时, 其生存期就结束。

2. 动态生存期

在函数内部声明的变量或者块中声明的变量具有动态生存期。动态生存期也被称之为局部生命期。局部生命期对象生于声明点, 结束于声明所在块执行完毕之时。普通局部变量的生存期只在函数调用期间才存在, 函数调用完后就结束了。

3.6.6 命名空间

1. 什么是命名空间

在过去 C 语言程序中一直使用后缀 ".h" 标识头文件, 但在很多例题中, 没有使用后缀, 原因是新的 C++ 标准引入了新的标准类库的头文件载入方式, 即省略 ".h"。不过, 这时必须同时使用语句: "using namespace std; ", 来表示使用命名空间。在大规模程序设计中, 开发过程都是团队合作, 多个程序文档以及程序员使用各种各样的 C++ 库时, 在标识符命名时就可能发生名字冲突, 从而导致程序出错。所谓命名空间就是一种将程序库名称封装起来的方法, 它可以提高程序的性能和可靠性。程序设计者可以根据需要指定一些有名字的空间区域, 把一些自己定义的类、对象、变量、函数、结构体、模板以及其他的命名空间等标识符存放在这个空间中, 从而与其他实体定义分隔开来。

例如, 信息学院计算机科学与技术专业有 3 个班, 每个班里都有一个叫小明的同学, 我们要找其中一个小明, 必须说清楚是哪个班的小明, 班级就相当于一个命名空间。

有了命名空间, 在作用域范围内使用命名空间就可以访问命名空间定义的标识符, 这样标识符就被限制在特定的范围内, 在不同的命名空间, 即使使用同样的标识符表示不同的事物, 也不会引起命名冲突。

使用命名空间可以帮助开发人员在开发新的软件组件或模块时, 不会与已有软件组件或模块产生标识符命名冲突, 从而解决了程序中同名标识符存在的潜在危机。

2. 命名空间的定义

C++ 语言中，命名空间使用关键字 namespace 来声明，并用 {} 来界定命名空间的作用域。其定义格式如下所示：

```
namespace  空间名
{
    成员声明;    //类、对象、变量、函数、结构体等
}
```

空间名可以用任何合法的标识符，在 {} 内声明空间成员，例如定义一个命名空间为 A1，代码如下所示：

```
namespace A1
{
    int a = 10;
}
```

则变量 a 只在 A1 空间内({} 作用域)有效，命名空间的作用就是建立一些相互分隔的作用域，把一些实体定义分隔开来，就像三个名字相同的同学，如果分在一个班级里，则点名时就会出现不确定性，如果将他们分在不同的班级则再点名时就没有歧义了。

【例 3-30】 命名空间的定义示例。

程序如下：

```
/*ch03-30.cpp*/
#include <iostream>
using namespace std;
namespace   A
{
    int x=2;
}
namespace B
{
    int x=5;
    void Print();
}
int main()
{
    cout<<"A 命名空间的 x="<<A::x<<endl;
    cout<<"B 命名空间的 x="<<B::x<<endl;
    getchar();
    return 0;
}
```

运行结果：

```
A 命名空间的 x=2
```

B 命名空间的 x=5

本程序的两个命名空间 A 和 B 都定义了 x，在主函数中对它的调用要用命名空间进行限定。

3. 命名空间的使用

当命名空间外的作用域要使用空间内定义的标识符时，有三种方法可以使用：

(1) 加上作用域标识符"::"来标识要引用的实体，例如要引用上述 A 空间中的变量 x。

```
cout<<A::x;
```

在引用处指明变量所属的空间，就可以对变量进行操作了。

(2) 使用 using 关键字，在要引用空间实体的上面，使用 using 关键字引入要使用的空间变量。

```
using A::x;

cout<<x;
```

这种情况下，只能使用 using 引入的标识符，如果 A 空间里还有标识符 y，则这个地方只引入了 x，则 y 不能被使用，但可以使用 A1::b 的形式。

(3) 使用 using 关键字直接引入要使用的变量所属空间，例如：

```
using namespace A;
```

这样引入 A 空间后，则 A 中定义的所有实体都可以被引用了。但这种情况如果引用多个命名空间往往容易出错，例如，定义了两个命名空间，两个空间都定义了变量 x，示例代码如下：

```
namespace A1
{
    int x = 10;
}
namespace A2
{
    int x = 20;
}
using namespace A1;        //引入 A1 命名空间
using namespace A2;        //引入 A2 命名空间
cout<<x;                   //引起编译错误
```

这样在输出 x 时就会出错，因为 A1 与 A2 空间都定义了 x 变量，引用不明确，编译出错。因此只有在使用命名空间数量很少以及确保这些命名空间中没有同名成员时才用 using namespace 语句。

在编写 C++ 程序时，由于 C++ 标准库中的所有标识符都被定义于一个名为 std 的 namespace 中，所以 std 又叫做标准命名空间，要使用其中定义的标识符就要引入 std 空间。早期的实现将标准库功能定义在全局空间,声明在带 iostream.h 的头文件里，包含 iostream.h 头文件就可以使用全局命名空间中的标识符。而现在的 iostream 头文件里没有定义全局命名空间，如果要使用命名空间中的标识符，就要单独引入 std 空间。

对于命名空间中的三种引用，显而易见，第三种选择更为方便。在编写大型项目时，往往是很多程序员编写很多源文件，函数名、变量名难免会重复，如果想使用一个变量 num 时，系统中存在两个 num 变量，这时就可以将他们归属到不同的命名空间 space1、space2 中，在使用时就可以用不同的命名空间来区分它们，如：space1::num,space2::num

命名空间还可以定义成匿名的，也就是在申请的时候不写名字，由系统自动分配。例如下面的匿名命名空间：

```
namespace
{
    int a;
}
```

编译时，编译器在内部会为这个命名空间生成一个唯一的名字，而且还会为这个匿名的命名空间生成一条 using 指令。所以上面的代码在编译后等效于下面的代码：

```
namespace _UNIQUE_NAME
{
    int a;
}
using namespace _UNIQUE_NAME;
```

这个匿名的空间具有一个很有用的特性，那就是对于不同的编译单元(cpp 文件)，"同一个"匿名空间中的对象，会被当作不同的实体。而这个特性和全局的 static 修饰是一致的，相当于在这个源程序中定义了一个 static int a；也就是只能在当前文件中引用 a，而外部是不可见的。

由于 static 不能修饰类型定义，如 class，而且 static 用在不同的地方有不同的含义，很容易造成混淆，所以相对于 static，C++ 更倾向于使用匿名空间。

当然，也可以不使用名称空间，而是在包含的每个头文件名之后都加上后缀 ".h"。但这种方式尽量少用。

4. std 命名空间

C++ 经过一个较长的发展和标准化的过程，形成了两个版本的 C++，一个是最初设计的传统的 C++，一个是以 ANS/ISO 标准化委员会创建的标准的 C++，这两个版本的核心内容基本形同，但标准 C++ 增加了传统 C++ 中没有的一些特征。

两种版本的 C++ 有大量相同的库和函数，其区分方法是头文件和命名空间。传统的 C++ 采用与 C 语言相同风格的头文件，扩展名有 .h, .hpp, .hxx 等；标准的 C++ 头文件没有扩展名。

例如，传统 C++ 的头文件写成：

```
#include <iostream.h>
#include <string.h>
```

标准 C++ 对应头文件为：

```
#include <iostream>
#include <string>
```

标准 C++ 包含了所有 C 函数库，支持在 C++ 中引用 C 函数库。但标准 C++ 也提供了与之对应的新式函数库，标准 C++ 中与 C 的函数库对应的头文件的名字方式是在原来 C 函数库头文件名的前面加上"c"前缀，并去掉 .h，例如：

C 语言的头文件为：#include <stdlib.h>、#include <math.h>

标准 C++ 头文件为：#include <cstdli>、#include <cmath>

标准 C++ 将新格式头文件中的内容全部放到了 std 命名空间中，而非新格式头文件中的内容被放到了全局命名空间中。

如果程序中要引用标准 C++新格式头文件中的函数，就需要在程序中使用 using namespace std; 语句将 std 命名空间中的标识符引入到全局命名空间。

虽然 C++ 编译器提供了对新老格式头文件的同时支持，但标准的 C++ 具有更多的新特性和功能，在程序设计中建议使用新标准 C++。

【例 3-31】 标准 C++ 的简单程序设计。

程序如下：

```cpp
#include <iostream>
using namespace std;
namespace A{
    int x;
    void f(){cout<<"namespace A::f()"<<endl; }
    void g(){cout<<"namespace A::g()"<<endl; }
}
namespace B{
    int x;
    void f(){cout<<"namespace B::f()"<<endl; }
    void t(){cout<<"namespace B::t()"<<endl; }
}
int    main()
{
    using namespace A;
    using namespace B;
    A::x=4;
    A::f();
    B::f();
    g();
    t();
    getchar();
    return 0;
}
```

运行结果：

```
namespace A::f()
```

namespace B::f()

namespace A::g()

namespace B::t()

std 是标准 C++ 预定义的名字空间,其中包含了对标准库中函数、对象、类等标识符的定义，包括对 cin、cout、endl 的定义。程序中 using 指令的作用是声明 std 中定义的所有标识符都可以直接使用。如果没有"using namespace std;"这句声明，则要在 cin、cout、endl 的前面加上"std::"进行限制。

本 章 小 结

本章学习了函数的定义和调用方法。在调用函数时，一定要在调用之前对被调用函数进行声明。如果是外部函数还要加 extern 关键字，如果要限制函数的作用域在本文件之中，则要加 static 关键字进行限定。

多文件组织的编译和连接

函数参数值传递的方法一定要搞清楚。实参和形参占用不同的存储单元，形参值的变化不会影响到实参的值。这与函数参数的引用传递不同。

递归的概念较难理解。编写递归的函数时，一定注意要有递归调用终止条件，且每调用一次就向调用终止更靠近一步。这可确保递归调用能够正常结束，而不至于导致系统内存耗尽而崩溃。

inline 关键字用于定义内联函数，内联函数的调用，需要保存和恢复现场和地址，需要时间和空间的开销，这会降低程序的执行效率。为解决这一问题，C++ 中对于功能简单、规模小、使用频繁的函数，可以将其设置为内联函数。内联函数在编译时，C++ 将用内联函数代码替换对它每次的调用。节省参数传递、控制转移的开销，从而提高了程序运行时的效率。内联函数是一种空间换时间的方案。正确地使用内联函数可以提高程序的运行效率。

C++ 中，允许函数提供默认参数，即在函数的声明或定义时给一个或多个参数指定默认值。在调用具有默认参数的函数时，如果没有提供实际参数，C++ 将自动把默认参数作为相应参数的值。

函数重载是指两个或两个以上的函数具有相同的函数名，但参数类型不一致或参数个数不同，如果参数个数和类型都相同，仅仅是返回类型不同，不能称之为重载函数。编译时编译器将根据实参和形参的类型及个数进行相应的匹配，自动确定调用哪一个函数。使得重载的函数虽然函数名相同，但功能却不完全相同，函数重载为我们编写程序提供了很大的方便。

变量的生存期和作用域是一个标识符在程序正文中有效的区域。变量的作用域和生存期是很重要的概念，要掌握全局变量、局部变量、静态变量的用法。滥用全局变量是造成名字冲突、程序错误的原因之一，因此，应尽量少用全局变量。在同一个作用域内，变量不能同名，否则，程序编译时，编译器会给出变量重复定义的错误。不同的作用域内，变量同名不会出现语法问题，但会出现变量不可见的问题。

为了解决不同模块或者函数库中标识符命名冲突的问题，C++ 引入命名空间的概念。命名空间可以由程序员自己来创建，可以将不同的标识符集合在一个命名作用域内，包括类、对象、函数、变量及结构体等。std 命名空间是 C++ 的标准命名空间，标准 C++ 将新格头文件的内容全部放到了 std 命名空间中。

习 题 3

一、单项选择题

1. 当一个函数无返回值时，定义它时函数的类型应是(　　)。
   A. void 　　　　　　 B. 任意 　　　　　　 C. int 　　　　 D. 无

2. 在函数说明时，下列(　　)项是不必要的。
   A. 函数的类型 　　 B. 函数参数类型和名字 　　 C. 函数名字 　　 D. 返回值表达式

3. 在函数的返回值类型与返回值表达式的类型的描述中，(　　)是错误的。
   A. 函数的返回值的类型是定义函数时确定的
   B. 函数的返回值的类型是由返回值表达式的类型决定的
   C. 函数的返回值表达式类型与函数返回值类型不同时，表达示类型应转换成函数返回值类型
   D. 函数的返回值类型决定了返回值表达式的类型

4. 在一个被调用函数中，关于 return 语句使用的描述，(　　)是错误的。
   A. 被调用函数中可以不用 return 语句
   B. 被调用函数中可以使用多个 return 语句
   C. 被调用函数中，如果有返回值，就一定要有 return 语句
   D. 被调用函数中，一个 return 语句可返回多个值给调用函数

5. 下列(　　)是引用调用。
   A. 形参是指针，实参是地址值
   B. 形参和实参都是变量
   C. 形参是数组名，实参是数组名
   D. 形参是引用，实参是变量

6. 在传值调用中，要求(　　)。
   A. 形参和实参类型任意，个数相等
   B. 形参和实参类型都完全一致，个数相等
   C. 形参和实参对应的类型一致，个数相等
   D. 形参和实参对应的类型一致，个数任意

7. 在 C++ 中，关于下列设置参数默认的描述中，(　　)是正确的。
   A. 不允许设置参数的默认值
   B. 设置参数默认值只能在定义函数时设置
   C. 设置参数默认值时，应该是先设置右边的再设置左边的
   D. 设置参数默认值时，应该全部参数都设置

8. 重载函数在调用时选择的依据中，(　　)是错误的。
   A. 参数个数 　　 B. 参数的类型 　　　　 C. 函数名字 　　 D. 函数的类型

9. 下列的标识符中，(　　)是文件级作用域的。

    A. 函数形参　　　　　　　　　　　　　B. 语句标号

    C. 外部静态类标识符　　　　　　　　　D. 自动类标识符

10. 有一个 int 型变量，在程序中使用频度很高，最好定义为(　　)。

    A. register　　　　　　B. auto　　　　　　C. extern　　　　　　D. static

11. 下列标识符中，(　　)不是局部变量。

    A. register 类　　　　B. 外部 static 类　　　C. auto 类　　　　D. 函数形参

12. 下列存储类标识符中，(　　)的可见性与存在性不一致。

    A. 外部类　　　　　　B. 自动类　　　　　　C. 内部静态类　　　D. 寄存器类

13. 下列存储类标识符中，要求通过函数来实现一种不太复杂的功能，并且要求加快执行速度，选用(　　)合适。

    A. 内联函数　　　　　B. 重载函数　　　　　C. 递归调用　　　　D. 嵌套调用

14. 采用函数重载的目的在于(　　)。

    A. 实现共享　　　B. 减少空间　　　C. 提高速度　　D. 使用方便，提高可读性

15. 若有以下函数调用语句：fun(a+b,(x,y),fun(n+k,d,(a,b)));，则在此函数调用语句中实参的个数是(　　)个。

    A．3　　　　　　　　B．4　　　　　　　C．5　　　　　　D．6

二、判断题下列描述的正确性(正确的划 √，错误的划 ×)

1. 在 C++ 中，定义函数时必须给出函数的类型。(　　　)

2. 在 C++ 中，说明函数时要用函数原型，即定义函数时的函数头部分。(　　　)

3. 在 C++ 中，所有函数在调用前都要说明。(　　　)

4. 如果一个函数没有返回值，定义时需用 void 说明。(　　　)

5. 在 C++ 中，传值调用将被引用调用所代替。(　　　)

6. 使用内联函数是以牺牲增大空间开销为代价的。(　　　)

7. 返回值类型、参数个数和类型都相同的函数也可以重载。(　　　)

8. 在设置了参数的默认值后，调用函数的对应实参就必须省略。(　　　)

9. 计算函数参数顺序引起的二义性完全是由不同的编译系统决定的。(　　　)

10. for 循环中，循环变量的作用域是该循环的循环体内。(　　　)

11. 语句标号的作用域是定义该语句标号的文件内。(　　　)

12. 函数形参的作用域是该函数的函数体。(　　　)

13. 定义外部变量时，不用存储类说明符 extern，而说明外部变量时要用 extern。(　　　)

14. 内部静态类变量与自动类变量作用域相同，但是生存期不同。(　　　)

15. 静态生存期的标识符的寿命是短的，而动态生存期的标识符的寿命是长的。(　　　)

三、分析下列程序的输出结果

1.
```cpp
#include<iostream>
using namespace std;
#define N 5
void fun();
```

```
    int main()
    {
        for (int i(1); i<N; i++)
        fun();
        return 0;
    }
    void fun ()
    {
        static int a;
        int b(2);
        cout<<(a+=3,a+b)<<endl;
    }
2. #include<iostream>
    using namespace std;
    int add(int a,int b);
    int main()
    {
        extern int x,y;
        cout<<add(x,y)<<endl;
        return 0;
    }
    int x(20),y(5);
    int add(int a,int b)
    {
        int s=a+b;
        return s;
    }
3. #include<iostream>
    using namespace std;
    void f(int j);
    int main()
    {
        for(int i(1); i<=4; i++)
        f(i);
        return 0;
    }
    void f(int j)
    {
        static int a(10);
        int b(1);
        b++;
        cout<<a<<"+"<<b<<"+"<<j<<"="<<a+b+j<<endl;
```

```
        a+=10;
    }
4. #include<iostream>
   using namespace std;
   void f(int n)
   {
       int x(5);
       static int y(10);
       if(n>0)
       {
           ++x;
           ++y;
           cout<<x<<","<<y<<endl;
       }
   }
   int main()
   {
       int m(1);
       f(m);
       return 0;
   }
5. #include<iostream>
   using namespace std;
   int fac(int a);
   int main()
   {
       int s(0);
       for(int i(1); i<=5; i++)
           s+=fac(i);
       cout<<"5!+4!+3!+2!+1!="<<s<<endl;
       return 0;
   }
       int fac(int a)
       {
           static int b=1;
           b*=a;
           return b;
       }
   }
6. #include<iostream>
   using namespace std;
   void fun(int ,int , int *);
   int main()
```

```
    {
        int x,y,z;
        fun(5,6,&x);
        fun(7,x,&y);
        fun(x,y,&z);
        cout<<x<<","<<y<<","<<z<<endl;
        return 0;
    }
    void fun(int a,int b,int *c)
    {
        b+=a;
        *c=b-a;
    }
```

7.
```cpp
#include<iostream>
using namespace std;
int add(int x, int y=8);
int main()
{
    int a(5);
    cout<<"sum1="<<add(a)<<endl;
    cout<<"sum2="<<add(a,add(a))<<endl;
    cout<<"sum3="<<add(a,add(a,add(a)))<<endl;
    return 0;
}
int add(int x,int y)
{
    return x+y;
}
```

8.
```cpp
#include<iostream>
using namespace std;
#define N 6
int f1(int a);
int main()
{
    int a(N);
    cout<<f1(a)<<endl;
    return 0;
}
int f1(int a)
{
    return(a= =0)?1:a*f1(a-1);
}
```

9.
```cpp
#include<iostream>
using namespace std;
void swap(int &,int &);
int main()
{
    int a(5),b(8);
    cout<<"a="<<a<<","<<"b="<<b<<endl;
    swap(a,b);
    cout<<"a="<<a<<","<<"b="<<b<<endl;
    return 0;
}
void swap(int &x,int &y)
{
    int temp;
    temp=x;
    x=y;
    y=temp;
}
```

10.
```cpp
#include<iostream>
using namespace std;
int &f1(int n,int s[])
{
    int &m=s[n];
    return m;
}
int main()
{
    int s[]={5,4,3,2,1,0};
    f1(3,s)=10;
    cout<<f1(3,s)<<endl;
    return 0;
}
```

11.
```cpp
#include<iostream>
using namespace std;
void print(int),print(char),print(char *);
int main()
{
    int u(1998);
    print('u');
    print(u);
    print("abcd");
    return 0 ;
```

```
    }
    void print(char x)
    {
        cout<<x<<endl;
    }
    void print(char *x)
    {
        cout<<x<<endl;
    }
    void print(int x)
    {
        cout<<x<<endl;
    }
12. #include<iostream>
    using namespace std;
    void ff(int),ff(double);
    int main()
    {
        float a(88.18);
        ff(a);
        char b('a');
        ff(b);
        return 0;
    }
    void ff(int x)
    {
        cout<<"ff(int):"<<x<<endl;
    }
    void ff(double x)
    {
        cout<<"ff(double):"<<x<<endl;
    }
```

四、简答题

1. 什么是函数？每个 C++ 程序至少有几个函数？是什么函数？

2. 函数声明与函数定义的作用分别是什么？函数声明的方式有哪几种？一般应采用何种方式声明函数？

3. 阐述 C++ 中函数三种调用的方式实现机制、特点及其实参、形参的格式，最好用代码说明。

4. 函数原型中的参数名与函数定义中的参数名以及函数调用中的参数名必须一致吗？

5. 内联函数有什么作用？它有哪些特点？

6. 在编写带默认形参值的函数时，应注意什么？

7. 重载函数时通过什么来区分？

8. 名称空间的用途是什么？

9. 找出下面代码段的错误。

```
void chang();          // L1
{    …                 // L2
   show()              // L3
   …                   // L4
}                      // L5
```

10. 找出下面代码段的错误。

```
void chang(int a,int b, float c)   // L1
{                                  // L2
   …                               // L3
}                                  // L4
int main()                         // L5
{                                  // L6
   …                               // L7
   chang(3,4);                     // L8
   return 0;                       // L9
}                                  // 10
```

五、按下列要求编程，并上机验证

1. 不用库函数，自己编写求整数次幂的函数 long intPower(int base, int exponent)，求 base 的 exponent 次幂。

2. 编写判断一个正整数是否是素数的函数。(素数只能被 1 和它自身整除，因此判定素数只要用该数 n 除以从 2 至 n−1 的所有整数，若都不能整除，则该数 n 为素数)

3. 编写一个函数，返回与所给十进制正整数数字顺序相反的整数。例如，已知整数是 1234，函数返回值是 4321。

4. 编写一个函数，按所给的百分制的成绩分数，返回与该分数对应的等级代号字符。

5. 编写一个函数，内放 10 个学生成绩，求平均成绩。

6. 编写两个函数，分别求两个整数的最大公约数和最小公倍数。用主函数调用这两个函数，并输出结果，两个整数由键盘输入。

7. 编写一个函数，使它能够输出一个浮点数的小数部分，然后在主函数中调用该函数，将由键盘输入的任意浮点数的整数部分和小数部分分别输出。

8. 用随机函数产生指定范围的随机数，并编写一个能选择进行四则运算的程序，要求有"现在开始(Y 或 N)"提示，再进入难度选择提示"请输入难度(1 或 2)"，输错退出，正确后再进行运算类型选择，每做一次能运行 10 道题，正确显示"你算对了，加 10 分"，算错了显示"你算错了！"，做完 10 道题会给出总成绩。

第4章　类　与　对　象

本章要点

- 类与对象的基本概念；
- 构造函数与析构函数；
- 对象数组与对象指针；
- 静态成员与常成员；
- 友元函数与友元类。

　　类是一种自定义数据类型，是面向对象程序设计的核心，是对某一类对象的抽象。类中的大多数数据只能用本类的方法进行处理，面向对象程序设计方法首先要设计类。对象是类的实例，只有定义了对象，系统才会为其分配存储空间。类与对象的关系是抽象与具体的对应关系。类通过外部接口与外界发生关系，避免被外部函数意外改变，对象与对象之间通过信息进行通信。这样就保证了数据的独立性与安全性。

　　本章主要介绍类和对象的定义，类成员的访问控制属性；构造函数、拷贝构造函数和析构函数的定义和使用；对象数组和对象指针的定义和使用方法；对象、对象指针、对象引用作为函数参数和返回值的传递方式；组合类的定义和应用等。

　　除此之外，本章还会讲到类与对象的其他特性。由于 C++ 是适合于编写大型复杂程序的语言，因此数据的共享和保护机制是 C++ 的重要特性之一。我们将对类的静态成员的定义和使用，实现类成员数据的共享机制，友元函数、友元类的定义和使用，常对象、常成员和常引用的定义和使用等内容进行讨论。

4.1　类　和　对　象

4.1.1　类与抽象数据类型

类的概念

　　抽象即忽略一个问题中与当前事物无关的方面，将注意力放在与当前事物有关的方面。抽象并不能解决所有问题，而只是选择其中的一部分，暂时不考虑一些细节问题。引入抽象数据类型的目的是把数据类型的表示和数据类型上运算的实现与这些数据类型和运算在程序中的引用隔开，使它们相互独立。

　　对于抽象数据类型的描述，除了必须描述它的数据结构外，还必须描述定义在它上面的运算(过程或函数)。抽象数据类型上定义的过程和函数以该抽象数据类型的数据所应具有的数据结构为基础。从这个意义上讲，类本身就是一种抽象数据类型。它把一类事务的属性抽象出来，同时封装了该类事务可以提供的操作。本章我们来具体学习类这种抽象数据类型的定义以及相关的一些重要概念。

4.1.2　类的声明和定义

1. 类的定义

类的定义格式一般分为说明和实现两部分。说明部分是用来说明类中的成员，包括数据成员的说明和成员函数的说明。数据成员定义该类对象的属性，是不同类型的多个数据，不同的对象其属性值可以不同。成员函数定义了类对象的行为特征，是对数据成员能够进行的操作，又称为"方法"，由多个函数原型声明构成。实现部分根据成员函数所要完成的具体功能，给出所有成员函数的定义。

类的定义格式如下：

```
//类的说明部分
class<类名>
{
    public:
        <公有数据成员和公有成员函数的说明>:
    private:
        <私有数据成员和私有成员函数的说明>;
    protected:
        <保护数据成员和保护成员函数的说明>;
};
//类的实现部分<各个成员函数的实现>
```

其中，class 是定义类的关键字，<类名>是用户定义类的标识符，它应符合 C++ 标识符的命名规则。通常类名由若干单词构成，每个单词的首字符大写，类名和前面的 class 关键字需要用空格、制表符、换行符等任意空白字符进行分隔。类名后要写一对大括号，类的成员要在其中说明。在说明成员时，通常使用成员访问限定符说明成员的访问规则。右大括号后面的分号表示类定义的结束。

注意：类是抽象的名词，而不是具体的对象，系统不会为其分配存储空间。因此，在定义类时不能对其数据成员进行赋值。

这里以实现一个人类(Person)为例，来看一下如何定义一个类。我们抽象人的属性有姓名(name)、年龄(age)；行为有能走路(walk( ))、能工作(work( ))。

【例 4-1】　声明一个人类示例。

程序如下：

```
/*ch04-1.cpp*/
class Person
{
public:
    void walk( ) { }
    void work( ) { }
```

```
        void disp( );
    private:
        string name;
        unsigned age;
    };
```

这里我们定义了一个 Person 类，name(姓名)、age(年龄)被定义为数据成员，而 walk( )(可以走路)、work( )(可以工作)，则被定义为函数成员。

Person 即为我们这个类的类型名，放置在关键字 class 之后。整个类型名内部由一对花括号括起来。由先到后依次是数据成员和函数成员的定义。注意：public 和 private 是类的访问属性，后续内容我们会详细讨论。

从根本上来说，一个类定义了一种新的数据类型和一个新的作用域(scope)。我们可以把它理解为像其他固有数据类型，如 int 一样，可以定义该类型的变量，这里我们把类类型定义的变量称为类的对象或类的实例。每一个类都可以定义零个或多个成员，成员包括数据成员和函数成员，如 Person 类中 name 和 age 为数据成员，walk、work 和 disp 为函数成员。

2. 类的函数成员的定义

从例 4-1 中的 Person 类中我们看到，函数成员 disp 没有函数体，只有函数声明部分，所以，类允许其函数成员在类中定义，也允许函数成员定义在类外，此时类中必须有函数声明。在类外定义成员函数的格式如下：

```
        函数类型 类名 :: 成员函数名(参数表)
        {
            函数体
        }
```

【例 4-2】 定义一个汽车类 Car，并在类外定义类的成员函数。
程序如下：

```
/*ch04-2.cpp*/
#include <iostream>
using namespace std;
class Car                          //定义类 Car
{
    public:
        void disp_welcomemsg();    //声明 disp_welcomemsg()函数
        int get_wheels();          //声明 get_wheels()函数
    private:
        int m_nWheels;
        int m_nSeats;
        int m_nLength;
};
//类外定义成员函数
```

```
        void Car::disp_welcomemsg()              //类成员函数 disp_welcomemsg()的定义
        {
            cout<<"Welcome to the car world!"<<endl;
        }
        int Car::get_wheels()                    //类成员函数 get_wheels()的定义
        {
            return m_nWheels;
        }
        int main()
        {
            Car mycar;                           //定义类对象 mycar
            mycar.disp_welcomemsg ();            //调用函数显示数据成员值
            return 0;
        }
```

运行结果：

　　Welcome to the car world!

从上述代码可以看出，成员函数 disp_welcomemsg()、get_wheels()若定义在类外，类内必须有该函数的声明，类外定义成员函数需要由类名和作用域运算符进行限定。

说明：

(1) 域限定符"::"和类名一起使用，用来识别某个成员。

(2) 成员访问符"."和类的对象一起使用，用来访问某个成员。

(3) 若函数名前没有类名和作用域限定符"::"，则表示函数不是类中的成员函数，是普通函数。

类中的函数成员允许是内联函数。当函数成员定义在类中时，自动作为内联函数，如 Person 类中的 walk 函数成员；当函数成员定义在类外时，不会默认为内联函数，如 disp 函数成员，如果在函数声明前面加上关键字 inline，或者在函数实现部分加上 inline，即为内联函数，如：

```
        inline void disp_welcomemsg();
```

或者：

```
        inline void Car::disp_welcomemsg()
        {
            cout<<"Welcome to the car world!"<<endl;
        }
```

4.1.3 类的访问属性

前面已经提到过封装的概念，即把数据和函数包含在一个类类型中，信息隐藏是和封装密切相关的，借助封装的前提，可以有选择地隐藏或公开类中数据成员和函数成员，这在一定程度上保护了类中的数据。

C++ 中通过 private、public、protected 这 3 个访问属性来实现类中信息的可见与不可见。

这里我们只介绍 private 和 public，protected 将在第 5 章继承里介绍。

1. public(公有属性)

public 声明成员为公有成员，具有这个访问控制级别的成员是完全公开的，即该成员不但可以被它所在类的成员函数及该类的友元函数访问，而且也可以被和该类对象处在同一作用域内的任何函数访问。

【例 4-3】 public 访问属性使用示例。

程序如下：

```cpp
/*ch04-3.cpp*/
/*定义一个表示学生的类 Student*/
#include <iostream>
#include <iomanip>
#include <string>
using namespace std;
//类的说明部分
class Student
{
    public:                            //公有成员函数
        void Input();
        void Set(string,string,char);
        void Show();
        //数据成员
        string   num;                  //学号
        string   name;                 //姓名
        char     sex;                  //性别
};
//类的实现部分
void Student::Input()                  //成员函数，用于输入学生信息
{
    cout<<"num=";
    cin>>num;
    cout<<"name=";
    cin>>name;
    cout<<"sex=";
    cin>>sex;
}
void Student::Set(string num1,string name1,char sex1)     //成员函数，用于设置学生信息
{
    num=num1;
```

```
            name=name1;
            sex=sex1;
        }
        void Student::Show()          //成员函数，用于显示学生信息
        {
            cout<<setw(8)<<"num"<<setw(8)<<"name"<<setw(8)<<"sex"<<endl;
            cout<<setw(8)<<num<<setw(8)<<name<<setw(8);
            if(sex== 'f ' || sex=='F')
                cout<<"male"<<endl;
            else
                cout<<"female"<<endl;
        }

        int main()
        {
            Student stu;
            stu.num="1017";
            stu.name="吴平";
            stu.sex='f';
            stu.Show();
            return 0;
        }
```

运行结果：

```
    num     name    sex
    1017    吴平     male
```

从上例可以看出，对 public 成员的访问不受限制，在程序中的任何地方都可以访问一个类的 public 成员。在类内，公有成员函数 void Input()、void Set(string,string,char) 、void Show()访问公有数据成员 num、name、sex；在类外，也可以通过对象 stu 来访问类内的数据成员，如"stu.num="1017""。

2. private(私有属性)

private 声明成员为私有成员，具有这个访问控制级别的成员对类外是完全保密的，即只能被它所在类中的成员函数和该类的友元函数访问。把例 4-3 中的数据成员 num、name、sex 声明成 private 属性，如果不修改主函数，就会出现编译错误，因为不能通过对象访问类的私有成员。如果在主函数中通过调用成员函数 void Input()、void Set(string,string, char)、void Show()来访问类中的私有数据成员，程序就可以正常执行，并得出正确结果。请读者自己完成对例 4-3 的修改。

说明：

(1) public、private 可以出现在类中的任何一个地方，同时出现的次数也没有限制。

(2) 一般地，所有的数据成员均为 private 访问属性。

(3) 如果成员函数主要在类外使用，则最好设为 public；如果只为类中的其他成员函数服务，则一般设为 private。

(4) 类一旦定义，类的 private 成员即有类域，即其只允许类中的成员来访问，而类外的对象不能直接访问。相反地，类的 public 成员既可以允许类的其他成员访问，又可以在类外被访问。

3. get 和 set 函数

类成员的访问属性实现了面向对象程序设计的封装的概念以及信息隐藏的原理。由类域我们了解到类的 private 成员在类外是不可见的，即不能在类外直接访问，那如果想对类中的 private 成员进行修改或者获取等操作，如何来做到呢？我们一般借助相应的 public 成员函数来间接实现这些要求。一般地，我们把函数归为两类：访问函数和可变函数。其中，访问函数又叫 get 函数，一般以 get 开头，用来获取某个 private 数据成员的值；可变函数又叫 set 函数，一般以 set 开头，用来对某个 private 数据成员进行修改。

例 4-4 中，Person 类的 name 和 age 数据成员均为 private，不能直接访问到它们的值。此时，可以通过相应的 set_name()、set_age()、get_name()、get_age()公有成员函数来实现。

【例 4-4】 带有 get、set 函数的 Person 类。

程序如下：

```
/*ch04-4.cpp*/
class Person
{
    public:
        void set_name(string new_name);
        void set_age(unsigned new_age);
        string get_name(){ return name; }
        unsigned get_age() {    return age; }
        void disp() ;
        void walk( )      { }
        void operate( ) { }
    private:
        string name;
        unsigned age;
};
```

4.1.4　对象的创建与使用

类描述了同类事物共有的属性和行为，类的对象是具有该类所定义的属性和行为的实体。仅仅定义一个类没有任何意义，根据类创建出具体的对象投入使用才真正体现了类的"价值"，就像只有汽车的设计图纸并不等于能够驾驶汽车一样，只有通过创建类的实例对象，才能实现具体操作。对象从创建到使用需要一个过程，下面我们分别介绍对象的创建方法、内存分配情况以及对象的使用。

类是抽象的、概念性的范畴，对象是实际存在的个体。比如，"电视"这一名词描述了所有电视的共性，是类的概念，而"你家的那台电视"则是电视类的一个实体，是对象。

1. 创建对象并分配空间

C++ 中提供了多种创建对象的方法，最简单的方法就是给出类型及变量名，格式如下：

> 类名 对象列表;

定义了某个类，即定义了一种类型，这个自定义类型可以和其他固有数据类型 int、char 一样来使用，此时系统不分配内存空间。定义这种类型的变量即定义了这个类的对象，此时系统会分配内存空间。类的对象包含了类中的数据成员，以及类中成员函数的地址，即成员函数为类的所有对象所共享。例如，有如下 3 个 Person 类的对象：

> Person p1, p2, p3;

每个对象的数据成员描述的是本对象自身的属性，如 Person 类的对象甲和乙，甲是 18 岁，乙是 19 岁，因此在创建对象时应该为每个对象分配一块独立的内存来存储数据成员值。与 C 语言中的普通局部变量一样，类中的普通数据成员也被分配在栈中。但是成员函数描述的是对象执行的动作，每个对象都应相同，为每个对象的成员函数分配不同空间必然造成浪费。因此，C++ 中用同一段空间存放同类对象的成员函数代码，每个对象调用同一段代码。

2. 访问对象成员

创建对象的目的是访问成员，操作对象的属性及方法。访问对象成员的语法格式如下：

> 对象名.数据成员名
>
> 对象名.成员函数名

访问格式中的 "." 称为成员运算符，与 struct 结构体访问成员的方式一样，C++ 中访问成员的方式都是通过 "." 运算符完成的。例如，例 4-1 中定义了一个 Person 类对象，下述代码就可以访问类中的成员函数(p1、p2、p3 这 3 个对象分别调用共享的成员函数 disp)：

> p1.disp( );　　// p1 对象访问成员函数
>
> p2.disp( );　　// p3 对象访问成员函数
>
> p3.disp( );　　// p3 对象访问成员函数

类的对象及类的成员函数关系如图 4-1 所示。

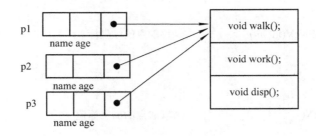

图 4-1　类的对象及类的成员函数关系

【例 4-5】 定义一个平面上的点类 Point，实现设置、移动、获取坐标和输出坐标功能。程序如下：

```
/*ch04-5.cpp*/
```

```cpp
#include <iostream>
using namespace std;
//类的声明部分
class Point
{
    public:
        void MoveTo(int,int);        //设置点的坐标
        void Move(int,int);          //移动点的坐标
        void MoveH(int);             //移动点的横坐标
        void MoveV(int);             //移动点的纵坐标
        int GetX();                  //获取点的横坐标值
        int GetY();                  //获取点的纵坐标值
        void Show();                 //显示点的坐标
    private:
        int x,y;                     //横坐标、纵坐标
};
//类的实现部分
void Point::MoveTo(int nx,int ny)    //设置点的坐标
{
    x=nx; y=ny;
}
void Point::Move(int hx,int hy)      //移动点的坐标
{
    x+=hx; y+=hy;
}
void Point::MoveH(int hx)            //移动点的横坐标
{
    x+=hx;
}
void Point::MoveV(int hy)            //移动点的纵坐标
{
    y+=hy;
}
int Point::GetX()                    //获取点的横坐标值
{
    return x;
}
int Point::GetY()                    //获取点的纵坐标值
{   return y;
```

```
    }
    void Point::Show()                //显示点的坐标
    {   cout<<"( "<<x<<" , "<<y<<" )"<<endl;
    }
    int main()
    {
        cout<<"*********    Point p1    ********"<<endl;
        Point p1;
        p1.MoveTo(100,200);
        p1.Show();
        cout<<"*********    Point *p2    ********"<<endl;
        Point *p2=&p1;
        p2->MoveH(120);
        p2->MoveV(220);
        p2->Show();
        cout<<"*********    Point &p3    ********"<<endl;
        Point &p3=p1;
        p3.Move(50,50);
        cout<<"( "<<p3.GetX()<<" , "<<p3.GetY()<<" )"<<endl;
        return 0;
    }
```

运行结果：

```
    *********    Point p1    ********
    ( 100 , 200 )
    *********    Point *p2    ********
    ( 220 , 420 )
    *********    Point &p3    ********
    ( 270 , 470 )
```

例 4-5 定义了 Point 类的对象 p1，并通过 p1 去访问公有成员函数 MoveTo()；定义了 Point 类的指针对象 p2，并通过 p2 去访问公有成员函数 MoveH()；定义了 Point 类的引用对象 p3，并通过 p3 去访问公有成员函数 MoveV()。类的公有成员函数除了被类的对象访问以外，还可以被指针对象和引用对象访问，使用指针对象时，通过"->"运算符进行访问。例如：

```
    Point p1;
    Point *p2=&p1;
    p2->MoveH(120);
    p2->MoveV(220);
    p2->Show();
```

3. 对象赋值

同一个类的不同对象之间，以及同一个类的对象指针之间可以相互赋值，方法是：

    对象名 1=对象名 2；

例如，对于前面的 Point 类，下面的用法是正确的：

    Point *p1,*p2,aPoint,bPoint;

    ...

    bPoint=aPoint;

    p1=new Point;

    ...

    p2=p1;

说明：

(1) 进行赋值的两个对象必须类型相同。

(2) 对象赋值就是进行数据成员的值拷贝，赋值之后，两个对象互不相干。在上面的语句中，经过赋值后，bPoint 的数据成员与 aPoint 的数据成员的值是相同的，但赋值完成后，它们就没有联系了。

(3) 若对象有指针数据成员，赋值操作可能会产生指针悬挂问题。这个问题留待介绍析构函数时再进行分析。

4.2 构造函数与析构函数

从前面学到的知识可以发现，实例化了一个类的对象后，编译程序需要为对象分配存储空间，也可以同时为对象中的数据成员赋值，或直接访问成员，或调用设置成员值的函数。若想在实例化对象的同时就为对象的数据成员进行赋值，可以通过调用构造函数的方法来实现。构造函数属于某一个类，它可以由用户提供，也可以由系统自动完成。与之对应的，如果想在操作完对象之后，回收对象资源，并做一些善后工作，可以通过调用析构函数来实现。析构函数也属于某一个类，它可以由用户提供，也可以由系统自动完成。构造函数和析构函数都是类中特殊的成员函数，本节将学习这两种函数的具体用法。

4.2.1 构造函数

创建一个对象，一般情况下要将对象初始化，并为对象申请必要的存储空间。类对象的初始化是指对象数据成员的初始化，由于数据成员一般为私有的，不能直接赋值，因此对象的初始化主要有两种方法：一种使用类中提供的公有普通成员函数完成，这种方法使用不方便，必须要显式调用；另一种使用构造函数对对象进行初始化，这种方法比较安全、可靠。构造函数的定义语法如下：

    class 类名

    {

        public:

        构造函数名称(参数表)

```
    {
        函数体
    }
    private:
        数据成员;
    }
```

构造函数具有以下几个特点：

(1) 构造函数名与类名相同。

(2) 构造函数名前没有返回类型。

(3) 构造函数可以被重载，可以有一个或多个参数，也可以带默认参数。

(4) 构造函数由系统自动调用，不允许在程序中显式调用。

(5) 通常构造函数具有 public 属性。

(6) 如果用户没有定义构造函数，C++ 系统会自动生成一个默认构造函数，也称为缺省构造函数。它是一个函数体为空的无参构造函数。

构造函数调用形式多样。接下来分三种情况讨论构造函数的定义形式。

1. 默认构造函数

若程序中没有显式提供类的构造函数，编译器会自动提供一个无参构造函数，通常这个函数的函数体为空，不具有实际意义。C++ 提供的默认构造函数格式为

```
    类名:: 默认构造函数名()
    {
    }
```

在例 4-1 中没有显式定义构造函数，则创建类对象时会使用编译器提供的默认无参构造函数。再分析例 4-6 中创建的对象 Car mycar，观察数据成员的初值。

【例 4-6】 使用默认构造函数示例。

程序如下：

```
/*ch04-6.cpp*/
#include <iostream>
using namespace std;

class Car                          //定义类 Car
{
    //成员函数
public:
    void disp_mems_value();        //声明用于显示数据成员值的函数
    //数据成员
private:
    int m_nWheels;
    int m_nSeats;
```

```
        int m_nLength;
    };
    void Car::disp_mems_value()          //类成员函数 disp_mems_value()的实现
    {
        cout << "wheels = " << m_nWheels << endl;
        cout << "seats = " << m_nSeats << endl;
        cout << "length = " << m_nLength << endl;
    }
    int main()
    {
        Car mycar;                       //定义类对象 mycar
        mycar.disp_mems_value();         //调用函数显示数据成员值
        return 0;
    }
```

运行结果：

```
    wheels = -858993460
    seats = -858993460
    length = -858993460
```

从运行结果可以看出，系统提供的默认无参构造函数并没有为数据成员提供有效初值，三个整型数据成员的值为随机量。在程序中定义一个对象而没有进行初始化时，系统就按默认构造函数来初始化该对象。默认构造函数由于不带任何参数，故仅负责创建对象，为对象开辟一段存储空间，不能给对象中的数据成员赋初值。

系统提供缺省的构造函数默认为 public 的，存在下列两种情况：

(1) 只有类中没有任何构造函数的定义或声明，系统才会提供缺省构造函数，如果系统提供了某种有参构造函数，但仍需要使用无参构造函数即缺省构造函数，此时需要程序员在类中自己定义缺省构造函数。

(2) 如果类中存在构造函数，但构造函数为 private，则此时系统也不会提供缺省构造函数。

2. 自定义无参构造函数

除了系统提供的默认构造函数外，在程序中可以定义无参构造函数。通常自己定义的无参构造函数将数据成员初始化为固定值。接下来通过一个示例来学习无参构造函数的定义方法。

【例 4-7】 定义一个日期类 Date，定义无参构造函数和显示成员函数。

程序如下：

```
    /*ch04-7.cpp*/
    #include <iostream>
    using namespace std;
    //类的声明部分
```

```
class Date
{
    public:
        Date();                        //无参构造函数
        void Show();
    private:
        int year, month, day;
};
//类的实现部分
Date::Date() //无参构造函数
{
        year = 2018;
        month = 5;
        day = 15;
}
void Date::Show()
{
        cout<<year<<"-"<<month<<"-"<<day<<endl;
}
int main()
{
        Date time;                     //使用无参构造函数初始化对象 time
        time.Show ();
        return 0;
}
```

运行结果：

2008-5-15

例 4-7 中的类 Date 定义了无参构造函数 Date()。从运行结果可以看出，构造函数在创建对象中被自动调用，通过函数向成员 year、month、day 存入年、月、日三个固定值。

注意：在使用无参构造函数初始化对象时，对应的对象声明语句应该用"Date time"，对象后面没有数值，没有实参，所以调用的构造函数是一个无参构造函数。

3. 带参数的构造函数

通过定义带参数的构造函数，可以在对象创建时为数据成员赋予有效初值。在使用带参数的构造函数进行对象初始化时。定义的对象必须有与构造函数一致的参数表，此外还可以定义多个具有不同参数的构造函数，实现不同数据成员的初始化。定义多个构造函数也就是构造函数的重载。

【例 4-8】 在例 4-7 的基础上增加日期类的带参数的构造函数和设置日期的函数。

程序如下：

```cpp
/*ch04-8.cpp*/
#include<iostream>
using namespace std;
//类的声明部分
class Date
{
    private:
        int year,month,day;
    public:
        Date(int y,int m,int d);          //带参数的构造函数
        void Set(int y,int m,int d);      //设置日期成员函数
        void Show();
};
 //类的实现部分
Date::Date(int y, int m, int d)
{
    year=y;
    month=m;
    day=d;
    cout<<"带参数的构造函数被调用。\n";
}
void Date::Set(int y,int m,int d)        //设置年、月、日
{
    year=y;
    month=m;
    day=d;
}
void Date::Show()                        //显示时间
{   cout<<year<<"."<<month<<"."<<day<<"."<<endl;
}
int main()
{   Date Today(2018,5,15)                //在定义对象时自动调用构造函数
    cout<<"今天是："<<endl;
    Today.Show();
    Today.Set(2018,6,1);
    cout<<"今天日期设置为: "<<endl;
    Today.Show();
    return 0;
}
```

运行结果：

　　带参数的构造函数被调用。

　　今天是：

　　2018.5.15.

　　今天日期设置为：

　　2018.6.1.

例 4-8 中定义了一个构造函数，它带有参数，用来完成不同数据成员的初始化。在创建对象 Today 时，根据传入的参数调用了构造函数。

对于带参数的构造函数，除了像前面介绍的在函数体内对数据成员进行赋值外，C++ 中还可以通过下面两种方式为数据成员赋予初始值。

1) 通过初始化表来实现数据成员的初始化

初始化列表就是在构造函数的参数列表后加冒号 "："，然后列出参数的初始化列表，有多个参数时，中间以逗号隔开，具体格式如下：

　　构造函数名(形式参数表)：数据成员 1(参数)，…，数据成员 n(参数)

构造函数若在类外定义，则需要在构造函数名称前添加类名和 "::"。下面将例 4-8 中带有三个参数的构造函数 Date 改写为使用初始化表来进行初始化的形式，代码如下：

```
Date:: Date (int y, int m, int d):year(y),month(m),day(d)    //用参数列表初始化
{
}
```

如果是给无参构造函数初始化，则代码如下：

```
Date:: Date ():year(2018),month(6),day(1)                    //无参构造函数初始化
{
}
```

2) 带默认参数值的构造函数

前面介绍的带参数的构造函数在定义对象时必须给构造函数传递相应的函数值，但在现实世界中，对象往往会有一些默认值，为了描述现实世界的这些情况，C++ 允许定义带默认参数值的构造函数，无特别要求时参数采用默认值，当然也可以由用户根据实际情况指定。

带默认参数值的构造函数的定义形式如下：

```
类名 :: 构造函数名(类型参数 1=默认值，类型参数 2=默认值,....)
{
    函数体
}
```

有了默认参数值，定义对象时的形式就会有很多的选择。接下来通过一个示例来说明如何调用带有默认值的构造函数来创建对象。

【例 4-9】　改写例 4-8，将构造函数定义为带默认参数值的构造函数。

程序如下：

```
/*ch04-9.cpp*/
```

```cpp
#include<iostream>
using namespace std;
//类的声明部分
class Date
{
    public:
        Date(int=2018, int=4, int=9);          //带默认参数值的构造函数
        void Show();
    private:
        int year, month, day;
};
//类的实现部分
Date:: Date(int y, int m, int d)
{
    year = y;
    month = m;
    day = d;
}
void Date::Show()
{   cout<<year<<"."<<month<<"."<<day<<endl;
}
int main()
{   Date t1,t2(2018),t3(2018,2),t4(2018,6,2);
    t1.Show();
    t2.Show();
    t3.Show();
    t4.Show();
    return 0;
}
```

运行结果：

　　2018.4.9

　　2018.4.9

　　2018.2.9

　　2018.6.2

在例 4-9 中带一个参数构造函数具有默认值，这样在定义对象时可以有不同的形式。创建对象 t1 时没有提供参数值，创建对象 t2、t3、t4 时给出了参数值，从运行结果看出这四个对象都是调用同一个带默认参数值的构造函数 Date 创建的，对象 t1 的数据成员 year、month、day 被初始化为默认值。

对于带默认参数值的构造函数的定义及使用有两个注意事项：

(1) 需要防止调用的二义性。如果显式定义了无参数的构造函数，又定义了全部参数都有默认值的构造函数，就容易在定义对象时产生二义性。

【例 4-10】 缺省参数构造函数和缺省参数构造函数的冲突。

程序如下：

```
/*ch04-10.cpp*/
class X{
    public:
        X(){x=0; }
        X(int i=0){x=i}
    private:
        int x;
};
main(){
    X one(12);        // L1
    X two;            // L2
    X *pt=new X;      // L3
}
```

主函数初始化对象 one 会调用构造函数(X::X(int i=0))，但初始化对象 two 和 pt 会发生冲突，因为 X::X(int i=0)和 X::X()都可以定义对象 two 和 pt 所指向的对象，系统不能确定调用哪个构造函数。所以，一定要避免无参数构造函数与缺省参数构造函数的冲突问题产生。

(2) 在构造函数中，若第 n 个参数有默认值，则其后的所有参数都应该有默认值。例如，若构造函数定义为如下内容，则编译出错：

```
Date(int=2018, int, int);
```

上述代码中，第一个参数有默认值，则后续所有参数均应该有默认值。

只要类中定义了一个构造函数，C++ 将不再提供默认的构造函数。如果在类中定义的是带参数的构造函数，创建对象时想使用不带参数的构造函数，则需要再实现一个无参的构造函数，否则编译出错。

【例 4-11】 缺少无参的构造函数示例。

程序如下：

```
/*ch04-11.cpp*/
#include<iostream>
using namespace std;
//类的声明部分
class Date
{
    public:
        Date (int y, int m, int d):year(y),month(m),day(d)      //带默认参数的构造函数
        {
        }
```

```
    private:
        int year, month, day;
};
int main()
{
    Date t1;    //应调用无参数的构造函数，类要有定义才能创建对象 t1
    return 0;
}
```

4. 重载构造函数

在一个类中，构造函数可以重载。与普通函数的重载一样，重载的构造函数必须具有不同的函数原型(即参数个数、参数类型或参数次序不能完全相同)。在创建对象时，会根据参数的类型、个数和顺序调用相应的构造函数，以适应不同的应用。一个对象只能调用一个构造函数。

【例4-12】 有一日期类，重载其构造函数。

程序如下：

```
/*ch04-12.cpp*/
#include <iostream>
using namespace std;
class Date{
public:
    Date();
    Date(int d);
    Date(int m,int d);
    Date(int m,int d,int y);
private:
    int month,day,year;
};
Date::Date(){
    month=4; day=1; year=2018;
    cout<<month<<"/"<<day<<"/"<<year<<"无参构造函数被调用"<<endl;
}
Date::Date(int d){
    month=4; day=d; year=2018;
    cout<<month<<"/"<<day<<"/"<<year<<"一个参数构造函数被调用"<<endl;
}
Date::Date(int m,int d){
    month=m; day=d; year=2018;
    cout<<month<<"/"<<day<<"/"<<year<<"两个参数构造函数被调用"<<endl;
```

```
    }
    Date::Date(int m,int d,int y){
        month=m; day=d; year=y;
        cout<<month<<"/"<<day<<"/"<<year<<"三个参数构造函数被调用"<<endl;
    }
    int main(){
        Date day0; //line1
        Date day1(); //line2
        Date day2(12); // line3
        Date day3=12; // line4
        Date day4(4,9); // line5
        Date day5(5,4,2018); // line6
        return 0;
    }
```

运行结果：

4/1/2018 无参构造函数被调用

4/12/2018 一个参数构造函数被调用

4/12/2018 一个参数构造函数被调用

4/9/2018 两个参数构造函数被调用

5/4/2018 三个参数构造函数被调用

说明：line 1 将调用构造函数 Date()，line 3、line 4 将调用构造函数 Date(int)，line 5 将调用构造函数 Date{int,int}，line 6 将调用构造函数 Date(int,int,int)。

line 2 不会调用任何构造函数，也不会定义任何对象。事实上，它声明了一个名为 day1() 的无参数函数，该函数返回一个 Date 类型的对象。

注意：line 4 形式的对象定义语句"Date day2=10;"调用的是构造函数 Date::Date(int)，该构造函数把一个 int 类型的整数转换成一个 Date 类型的对象，等价于"Date bday2(10);"。仅当类提供了只有一个参数的构造函数的情况下，才能使用 line 4 这样的定义形式。

在一些情况下可以用带缺省参数的构造函数来替代重载构造函数，达到相同的效果。如上面的 Date 类就可用一个带缺省参数的构造函数来替代所有的重载构造函数：

```
    #include <iostream.h>
    class Date{
        public:
            Date(int m=4,int d=15,int y=1995){
                month=m; day=d; year=y;
                cout<<month<<"/"<<day<<"/"<<year<<endl;
            }
        private:
            int month,day,year;
    };
```

虽然这个 Date 类看上去很简洁，但它具有例 4-12 中 Date 类全部构造函数的功能。

5. 成员对象的构造函数

C++ 中允许将一个已定义的类对象作为另一个类的数据成员，即类中的数据成员可以是其他对象，我们称这种对象是类的子对象或成员对象。

在类中包含对象成员，能够更真实地描述现实世界中事物之间的包含关系，比如可以定义日期类描述年月日信息，再定义学生类时需要用日期描述学生的生日，则可以使用日期类的对象作为学生类的成员。

把某个类对象作为新类成员时，新类的定义形式如下：

```
class  新类名
{
    类类型 1  成员 1;
    类类型 2  成员 2;
    ...
};
```

从上述形式看出，定义成员对象和定义普通数据成员的方法一致，都是"类名+变量名"，另外成员 1、成员 2 所属的类应该是已经定义好的类。下面定义学生类 Student，包含成员对象 birthday，该成员属于日期类 Date。代码如下：

```
class Date                          //日期类定义
{
  private:
      int Year, Month, Day;
  };
class Student                       //定义学生类
{
  private:
      Date birthday;                //Date 类型的数据成员
      char name[20];
      int id;
  };
```

上述代码中，Student 类中 birthday 是 Date 类对象，该对象也称为 Student 类中的成员对象。

若类 X 中有成员对象，则创建 X 类对象时，先执行成员对象的构造函数，初始化成员对象，再执行类 X 的构造函数初始化其他非对象成员。并且，若类 X 的成员对象的构造函数带有参数，则定义 X 类的构造函数时，应使用初始化表的形式对成员对象进行初始化，具体形式如下：

```
class                               //定义 X 类
{
  public:
```

```
    X(参数表);
  private:
    类型 1 成员 1;              //成员对象 1
    类型 2 成员 2;              //成员对象 2
    ...
};
//X 构造函数,使用初始化表成员对象初始化
X::X(参数表):成员 1(参数表 1),成员 2(参数表 2),...
{
    构造函数体
}
```

【例 4-13】 使用初始化表完成类中对象成员初始化的方法。

程序如下:

```cpp
/*ch04-13.cpp*/
#include <iostream>
#include <cstring>
using namespace std;

class Date               //定义日期类
{
  public:
    Date(int y, int m, int d);    //声明带参数的构造函数
    void show();
  private:
    int year, month, day;
};
Date::Date(int y, int m, int d)       //定义 Date 类的构造函数
{
    cout << "Date constructor!" << endl;
    year = y;
    month = m;
    day = d;
}
void Date::show()          //定义成员函数 show(),显示日期
{
    cout << year << "-" << month << "-" << day << endl;
}
class Student            //定义学生类
{
```

```cpp
public:
    //声明带参数的构造函数
    Student(char *con_name, int con_id, int y, int m, int d);
    void disp_msg();
private:
    Date birthday;                //Date 类型的数据成员
    char name[20];
    int id;
};
//定义 Student 类带参数的构造函数，参数 y、m、d 用于对 Date 类对象 birthday 初始化
Student::Student(char *con_name, int con_id, int y, int m, int d) :birthday(y, m, d)
{
    cout << "Student constructor!" << endl;
    strcpy(name, con_name);
    id = con_id;
}
void Student::disp_msg()     //定义成员函数 disp_msg()，显示学生信息
{
    cout << "std name:" << name << ", id = " << id << ", birthday:";
    birthday.show();
}
int main()
{
    Student student("xiaoming", 1, 2018, 7, 25);
    student.disp_msg();
    return 0;
}
```

运行结果：

```
Date constructor!
Student constructor!
std name:xiaoming, id = 1, birthday:2018-7-25
```

在上例中，Student 类中带参数的构造函数通过初始化表对 birthday 成员函数进行初始化，在 main()函数中定义类对象时提供了 5 个参数，最后的三个参数表示学生的出生日期，这个信息将记录在 birthday 成员对象中。从运行结果可以看出，初始化 Student 类对象时先调用成员对象 birthday 的构造函数，再调用 Student 类的构造函数。

也可以定义 Date 类的拷贝构造函数，再定义一个 Student 的重载构造函数，函数形式如下：

```cpp
Student::Student(char *con_name,int con_id,Date &con_birthday)
:birthday(con_birthday)
```

```
{
    cout << "Student constructor!" << endl;
    strcpy(name, con_name);
    id = con_id;
}
```

在主函数中定义 Date 类对象，将该对象作为构造函数参数用于初始化 birthday 成员，代码如下：

```
//main()函数中内容
int main()
{   Date date(2018,4,9);
    Student student1("xiaoming",1,date);
    Student student2("wangfang", 1, 2018, 7, 25);
    student1.disp_msg();
    student2.disp_msg();
    return 0;
}
```

修改以后例 4-11 的运行结果：

```
Date constructor!
Student constructor!
Date constructor!
Student constructor!
std name:xiaoming, id = 1, birthday:2018-4-9
std name:wangfang, id = 1, birthday:2018-7-25
```

拷贝构造函数的内容将在 4.2.2 节介绍，读者可先自学，然后再体会本题要求。

4.2.2 拷贝构造函数

拷贝构造函数，顾名思义，即用已经存在的类的对象去构造一个新的对象，两个对象的数据成员值是完全相同的。所以，拷贝构造函数的参数为该类类型，不过为了程序执行效率，我们一般采用引用传值。以 Point 类为例，一般我们有以下两种拷贝构造函数声明格式：

(1) Point(Point&);

(2) Point(const Point&);

拷贝构造函数使用类对象的引用作为参数的构造函数，它能够将参数的属性值拷贝给新的对象，完成新对象的初始化。如果类中没有定义拷贝构造函数，系统会自动提供一个拷贝构造函数。对拷贝构造函数的调用常在类的外部进行，应该将它指定为类的公有成员。

【例 4-14】 使用系统提供的拷贝构造函数。

程序如下：

```
/*ch04-14.cpp*/
#include <iostream>
```

```cpp
using namespace std;
class Point
{
    public:
        Point(int xx=0,int yy=0){X=xx; Y=yy; }
        int GetX() {return X; }
        int GetY() {return Y; }
        void SetX(int x) { X=x; }
        void SetY(int y) { Y=y; }
    private:
        int    X;
        int    Y;
};
int main( )
{   Point A(1,2);
    Point B(A);         //系统提供的拷贝构造函数被调用
    cout<<A.GetX()<<","<<A.GetY()<<endl;
    cout<<B.GetX()<<","<<B.GetY()<<endl;
    return 0;
}
```

运行结果：

  1,2

  1,2

  拷贝构造函数是构造函数的重载,拷贝构造函数中通过已有对象为新对象的数据成员提供了初值。通常在三种情况下会自动调用拷贝构造函数，下面分别对其进行介绍。

  【例 4-15】 拷贝构造函数被调用的几种情况示例。

  程序如下：

```cpp
/*ch04-15.cpp*/
#include <iostream>
using namespace std;
class Point
{
    public:
        Point(int xx=0,int yy=0){X=xx; Y=yy; }
        Point(Point &p);
        int GetX() {return X; }
        int GetY() {return Y; }
        void SetX(int x) { X=x; }
        void SetY(int y) { Y=y; }
```

```
        private:
             int    X,Y;
    };
    Point::Point (Point &p)
    {
        X=p.X;
        Y=p.Y;
        cout<<"Copy constructor is called."<<endl;
    }
    Point Fun(Point p)
    {
        Point p1;
        p1.SetX(p.GetX ()+2);
        p1.SetY(p.GetY ()+2);
        return p1;
    }
    int main( )
    {   Point A(1,2);
        Point B(A);               //拷贝构造函数被调用
        Point C;
        C=Fun(A);
        cout<<B.GetX()<<","<<B.GetY()<<endl;
        cout<<C.GetX()<<","<<C.GetY()<<endl;
        return 0;
    }
```

运行结果：

Copy constructor is called.

Copy constructor is called.

Copy constructor is called.

1,2

3,4

拷贝构造函数被调用的 3 种情况：

(1) 用已经存在的对象初始化另一个对象时，系统自动调用拷贝构造函数；

(2) 对象作为实参传递给形参时，系统自动调用拷贝构造函数；

(3) 对象作为函数返回值时，系统自动调用拷贝构造函数。

当类中包含指针类型的数据成员时，默认拷贝构造函数能够完成对象的复制创建工作，但当类具有指针类型的数据成员时，默认拷贝构造函数就可能产生指针悬挂问题，需要程序员自行实现一个完整的拷贝构造函数，否则使用系统提供的拷贝构造函数会带来意想不到的错误结果。

【例 4-16】　自定义拷贝构造函数。

程序如下：

```cpp
/*ch04-16.cpp*/
#include <iostream>
#include <string>
using namespace std;
class Personlist
{
  public:
      Personlist( ){};                //缺省构造函数
      Personlist(const string new_name[],int new_size); //构造函数声明
      void set_name(const string& new_name, int i);
      void disp( ) ;
  private:
      string* namelist;              //注意，这里 namelist 被定义为 string 指针
      int size;
};
void Personlist::set_name (const string& new_name,int i)
{       namelist[i]=new_name;   }
Personlist:: Personlist (const string new_name[],int new_size)
{
    namelist=new string[size=new_size];
    for(int i=0; i<new_size; i++)    namelist[i]=new_name[i];
}
void Personlist::disp ()
{
    cout<<"The names are ";
    for(int i=0; i<size; i++)
        cout<<namelist[i]<<"\t";
    cout<<endl;
}
int main( )
{
    string namelist[3]={"Tom","Jack","Allen"};
    Personlist p1(namelist,3);
    Personlist p2(p1);              //调用系统提供的拷贝构造函数
    cout<<"改变之前"<<endl;
    p1.disp( );
    p2.disp( );
```

```
        p2.set_name("Peter",1);        //把 p2 中 Jack 的名字改为 Peter
        cout<<"改变之后"<<endl;
        p1.disp();
        p2.disp();
        cout<<endl;
        return 0;
    }
```

运行结果：

```
        改变之前
        The names are Tom        Jack        Allen
        The names are Tom        Jack        Allen
        改变之后
        The names are Tom        Peter Allen
        The names are Tom        Peter Allen
```

由程序运行结果可以看出，p2 改变了一个名字，而结果 p1 和 p2 的名字都随之改变，原因是 p2 通过系统提供的拷贝构造函数得到了 p1 的所有属性的值，而 namelist 属性是指针，p2 得到的也是一段内存的地址，即 p1 和 p2 的 namelist 指向同一块空间。所以 p2 改变后 p1 自然也随之改变，反之若 p1 改变，p2 也会随之改变，如图 4-2 所示。

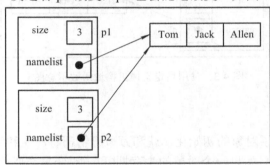

图 4-2 使用系统提供的拷贝构造函数

但是我们需要的结果是 p2 改变而 p1 不会随之改变，此时就需要添加自定义的拷贝构造函数，给 namelist 重新分配空间，这样就不会出现上述问题了。

自定义的拷贝构造函数：

```
Personlist::Personlist(Personlist& p)
{
    namelist=0;
    delete[ ] namelist;
    if(p.namelist!=0)
    {
        namelist=new string[size=p.size];    //给 namelist 重新分配空间
        for(int i=0; i<size; i++)
            namelist[i]=p.namelist[i];
```

深拷贝与浅拷贝

```
        }
        else
        { namelist=0; size=0; }
    }
```

则例 4-16 的执行结果为

改变之前

The names are Tom　　　　Jack　　　　Allen

The names are Tom　　　　Jack　　　　Allen

改变之后

The names are Tom　　　　Jack Allen

The names are Tom　　　　Peter Allen

使用自定义拷贝构造函数的示意图如图 4-3 所示。

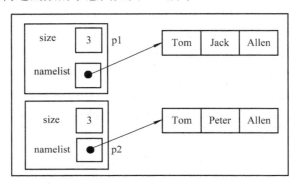

图 4-3　使用自定义拷贝构造函数示意图

4.2.3　析构函数

类的构造函数方便了对象的初始化，就和万事万物都有产生和消亡一样，程序中的对象也是一样，也会消失。如果一个对象的生存期(和一般变量类似)到了，该对象也就消失了，关键是在对象要消失时，通常有什么善后工作需要做呢？如果在构造函数中动态申请了一些内存单元，在对象消失时就要释放这些内存单元，像类似这样的扫尾工作，C++ 提供了专门的析构函数来处理。

1. 析构函数的声明

简单地说，构造函数是用来构造对象的，析构函数则用来完成对象被删除前的一些清理工作。析构函数是在对象的生存期即将结束的时刻由系统自动调用的。它的调用完成之后，对象消失，其内存空间被释放。

析构函数的声明格式：

```
    类名 :: ～类名( )
    {
        函数体;
    }
```

如 Person 类的析构函数声明应为

　　~Person( );

定义析构函数应满足以下要求：

(1) 析构函数的名称是在构造函数名称之前添加"~"。

(2) 析构函数没有参数。

(3) 析构函数没有返回类型(void 也不行)，它不能通过 return 语句返回一个值。

(4) 一个类中只能有一个析构函数，且应为 public，不可重载。

(5) 析构函数只能由系统自动调用，不能在程序中显示调用析构函数。

(6) 可以根据需要来定义自己的析构函数。

2. 析构函数的特点

当创建一个对象时，C++ 将首先为数据成员分配存储空间，接着调用构造函数对成员进行初始化工作；当对象生存期结束时，C++ 将自动调用析构函数清理对象所占据的存储空间，然后才销毁对象。需要注意，析构函数的作用不是删除对象，而是在销毁对象占用的内存之前完成一些清理工作，使部分内存空间可以被程序分配给新对象使用。

系统执行析构函数的四种情况：

(1) 在一个函数中定义了一个对象，当这个函数被调用结束时，该对象应该释放，在对象释放前会自动执行析构函数。

(2) 具有 static 属性的对象，在函数调用结束时该对象并不释放，因此也不调用析构函数。只在 main 函数结束或调用 exit 函数结束程序时，其生命期将结束，这时才调用析构函数。

(3) 全局对象，在 main 函数结束时，其生命期将结束，这时才调用它的析构函数。

(4) 用 new 运算符动态地建立了一个对象，当用 delete 运算符释放该对象时，调用该对象的析构函数。

【例 4-17】 用析构函数释放构造函数分配的存储空间。

程序如下：

```
/*ch04-17.cpp*/
#include<iostream>
#include<string>
using namespace std;
class Student
{
    private:
        string name;
        int number;
    public:
        Student(string na,int nu);
        ~Student();              //析构函数原型声明
        void Output();
```

```
};
Student::Student(string na, int nu)
{
    name=na;
    number=nu;
}
Student::~Student()          //析构函数定义
{
    cout<<"destruct..."<<endl;
}
void Student::Output()
{
    cout<<"姓名"<<":"<<name<<endl;
    cout<<"学号"<<":"<<number<<endl;
}
int main()
{
    Student S1("Tom",100021);
    S1.Output();
    return 0;
}
```

运行结果：

姓名:Tom

学号:100021

destruct...

4.2.4 构造函数和析构函数的调用顺序

在使用构造函数和析构函数时，需要特别注意它们的调用时间和调用顺序。一般情况下，调用析构函数的次序正好与调用构造函数的次序相反，也就是最先被调用的构造函数，其对应的析构函数最后被调用，而最后被调用的构造函数，其对应的析构函数最先被调用。下面归纳一下什么时候调用构造函数和析构函数。

当创建一个对象，其生命周期开始时调用构造函数；当删除一个对象，其生命周期结束时调用析构函数，即二者何时调用与对象的生命周期有关。

根据对象的生存期，不同对象调用构造函数和析构函数的时间如下：

(1) 全局对象(在函数之外定义)的构造函数在文件中的所有函数(包括 main 函数)执行之前调用。但如果一个程序中有多个文件，而不同的文件中都定义了全局对象，则这些对象的构造函数的执行顺序是不确定的。当 main 函数执行完毕或调用 exit 函数时(此时程序终止)，调用它的析构函数。

(2) 局部对象(在函数中定义的对象)在建立对象时调用其构造函数。如果函数被多次调用，则在每次建立对象时都要调用构造函数。在函数调用结束、对象释放前先调用析构函数。

(3) 如果在函数中定义了静态(static)局部对象，则只在程序第一次调用此函数建立对象时调用构造函数一次，在调用结束时对象并不被释放，因此也不调用析构函数，只在 main 函数结束或调用 exit 函数结束程序时，才调用析构函数。

【例 4-18】 构造函数和析构函数的调用顺序。

程序如下：

```cpp
/*ch04-18.cpp*/
#include <iostream>
using namespace std;
class Time
{
    private:
        int hour;
        int minute;
        int second;
    public:
        Time(int h,int m,int s);
        ~Time();
};
Time::Time(int h,int m,int s)
{
    hour=h;
    minute=m;
    second=s;
    cout<<"Time Constructor    "<<hour<<":"<<minute<<":"<<second<<endl;
}
Time::~Time ()
{
    cout<<"Time Destructor    "<<hour<<":"<<minute<<":"<<second<<endl;
}
class Date
{
    private:
        int year;
        int month;
        int day;
    public:
        Date(int y,int m,int d);        //声明构造函数
```

```
        ~Date();                            //声明析构函数
    }yesterday(2018,5,24);                  //定义全局对象
    Date::Date(int y,int m,int d) {         //定义构造函数
        year=y;
        month=m;
        day=d;
        Time time(11,11,11);
        //在类 Date 定义的构造函数中定义类 Time 的对象(局部)
        static Time time1(12,12,12);
        //在类 Date 定义的构造函数中定义类 Time 的静态对象(局部)
        cout<<"Date Constructor    "<<year<<":"<<month<<":"<<day<<endl;
    }
    Date::~Date ()
    {
        cout<<"Date Destructor    "<<year<<":"<<month<<":"<<day<<endl;
    }
    void main()
    {
        cout<<"enter main"<<endl;
        Date today(2018,5,25);
        cout<<"exit main"<<endl;
    }
```

运行结果：

```
    Time Constructor       11:11:11
    Time Constructor       12:12:12
    Date Constructor       2018:5:24
    Time Destructor        11:11:11
    enter main
    Time Constructor       11:11:11
    Date Constructor       2018:5:25
    Time Destructor        11:11:11
    exit main
    Date Destructor        2018:5:25
    Date Destructor        2018:5:24
    Time Destructor        12:12:12
```

我们分析一下，在全局对象 yesterday(用三个参数初始化其 year、month、day 三个数据成员)的构造函数最先被调用(在 main 函数之前)，由于在类 Data 的构造函数中先后定义了类 Time 的两个对象，一个是局部对象 time，另一个是 time1 静态对象，所以调用 2 次 time构造函数，yesterday 对象的构造函数执行结束前，将调用 1 次 time 对象的析构函数，而静

态局部对象不会被析构。对象 yesterday 创建完以后，程序进入 main 函数，创建 Date 对象 today，再次创建 time 类的局部对象，而静态对象不用创建，在构造 today 对象后，调用 time 析构函数，退出程序前要析构 today、yesterday 和 time1 对象。我们看到构造函数调用顺序和对象的声明顺序是一致的，而析构函数的调用顺序则和构造函数的调用顺序是相反的。

4.3 对象指针和对象数组

4.3.1 对象指针

指针的概念我们已经很熟悉，指针本身是一个地址，它指向一个变量的内存单元。在 C++ 中指针可以指向对象。在创建一个类的对象时，系统会自动在内存中为该对象分配一个确定的存储空间，该存储空间在内存中存储的起始地址，如果用一个指针来保存，那么这个指针就是指向对象的指针，简称对象指针。对象指针的声明格式如下：

　　　类名　*　对象指针名；

与用对象名访问对象成员一样，使用对象指针也可以访问对象的成员。用对象指针访问对象数据成员的格式为

　　　(*对象指针名). 数据成员名；　　　　　　　//访问数据成员

　　　对象的指针名->数据成员名；　　　　　　　//访问数据成员

用对象指针访问对象成员函数的格式为

　　　(*对象指针名). 成员函数名(参数表)；　　　//访问成员函数

　　　对象的指针名->成员函数名(参数表)；　　　//访问成员函数

同一般变量的指针一样，对象指针在使用之前必须先进行初始化。可以让它指向一个已定义的对象，也可以用运算符动态建立堆对象。

【例 4-19】 对象指针应用。

程序如下：

```cpp
/*ch04-19.cpp*/
#include <iostream>
using namespace std;
class Square
{
    private:
        double length;
    public:
        Square(double len);
        ~Square();
        void Outpout();
};
Square::Square (double len):length(len)
```

```
        {
            cout<<" Square Constructor......"<<endl;
        }
        Square::~Square()
        {
            cout<<" Square destructor......"<<endl;
        }
        void Square::Outpout()
        {
            cout<<"Square Area:"<<length * length<<endl;
        }
        int main()
        {
            Square s(5.5),*s1;
            s1=&s;
            s1->Outpout ();
            Square *s2=new Square(8.5);
            s2->Outpout ();
            delete s2;
            return 0;
        }
```

运行结果：

```
    Square Constructor......
    Square Area:30.25
    Square Constructor......
    Square Area:72.25
    Square destructor......
    Square destructor......
```

　　分析运行结果可以看出，声明一个指针对象时，并不会调用构造函数，程序执行结束时也不会调用析构函数。

4.3.2　对象数组

　　数组中的每个元素都是对象，称之为对象数组，它不仅具有数据成员，而且也具有成员函数。可以通过对象指针来访问对象数组，这时对象指针指向对象数组的首地址。定义对象数组、使用对象数组的方法与基本数据类型相似。在执行对象数组说明语句时，系统不仅为对象数组分配内存空间，以存放数组中的每个对象，而且还会自动调用匹配的构造函数完成数组内每个对象的初始化工作。声明对象数组的格式为

　　　　类名　　对象数组名[下标表达式]；

其中，类名是所定义的对象数组元素类型。例如：

    Student   p[10];   Student   pp[2][3];

    注意：当定义一个对象数组时，系统会为数组的每一个数组元素调用一次构造函数，来初始化每一个数组元素。在使用对象数组时，也只能引用单个数组元素，并且通过对象数组元素只能访问其公有成员。访问对象数组元素的数据成员的格式为

        数组名[下标].数据成员;

访问对象数组元素的成员函数的格式为

        数组名[下标].成员函数(实参列表);

    【例 4-20】 对象数组使用示例。

程序如下：

```cpp
/*ch04-20.cpp*/
#include <iostream>
using namespace std;
class Box
  {
    public :
      Box(int h=10,int w=12,int len=15);        //声明有默认参数的构造函数
      ~Box();
      int volume( );
    private :
      int height;
      int width;
      int length;
  };
Box::Box(int h,int w,int len):height(h),width(w),length(len)
{ cout<<"constructor is called…"<<endl; }
Box::~Box()
{ cout<<"destructor is called…"<<endl; }
int Box::volume( )
{
    return (height * width * length);
}
int main( )
{
    Box a[3]=
    {                        //定义对象数组
      Box(),                 //调用构造函数 Box，用默认参数初始化第 1 个元素的数据成员
      Box(15,18,20),         //调用构造函数 Box，提供第 2 个元素的实参
      Box(16,20,26)          //调用构造函数 Box，提供第 3 个元素的实参
    };
```

```
        cout<<"volume of a[0] is "<<a[0].volume( )<<endl;
        cout<<"volume of a[1] is "<<a[1].volume( )<<endl;
        cout<<"volume of a[2] is "<<a[2].volume( )<<endl;
    }
```

运行结果：

```
constructor is called…
constructor is called…
constructor is called…
volume of a[0] is 1800
volume of a[1] is 5400
volume of a[2] is 8320
destructor is called…
destructor is called…
destructor is called…
```

例 4-20 中定义了一个一维对象数组 a[3]，它有 3 个 Box 类的对象 a[0]、a[1]、a[2]，系统先后调用了 3 次构造函数分别初始化这 3 个对象，3 个对象的初始值(高、宽、长)为(10，12，15)、(15，18，20)、(16，20，26)，之后又分别访问了对象的成员函数 volume( )，以计算对象的体积值，最后调用析构函数来释放各对象。

对象数组的初始化与普通数组的不同之处在于，初始化对象数组元素时，用类名加括号将初值括起来。执行时，会根据 Box(10，12，15)创建一个类 Box 的临时对象，并把这个临时对象赋值给 a[0]，其他对象数组元素依次类推。

4.3.3　向函数传递对象

类类型可以作为函数的参数类型，通过它向函数传递对象。除了必须按照对象的访问控制权限访问类对象的成员之外，作为参传递的类对象与普通变量的传递规则和方法是一致的，可以分为传递值、传指针、传引用。

传递值以按值拷贝的方式，将实参对象的每个数据成员的值按位拷贝到形参对象的各个数据成员中。参数传递完成后，形参与实参就没有关系了，所以按值传递对象的方式不能修改实参对象的值。以引用和指针方式传递对象给函数的方式都是将实参对象的地址传递给函数，能够在函数中修改实参对象的值。使用对象指针或引用作为函数的参数，实参仅将对象的地址值传递给形参，并不需要进行实参和形参对象间值的复制，也不必为形参分配空间，这样可以提高程序的运行效率，节省时间和空间的开销。

【例 4-21】　按传值、传引用、传指针的方式向函数传递参数对象。

程序如下：

```
/*ch04-21.cpp*/
#include <iostream>
using namespace std;
class MyClass{
    int val;
```

```
    public:
        MyClass (int i){val=i; }
        int getval () {return val; }
        void setval (int i){val=i; }
};
void display (MyClass ob) { cout<<ob.getval<<endl; }
void change1 (MyClass ob){ ob.setval(50); }
void change2 (MyClass & ob){ ob.setval(50); }
void change3(MyClass * ob){ ob->setval(100); }
int main () {
    MyClass a(10);
    cout<<"Value of a before calling change -----";
    display (a);
    change1(a);
    cout<<"Value of a after calling change 1()-----";
    display(a);
    change2 (a);
    cout<<" Value of a after calling change2()-----";
    display(a);
    change3 (&a);
    cout<< "Value of a after calling change3()-----";
    display (a);
    return 0;
}
```

运行结果：

```
Value of a before calling change-----10
Value of a after calling change1()-----10
Value of a after calling change2()-----50
Value of a after calling change3()-----100
```

函数 change1()按值传递的方式传递对象，所以它不能修改 a 对象的成员值；change2()按引用方式传递对象，它修改了对象 a 的成员值；change3()按指针方式传递对象，它也修改了 a 对象的成员值。

说明：

(1) 函数接收参数对象后，在函数体内必须按照访问权限访问对象成员，即只能访问对象的公有成员。比如，对上述 MyClass 而言，下面的函数 change()是错误的，它访问了 ob 对象的私有成员 val：

```
void change(MyClass ob) { ob.val=90; }
```

(2) 类成员函数可以访问本类参数对象的私有、保护、公有成员，而普通函数(非类成员)只能访问参数对象的公有成员。

```
class A {
    private:
        int x;
    public:
        void f(A b){ b.x=10; }          //正确，类的成员函数可以访问同类参数对象的私有成员
};
void g(A b) { b.x=10; }              //错误，访问类的私有成员
```

4.3.4　this 指针

1. this 指针的概念

类的每个对象都有自己的数据成员，有多少个对象，就有多少份数据成员的拷贝。然而类的成员函数只有一份拷贝，不论调用哪一个对象的成员函数，实际上都是调用相同的一段代码，也就是每个对象都共用这份成员函数。因此，每个对象的存储空间都只是该对象数据成员所占用的存储空间，而不包括成员函数代码占用的空间，函数代码存储在对象空间之外。

既然每个对象都有属于自己的数据成员，但是所有对象的成员函数却是合用一份，那么问题来了，不同对象是怎样共用这份成员函数的呢？换句话说，在程序运行过程中，成员函数怎样知道哪个对象在调用它，它应该处理哪个对象的数据成员呢？

C++ 规定，当一个成员函数被调用时，系统自动向它传递一个隐含的参数，该参数是一个指向调用该函数的对象的指针"this"，从而使成员知道该对哪个对象进行操作。this 指针是 C++ 实现封装的一种机制，它将对象和该对象调用的成员函数联系在一起，使得从外部看来，每个对象都拥有自己的成员函数，因此，我们可以在函数中使用 this 指针访问成员变量或调用成员函数，形式如下：

    (*this).成员变量或函数

    this->成员变量或函数

由于 this 指针是指向当前对象的指针，所以可以在函数中把 this 指针当参数使用，或从函数中返回，用返回值时，形式如下：

    return this;

    return *this

凡是想在成员函数中操作当前对象的，都可以通过 this 指针完成。

this 指针是用于标识一个对象自引用的隐式指针，代表对象自身的地址，在编译类成员函数时，C++ 编译器会自动地将 this 指针添加到成员函数的参数表中，在调用类的成员函数时，调用对象会把自己的地址通过 this 指针传递给成员函数。

【例 4-22】　this 指针使用示例。

程序如下：

```
/*ch04-22.cpp*/
#include <iostream>
using namespace std;
```

```
        class Car                                    //定义类 Car
        {
                //成员函数
            public:
                void disp_welcomemsg();              //声明 disp_welcomemsg()函数
                int get_wheels();                    //声明 get_wheels()函数
                void set_wheels(int);                //声明 set_wheels()函数
                //数据成员
            private:
                int wheels;
        };
        void Car::disp_welcomemsg()                  //类成员函数 disp_welcomemsg()的实现
        {
            cout << "Welcome to the car world!" << endl;
        }
        int Car::get_wheels()                        //类成员函数 get_wheels()的实现，获取车轮数
        {
            return wheels;
        }
        void Car::set_wheels(int n)                  //类成员函数 set_wheels()的实现，设置车轮数
        {
            wheels = n;
        }
        int main()
        {
            Car myfstcar, myseccar;                  //定义类对象 myfstcar、myseccar
            myfstcar.set_wheels(4);                  //设置 myfstcar 的车轮数量为 4
            myseccar.set_wheels(6);                  //设置 myseccar 的车轮数量为 6
            //访问成员函数，显示车轮数量
            cout << "my first car wheels num = " << myfstcar.get_wheels() << endl;
            cout << "my second car wheels num = " << myseccar.get_wheels() << endl;
            system("pause");
            return 0;
        }
```

运行结果：

    my first car wheels num = 4

    my second car wheels num = 6 . .

从运行结果可知，myfstcar、myseccar 两个不同对象调用相同的成员函数时，操作的内容与对象相关，会得到各个对象相应的显示结果，成员函数能够区分不同对象，就是因为

每个类的成员隐含有一个指向被调用对象的指针 this。程序编译后，成员函数中会包含 this 指针，如编译后成员函数 set_wheels()的形式如下：

```
void Car::set_wheels(int n,car *this)
{
    this->m_nwheels=n;
}
```

当对象 myfstcar 调用函数时，this 指针指向对象 myfstcar，会引用到 myfstcar 对象的数据成员，当 myseccar 对象调用函数时，this 指针指向 myseccar。

说明：

(1) 尽管 this 是一个隐式指针，但在类的成员函数中可以显式地使用它。比如，point 类也可以定义如下：

```
class point{
    private:
        int x,y;
    public:
        point (int a=0,int b=0){this->x=a,this->y=b; }
        void move(int a,int b){(*this).x=a,(*this).y=b; }
        int getx(){return this->x; }
        int gety(){return this->y; }
};
```

this 是一个指针，必须按指针的用法引用它，如"this->x"或"(*this).x"。

(2) 在类 X 的非 const 成员函数里，this 的类型就是 X*。然而 this 并不是一个常规变量，不能给它赋值，但可以通过它修改数据成员的值。在类的 const 成员函数里，this 被设置为 const X* 类型，不能通过它修改对象的数据成员值。

(3) 静态成员函数没有 this 指针，因此在静态成员函数中不能访问对象的非静态数据成员，因为数据成员是通过 this 指针传递给成员函数的，没有 this 指针，就意味着不能将对象的地址传递给静态成员函数。这也是静态成员函数只能访问静态数据成员的原因(静态数据成员是类范围内的全局变量)。

2. this 指针返回对象地址

在类成员函数中，可以通过 this 指针返回对象的地址或引用，这也是 this 的常用方式。引用是一个地址，允许函数返回引用就意味着函数调用可以被再次赋值，即允许函数调用出现在赋值语句的左边。

下面是一个具有返回本类对象的指针，引用及普通对象的 Tdate 类，可以借此理解 this 指针的一些典型应用方法。

【例 4-23】 返回对象的指针和引用的成员函数。

程序如下：

```
/*ch04-23.cpp*/
#include<iostream>
```

```cpp
using namespace std;
class Tdate{
    private:
        int yy,mm,dd;
    public:
        Tdate(int y=2016,int m=01,int d=01);
        Tdate &setYear(int year);
        Tdate &setMonth(int month);
        Tdate *setDay(int day);
        Tdate setDate(int y,int m,int d);
        void display();
};
Tdate ::Tdate(int y,int m,int d){yy=y; mm=m; dd=d; }
Tdate& Tdate::setYear(int year){
    yy=year;
    return *this;
}
Tdate& Tdate::setMonth(int month){
    mm=month;
    return *this;
}
Tdate* Tdate::setDay(int day){
    dd=day;
    return this;
}
Tdate Tdate::setDate(int y,int m,int d){
    yy=y; mm=m; dd=d;
    return *this;
}
void Tdate::display(){
    cout<<"addres is:"<<this<<"\t"<<yy<<":"<<mm<<":"<<dd<<endl;
}
void main(){
    Tdate d1,d2;                          //自动调用构造函数初始化 d1,d2 对象
    cout<<"d1"; d1.display();             //显示 d1 地址和日期
    cout<<"d2"; d2.display();             //显示 d2 地址和日期
    d1.setYear(2017).setMonth(03).setDay(30);   // 3 个函数返回引用, 也就是 d1 对象
    cout<<"d1"; d1.display();             // L5
    d1.setDate(2018,01,10).setDay(30);    // setDate()返回普通对象(临时)
```

```
        cout<<"d1"; d1.display();              //显示 d1 设置的日期
        Tdate *p;                              //对象指针
        p=d1.setDay(21);                       //修改 d1 的 dd 成员
        cout<<"p";
        p->display();                          //显示修改后的值
        Tdate d3=d2.setYear(2016).setMonth(4); //定交 d3 并把 d2(2016.04.1)赋给它
        cout<<"d3"; d3.display();              //显示 d3
        d1.setYear(2007).setMonth(03)=d3;     // d3 修改了 d1 对象
        cout<<"d1"; d1.display();              //显示结果
    }
```

运行结果：

```
    d1addres is:0012FF74     2016:1:1        //输出 1
    d2addres is:0012FF68     2016:1:1        //输出 2
    d1addres is:0012FF74     2017:3:30       //输出 3
    d1addres is:0012FF74     2018:1:10       //输出 4
    paddres is:0012FF74      2018:1:21       //输出 5
    d3addres is:0012FF58     2016:4:1        //输出 6
    d1addres is:0012FF74     2016:4:1        //输出 7
```

从结果可以看出，d1、d2 的 this 指针的值分别是 0012FF74 和 0012FF68，这就是 d1 和 d2 对象的地址。由于成员函数 setyear()返回的是对象的引用，所以 d1.setYear(2007)的结果仍然是 d1，但 d1 的 year 已经被设置成了 2017。

同理可知，d1.setYear(2017).setMonth(03)的结果仍然是 d1，但月份已被设置为 3。由于结果仍是 d1，也就不难理解 d1.setYear(2007).setMouth(03).setDay(30); 了，它等价于下面的语句组：

```
    d1.setYear(2007);
    d1.setMonth(03);
    d1.setDay(30);
```

同样道理，d1.setDate(2018,01,10).setDay(30); 等价于下面的语句：

```
    d1.setaDte(2018,01,10).setDay(30);
```

原因是函数 setDate()返回的是一个普通的 Tdate 对象，不是指针，也不是引用。编译器对函数 setDate()的处理方式类似于下面的情况：

```
    Tdate Tdate ::setDate(int y,int m,int d){
        yy=y; mm=m; dd=d;
        Ddate tmp=*this;
        return tmp;
    }
```

所以，函数 setDate()返回的不是对象 d1 的本身，而是一个临时对象 tmp。因此，语句 d1.setDate(2018,01,10).setDay(30); 中的 setDay(30)实际等于 tmp.setDay(30)，这就是 d1 的成员 dd 没有被修改的原因。

请读者根据成员函数的返回类型分析主函数中第 9 行、第 12 行和第 14 行语句的赋值为什么是可行的，并进一步分析程序的运行结果。

4.4 常 成 员

虽然类的信息隐藏原理在一定程度上保证了数据的安全性，但各种形式的数据共享却又不同程度地破坏了数据的安全。因此，对于既需要共享，又需要防止改变的数据应该声明为常量进行保护，常量在程序运行期间是不可改变的。在第 2 章我们介绍过 const 修饰简单数据类型，从而使相应变量形成不能改变值的变量。同样，类对象以及类的数据成员都可以被 const 修饰。本节我们主要介绍用 const 修饰的类成员，分别为常数据成员和常函数成员。

4.4.1 const 修饰符

在第 2 章我们讲到过用 const 修饰简单数据类型，从而使相应变量成为不能改变值的常变量，同样，类的对象也可以在定义时由 const 修饰，我们称其为常对象。

定义常对象的格式如下：

    类名 const 对象名;

或者如下：

    const 类名 对象名;

注意：在定义常对象时必须进行初始化。

当声明一个引用加上 const 符时，该引用称为常引用。常引用所引用的对象不能被更新。一般引用作为形参时，可以对实参进行修改，但常引用则不允许对实参进行修改。

常引用的语法格式为

    const 数据类型 & 引用名;

常引用经常被用做参数的形参，如第 4 章的类的拷贝构造函数的参数，它能提高函数的运行效率，节省内存，并保证了实参不会被更改。

【例 4-24】 常引用作形参。

程序如下：

```
/*ch04-24.cpp*/
#include <iostream>
using namespace std;
void display(const int& d);
int main()
{   int d(2008);
    display(d);
    return 0;
}
void display(const int& d)
```

```
    {
        d=d+5;          //错误！常引用不能被改变值。
        cout<<d<<endl;
    }
```

4.4.2　常数据成员

　　有时，我们希望类中的数据成员在对象使用中不被改变，可以把这样的成员定义为常数据成员。比如定义一个表示圆形的类，类中会用到圆周率 PI 值，不希望在对象中修改该值，则将记录 PI 值的变量定义为常数据成员。类中定义常数据成员的格式如下：

```
    class 类名
    {
        const  数据类型  数据成员;
    };
```

　　常数据成员必须进行初始化并且不能被更新。和一般类型数据一样，类的数据成员也可以是常量和常引用，使用 const 说明的数据成员我们称为常数据成员。如果一个类中存在常数据成员，那么任何函数成员都不能对该成员赋值，并且常数据成员和其他数据成员不一样，它只能在构造函数的初始化列表位置进行初始化。

　　普通数据成员可以在构造函数中通过初始化表或函数内的赋值语句给出初值，若想对常数据成员进行初始化，只能通过初始化表完成，不能在构造函数内部进行赋值。

　　【例 4-25】　常数据成员示例。

　　程序如下：

```
    /*ch04-25.cpp*/
    class Point
    {
      public:
        Point(double new_x,double new_y);
        Point(const Point& p);
        void disp();
      private:
        double x;
        const double y;          //常数据成员 y
    };
    Point::Point(double new_x,double new_y): y(new_y)          //初始化列表初始化常数据成员 y
    {
        x=new_x;
    }
    Point::Point(const Point& p):y(p.y)
    //初始化列表初始化常数据成员 y
    {
```

```
        x=p.x;
    }
    void Point::disp ()
    {
        cout<<"该点的坐标为:("<<x<<","<<y<<")"<<endl;
    }
    int main()
    {
        Point p1(1, 2), p2(p1);
        p1.disp ();
        p2.disp ();
        return 0;
    }
```

运行结果：

该点的坐标为:(1,2)

该点的坐标为:(1,2)

注意：当常数据成员又是静态数据成员，即静态常数据成员时，其遵循静态成员的特点，需要在类外单独通过赋值语句来初始化。例如：

```
    class Point
    {
        public:
            Point(double new_x,double new_y);
            Point(const Point& p);
            void disp();
        private:
            double x;
            static const double y;        //静态常数据成员
    };
    const double Point::y=2.0;
```

4.4.3 常成员函数

与类中用 const 修饰的数据成员类似，成员函数也可以用 const 修饰，声明为常成员函数。常成员的出现是为了实现数据保护，保证安全性。常成员函数使得对数据的访问只限定为读取，从而保护了数据，使之不被修改。在只需要获取数据的场合，通常使用常成员函数实现。对于常数据成员的访问通常使用常成员函数完成。

在类中，常成员函数通过 const 关键字说明，const 关键字出现在形参列表后，常成员函数定义形式如下：

常量成员函数

```
    class 类名
    {
```

```
    public:
        函数返回值类型函数名(形参列表) const
        {
            函数体
        }
        …
};
```

在这里，const 是函数的一个组成部分，和 friend、inline 关键字不同，在函数定义时也需要加上 const 关键字。常成员函数可访问类中的 const 数据成员和非 const 数据成员，但不可改变它们，常成员函数不可调用非 const 成员函数。非 const 成员函数可以读取常数据成员，但不可修改。

常成员函数中的 this 指针为常量型，以此防止对数据成员的意外修改。const 关键字可以被用于参与对重载函数的区分，例如，如果在类中有这样的成员函数的声明：

```
    void disp();
    void disp() const;
```

则这是对 disp()的有效重载。

接下来通过一个示例来说明常成员函数的用法。

【例 4-26】 常成员函数示例。

程序如下：

```
/*ch04-26.cpp*/
#include <iostream>
using namespace std;
class Point
{
  public:
      Point(double new_x,double new_y);
      Point(const Point& p);
      void disp();
      void disp()const;
  private:
      double x;
      const double y;
};
Point::Point(double new_x,double new_y):y(new_y)
{
    x=new_x;
}
Point::Point(const Point& p):y(p.y)
{
```

```
        x=p.x;
        y=p.y;
    }
    void Point::disp () const
    {
        cout<<"您正在调用一个常成员函数,";
        cout<<"该点的坐标为:("<<x<<","<<y<<")"<<endl;
    }
    void Point::disp ()
    {
        cout<<"该点的坐标为:("<<x<<","<<y<<")"<<endl;
    }
    int main()
    {   Point p1(1,2),p2(p1);
        const Point p(4,5);          //p 为常对象
        p1.disp ();
        p2.disp ();
        p.disp ();                   //p 调用常成员函数 disp
        return 0;
    }
```

运行结果:

    该点的坐标为:(1,2)

    该点的坐标为:(1,2)

    您正在调用一个常成员函数,该点的坐标为:(4,5)

    在 main 函数中的 p 对象由于被 const 修饰,因此它成为一个常对象。和一般常变量一样,常对象在定义时必须进行初始化,而且在生存期内不能被改变。常对象只能调用常成员函数,可以这么说,常成员函数是专门为常对象而准备的。

    由上面分析可知,常成员函数的使用规则有如下几点:

    (1) 若类中某些数据成员的值允许改变,而另外一些的数据成员不可改变,则可将不需改变的成员声明为用 const 修饰的常数据成员。可用非 const 成员函数获取常数据成员的值,访问或修改普通数据成员。

    (2) 若类中所有的数据成员均不改变,则可将所有的数据成员用 const 修饰,然后用常成员函数获取数据成员,保证数据不被修改。

    (3) 若定义的是常对象,则只能调用常成员函数。

4.5 静态成员与友元

静态成员

    一个类类型定义之后,可以定义多个该类的对象,各个对象有自己的属性,即数据成

员。但有时候，我们需要一个对所有对象而言共有的属性，比如想记录当前创建了多少个该类的对象。这时可以采用全局变量来解决这个问题，即创建一个对象令该全局变量加1。但是，全局变量可以被其他对象访问，会破坏类的封装性。在这里，我们学习使用类的静态成员来解决这一类问题。

类的访问属性很好地实现了类的信息隐藏，使得在类外的对象不能直接访问到它的私有成员，只能通过公有成员间接访问，但有时候为了程序运行的效率起见，我们也希望在类外的对象能直接访问其私有成员。该种机制我们称为友元，友元可以是一个函数，此时称为友元函数，也可以是整个类，即友元类。

本节我们讨论静态成员与友元。它们提供了数据共享的方法以及共享数据的保护方法。

4.5.1　静态数据成员与静态成员函数

一般地，类的对象包括了类的所有的数据成员，但是，这里我们要学的静态数据成员不属于任何类的对象，它属于某个类。和静态数据成员类似，类也可以有自己的静态函数成员，它没有 this 指针，并且只能访问该类的静态数据成员。

1. 静态数据成员的定义及初始化

如果我们需要某些特定的数据在内存中只有一份，而且能够被一个类的所有对象共享，比如设计学生类时，可以定义一个属性用于统计学生的总人数，由于总人数只应该有一个有效值，因此完全不必在每个学生对象所占用的内存空间中都定义一个变量来表示学生总人数，只需在对象以外的空间定义一个表示总人数的变量让所有对象共享即可。

使用静态数据成员可以实现类中多个对象的数据共享和交互，静态数据成员的值对每个对象都一样，并且可以更新。只要对静态数据成员的值进行过更新，所有对象都会取到更新的值。

C++ 中将使用修饰的数据成员称为静态成员，定义一个静态数据成员的语法格式为

　　　static　类型标识符　静态数据成员名;

即在数据类型前面加上关键字 static。静态数据成员可以为任何类型，可以是 const、引用、数组以及类类型等。

静态数据成员必须在定义之后立即初始化，静态数据成员不属于任何对象，所以其初始化不能由构造函数来实现，其初始化通过域限定符在类外实现，初始化格式如下：

　　　类名 :: 静态数据成员 = 初值;

下面我们在例 4-4 Person 类的基础上，添加 count 静态数据成员，用来记录当前类的对象的个数。

【例 4-27】　带有静态数据成员的 Person 类。

程序如下：

```
/*ch04-27.cpp*/
#include <iostream>
using namespace std; class Person
{
    public:
```

```
        void set_name(string new_name);
        void set_age(unsigned new_age);
        string get_name(){ return name; }
        unsigned get_age() {   return age; }
        void disp() ;
        void walk( )      { }
        void operate( ) { }
    private:
        string name;
        unsigned age;
        static int count;              //定义静态数据成员 count
    };
    int Person::count=0;          //使用域限定符在类外初始化静态数据成员
```

说明：数值型静态数据成员默认值为 0，即类外初始化 count 语句可以写为：int Person::count; 但该语句不能省略。

关于静态数据成员的使用需注意以下几点：

(1) 不管一个类的对象有多少个，其静态数据成员只有一个，由这些对象所共享，可被任何一个对象访问。

(2) 在一个类的对象空间内，不包含静态成员空间，所以静态成员所占空间不会随着对象的产生而分配，或随着对象的消失而回收。静态数据成员不影响对象所占用的内存空间。

(3) 静态数据成员的存储空间是在程序一开始运行时就被分配的，并不是在程序运行过程中在某一函数内分配空间和初始化。

(4) 静态数据成员的赋值语句既不属于任何类，也不属于包括主函数在内的任何函数，静态数据成员赋初值语句应当写在程序的全局区域中，并且必须指明其数据类型与所属的类名。

2. 静态数据成员的访问

有两种方法可以访问静态数据成员：

(1) 通过类名及域限定符直接访问。静态数据成员可以通过类名直接对它进行访问，而无需通过类对象，通常采用的访问形式如下：

    类名 :: 静态数据成员名

(2) 通过对象名访问。对于静态数据成员来说，若其被声明具有 public 属性，则与普通 public 数据成员类似，访问形式如下：

    对象.公有静态数据成员 = some_value;

虽然静态数据成员不属于任何类的对象，但其对于类的对象而言是可见的。只要在访问属性允许的前提下，我们就可以通过上述两种方法来访问静态数据成员。

为了便于说明问题，我们把例 4-27 Person 类中的静态数据成员 count 访问属性改为 public。在主函数中有如下的调用：

```
int main( )
{
    Person p;
    p.count=3;
    cout<<p.cout<<endl;
    Person::count=5;
    cout<<Person::count<<endl;
}
```

运行结果：

3

5

可见，通过这两种访问方式都可以改变静态数据成员 count 的值。和其他类的数据成员一样，我们一般把静态数据成员的访问属性定义为 private，如果要对其进行访问等操作，可以通过相应的函数成员来实现。

注意：静态成员的 static 与静态存储的 static 是两个概念，前者是在类的范畴内，后者指内存空间的位置以及作用域的限定。

3. 静态成员函数

静态成员函数和其他成员函数一样，不属于类的任何对象，它和其他成员函数的不同之处在于，静态成员函数只能改变类的静态成员(包括静态数据成员和静态成员函数)，其他成员函数则可以访问类的所有成员。

静态成员函数的声明格式如下：

```
class 类名
{
    static 函数返回类型 函数名(形参列表);
    {
        函数体
    }
}
```

和类的其他成员函数一样，静态成员函数既可以定义在类内作为静态内联成员函数，也可以在类内声明，在类外定义，在类外定义时 static 不用再写。

与静态数据成员一样，静态成员函数与类联系，不与类的对象相联系，所以访问静态成员函数时，不需要对象，一个静态成员函数不与任何对象相联系，所以它不能对非静态数据成员进行默认访问。

我们接着为 Person 类定义静态函数成员 Totalcount( )，从而得知当前创建的类的对象的个数。

下面我们通过一个完整的程序来看一下静态成员函数及静态数据成员的作用。

【例4-28】 静态成员的作用示例。

程序如下：

```cpp
/*ch04-28.cpp*/

#include <iostream>
#include <string>
using namespace std;
class Person
{
    public:
        Person(string new_name, unsigned new_age);
        Person(const Person& p);
        Person( ) { count++; }
        void set_name(string new_name);
        void set_age(unsigned new_age);
        string get_name(){ return name; }
        unsigned get_age() {    return age; }
        void disp() ;
        static int getCount( );
    private:
        string name;
        unsigned age;
        static int count;           //定义静态数据成员 count
};
int Person::count=0;           //使用域限定符在类外初始化静态数据成员
Person::Person(string new_name, unsigned new_age)
{
    name=new_name;
    age=new_age;
    count++;
}
Person::Person(const Person& p)
{
    name=p.name;
    age=p.age;
    count++;
}
int Person::getCount()          //静态成员函数在类外定义
{
    return count;
}
```

```
int main()
{
    Person p1,p2,p3;
    Person p4("xiaoming",21),p5(p4);
    cout<<"当前 Person 类对象的个数为： ";
    cout<<Person::getCount()<<endl;
    return 0;
}
```

运行结果：

当前 Person 类对象的个数为：5

该例中静态数据成员 count 用来保存当前创建对象的个数，静态成员函数 getCount()可以得到当前创建对象的个数。那么在创建一个对象时如何通知 count 来增加 1 呢？我们来看 Person 类的 3 个构造函数，在每一个构造函数内部都有 count++ 的语句，这样，只要任何一个符合构造函数条件的对象创建，count 都会自动加 1，然后我们可以通过 getCount()来获得。这种编程技巧在一些软件开发中非常有用。

思考：如何在对象的生存期到达之后使 count 减 1？(可以在析构函数中添加 count--语句。程序留给读者自己完成。)

4.5.2　友元函数与友元类

类的封装和数据隐藏是面向对象编程思想的一个特点，这个特点使得只有类的成员函数才可以访问类的私有成员，虽然这样更好地保护了数据，提高了安全性，但在某些情况下，为了提高效率和操作方便，需要允许一个函数或类访问另一个类的私有成员，这就需要通过友元实现。通过友元机制，一个普通函数或者类的成员函数可以访问封装在某一个类的私有数据成员，即把数据的隐藏打开了一个小窗口，从中看到类的一些内部属性。友元在一定程度上破坏了封装，这需要设计者在共享和封装之间找到一个平衡。

既可以是不属于任何类的非成员函数，也可以是另一个类的成员函数，称为友元函数；如果友元是一个类，则称为友元类(或友类)，友元类中的所有成员函数都是友元函数。

1. 友元函数

友元函数是在类外定义的一个函数，它不是本类的成员函数，而是一个普通的函数或其他类的成员函数。若在类中声明某一函数为友元，则该函数可以操作类中的私有成员。

假设我们有一个复数类 Complex：

```
class Complex
{
  public:
      Complex();
      Complex(const Complex&);
      Complex(double re,double im);
      void set_real(double re) { real=re; }
```

```
        void set_imag(double im) { imag=im; }
        double get_real(){ return real; }
        double get_imag(){ return imag; }
        void disp(){ cout<<real<<"+"<<imag<<"i"; }
    private:
        double real;
        double imag;
};
Complex::Complex(double re,double im)
{
    real=re; imag=im;
}
Complex::Complex(const Complex& comp)
{
    real=comp.real ;
    imag=comp.imag ;
}
```

如果要实现两个复数类对象的比较，即看两个复数是否相等，我们可以定义如下非成员函数：

```
bool equal(Complex c1, Complex c2)
{
    if( (c1.get_real()==c2.get_real())&& (c1.get_imag()==c2.get_imag() ))
        return true;
    else return false;
}
```

因为 real 和 imag 是 private 的，所以只能通过其 get 函数间接得到 real 和 imag 的值。并且每个函数都使用了两次，调用函数都要经过相应的内存分配和释放环节，使得程序运行的效率降低。那么是否有一种方法可以直接获得对象的私有成员的值呢？这时可以使用 friend 关键字把 equal 函数定义为 Complex 类的友元函数，这样就可以直接访问到私有成员的值。

友元函数声明的语法格式为

```
friend 返回类型 函数名(形参列表);
```

在友元函数体中可以通过对象名访问类的所有成员，包括 public 成员、private 成员以及后面会讲到的 protected 成员。

下面我们来看一个完整的程序。

【例 4-29】 友元函数的使用示例。

程序如下：

```
/*ch04-29.cpp*/
#include <iostream>
```

```
using namespace std;
class Complex
{
    public:
        Complex();
        Complex(const Complex&);
        Complex(double re,double im);
        friend bool equal(Complex c1,Complex c2);    //友元函数声明
        void set_real(double re) { real=re; }
        void set_imag(double im) { imag=im; }
        double get_real(){ return real; }
        double get_imag(){ return imag; }
        void disp(){ cout<<real<<"+"<<imag<<"i"; }
    private:
        double real;
        double imag;
};
Complex::Complex(double re,double im)
{
    real=re; imag=im;
}
Complex::Complex(const Complex& comp)
{
    real=comp.real ;
    imag=comp.imag ;
}
bool equal(Complex c1,Complex c2)            //友元函数实现，注意不要加类名限
{
    if( (c1.real==c2.real)&& (c1.imag==c2.imag))
        return true;
    else
        return false;
}
int main()
{
    Complex c1(2,3), c2(3,4);
    if(equal(c1,c2))
        cout<<"这两个复数相等！"<<endl;
    else
```

```
        cout<<"这两个复数不相等！"<<endl;
    return 0;
    }
```

运行结果：

这两个复数不相等！

这样一个判断两个复数是否相等的函数，由于直接访问了复数类的 private 数据成员，避免了频繁调用成员函数，提高了效率。

说明：

(1) 友元函数为非成员函数，一般在类中进行声明，在类外进行定义。

(2) 友元函数的声明可以放在类声明中的任何位置，即不受访问权限的控制。

(3) 友元函数可以通过对象名访问类的所有成员，包括私有成员。

例 4-29 是将普通函数声明为友元函数，可以访问类中所有的成员。不只是非成员函数，我们还要以将一个类的成员函数声明为另一个类的友元。成员函数声明为友元函数的格式如下：

```
        friend 函数类型类名 :: 友元函数名(参数表);
```

如果友元函数是另一个类的成员函数，则在定义友元函数时要加上其所在类的类名。对友元函数的使用，和普通函数的使用方法一样，不需要在友元函数前面加上特殊标志，访问时在友元函数的前面加上自己的对象名即可。如果同一函数需要访问不同类的对象，那么最适用的方法是使它成为这些不同类的友元，关键字 friend 在函数定义中不能重复。

【例 4-30】 定义一个学生类 Student 和一个教师类 Teacher。在教师类中定义一个能修改学生成绩的友元函数。

程序如下：

```
/*ch04-30.cpp*/
#include<iostream>
#include<string>
#include<iomanip>
using namespace std;
class Student;                    //类的提前声明
class Teacher
{
public:
    Teacher(string ="",string ="");
    ~Teacher(){}
    void Show_Teacher();
    void SetScore(Student&,double);   //修改指定学生成绩
private:
    string num;
    string name;
};
```

```cpp
class Student
{
public:
    Student(string ="",string ="",double =0);
    ~Student(){}
    void Show_Student();
    friend void Teacher::SetScore(Student &stu,double s);        //声明为友元函数
private:
    string num;
    string name;
    double score;                         //成绩
};
Student::Student(string n1,string n2,double s):num(n1),name(n2),score(s)
{   }
void Student::Show_Student()
{
    cout<<setw(8)<<"num"<<setw(8)<<"name"<<setw(8)<<"score"<<endl;
    cout<<setw(8)<<num<<setw(8)<<name<<setw(8)<<score<<endl;
}
Teacher::Teacher(string n1,string n2):num(n1),name(n2)
{   }
void Teacher::Show_Teacher()
{
    cout<<setw(8)<<"num"<<setw(8)<<"name"<<endl;
    cout<<setw(8)<<num<<setw(8)<<name<<endl;
}
void Teacher::SetScore(Student &stu,double s)        //修改指定学生成绩
{
    stu.score=s;
}
int main()
{
    Teacher t("10488","张平");
    Student stu("201705123","吴芳",66);
    cout<<"修改之前："<<endl;
    stu.Show_Student();
    t.SetScore(stu,77);
    cout<<"修改之后："<<endl;
    stu.Show_Student();
```

```
        return 0;
    }
```
运行结果：

修改之前：

num　　　name　　　score

201705123　　　吴芳　　　66

修改之后：

num　　　name　　　score

201705123　　　吴芳　　　77

在 Teacher 类中使用到了 Student 类，但此时 Student 类还没有定义，而在 Student 类中我们又使用了 Teacher 类，解决这种交叉声明问题的方法是先进行类名声明，即可以先声明 Student 类，此时称之为**前向声明**类。Teacher 类的函数成员 SetScore 是用来修改学生成绩的，所以我们把它作为 Student 类的友元函数，从而可以直接访问到 Student 类的 private 成员 score。

友元函数一般在运算符重载时常用到，有关这方面的知识将在第 6 章介绍。

使用友元函数应注意以下几点：

(1) 友元函数必须在类中以关键字 friend 声明，其声明的位置可以在类的任何位置，即既可在 public 区也可在 private 区，意义完全一样。可以在类内实现，可以在类外实现，在类外实现时不再需要 friend 关键字。注意：友元函数不是函数成员，它是类的朋友，没有类域限定符。

(2) 一个类的友元函数与该类的内成员函数一样，享有对该类一切成员的访问权。

(3) 友元函数调用与一般函数的调用方式和原理一样。

(4) C++ 不允许将构造函数、析构函数和虚函数声明为友元函数。

(5) 在有些编译器中不支持 #include<iostream> 头文件，我们可以改为 #include<iostream.h>，这是由于某些编译器不兼容 C++ 新标准造成的。

2. 友元类

前面讲到，一个类的成员函数也可以是另一个类的友元。当一个类中的所有成员函数都是另一个类的友元的时候，我们可以定义整个类是另一个类的友元，此时该友元称为友元类。友元类的声明格式如下：

```
    friend class 友元类名；
```
说明：

(1) 友元类的声明同样可以出现在类声明中的任何位置。

(2) 友元类的所有成员函数将都成为友元函数。

例如，下面的代码是把整个 Teacher 类作为 Student 类的友元类，即 Teacher 类的所有的成员函数都可以访问 Student 类的所有成员。

【例 4-31】 将例 4-30 通过友元类实现。

程序如下：

```
    /*ch04-31.cpp*/
```

```cpp
#include<iostream>
#include<string>
#include<iomanip>
using namespace std;
class Student;                              //类的提前声明
class Teacher
{
public:
    Teacher(string ="",string ="");
    ~Teacher(){}
    void Show_Teacher();
    void SetScore(Student &,double);        //修改指定学生成绩
private:
    string num;
    string name;
};
class Student
{
public:
    Student(string ="",string ="",double =0);
    ~Student(){}
    void Show_Student();
    friend class Teacher;                    //声明类 Teacher 为友元类
private:
    string num;
    string name;
    double score;
};
Student::Student(string n1,string n2,double s):num(n1),name(n2),score(s)
{   }
void Student::Show_Student()
{
    cout<<setw(8)<<"num"<<setw(8)<<"name"<<setw(8)<<"score"<<endl;
    cout<<setw(8)<<num<<setw(8)<<name<<setw(8)<<score<<endl;
}
```

注意：

(1) 友元是单向的，即 Teacher 类是 Student 类的友元，不能说明 Student 类是 Teacher 类的友元，即 Student 类的成员函数不能访问 Teacher 类的私有成员。如果需要的话，则需在 Teacher 类中声明 Student 类为友元类。

(2) 友元关系不具有传递性。例如，类 A 是类 B 的友元，类 B 是类 C 的友元，类 C、类 A 之间如果没有声明，就没有任何友元关系，不能进行数据共享。

友元的提出方便了程序的编写，但是却破坏了数据的封装和隐蔽，它使得本来隐蔽的信息显现出来。为了提高程序的可维护性，应该尽量减少友元的使用，当不得不使用时，要尽量调用类的成员函数，而不是直接对类的数据成员进行操作。

本 章 小 结

面向对象程序设计通过抽象、封装、继承和多态使程序代码实现可重用和可扩展，从而提高软件的生产效率，减少软件开发和维护的成本。类是面向对象程序设计的核心，利用它可以实现数据和函数的封装、隐藏，通过它的继承与派生，能够实现对问题的深入的抽象描述。

设计类时应注意的问题

本章重点介绍了类的定义、类的成员的访问属性以及类的两种特殊的成员函数——构造函数和析构函数。

类实际上是一种用户自定义类型，其特殊之处在于它不仅包含数据，还包含了对数据进行操作的函数。访问属性控制着对类成员的访问权限，实现了数据隐藏。对象在定义时需要对其数据成员进行初始化，这些任务由构造函数来完成，而对象使用结束时，所需要进行的一些清理工作则由析构函数来进行。拷贝构造函数是一种特殊的构造函数，使用它可以用已有对象来初始化新对象。构造函数和析构函数均是由系统自动来调用的，析构函数的调用顺序和构造函数相反。

对象占有内存地址，可以指向对象的指针，使用对象指针可以方便地访问对象的成员，this 指针是一个隐含于每一个类的成员函数中的特殊指针，它用于指向正在被成员函数操作的对象。

静态成员是解决同一个类的不同对象之间的数据和函数的共享问题。静态数据成员可以取代全局变量。全局变量违背了面向对象程序设计的封装原则。要使用类的静态数据成员必须在 main()函数运行之前分配空间和初始化。使用静态成员函数，可以在实际创建任何对象之前初始化专有的静态数据成员。静态成员不与任何特定的对象相关联，它只与所属的类关联。

友元出现的目的是为了提高程序的运行效率，但友元也在一定程度上破坏了类的信息隐藏原则，一般建议在运算符重载时使用友元。在硬件性能发展如此迅速的今天，友元所贡献的程序效率越来越微不足道了，所以在使用友元的时候，要权衡利弊。

习 题 4

一、选择题(至少选一个，可以多选)

1. 以下不属于类访问权限的是(　　　)。

　　A. public　　　　　　B. static　　　　　　C. protected　　　　　　D. private

2. 有关类的说法不正确的是(　　　)。

　　A. 类是一种用户自定义的数据类型

　　B. 只有类的函数成员才能访问类的私有数据成员

　　C. 在类中，如不做权限说明，所有的数据成员都是公有的

　　D. 在类中，如不做权限说明，所有的数据成员都是私有的

3. 在类定义的外部，可以被任意函数访问的成员有(　　　)。

　　A. 所有类成员　　　　　　　　B. private 或 protected 的类成员

　　C. public 的类成员　　　　　　D. public 或 private 的类成员

4. 关于类和对象的说法(　　　)是错误的。

　　A. 对象是类的一个实例　　　B. 任何一个对象只能属于一个具体的类

　　C. 一个类只能有一个对象　　D. 类与对象的关系和数据类型与变量的关系相似

5. 设 MClass 是一个类，dd 是它的一个对象，pp 是指向 dd 的指针，cc 是 dd 的引用，则对成员的访问，对象 dd 可以通过()进行，指针 pp 可以通过()进行，引用 cc 可以通过(　　　)进行。

　　A. ::　　　　　　　　B. .　　　　　　　　C. &　　　　　　　　D. ->

6. 关于成员函数的说法中不正确的是(　　　)。

　　A. 成员函数可以无返回值　　　　　B. 成员函数可以重载

　　C. 成员函数一定是内联函数　　　　D. 成员函数可以设定参数的默认值

7. 下面对构造函数的不正确描述是(　　　)。

　　A. 系统可以提供默认的构造函数

　　B. 构造函数可以有参数，所以也可以有返回值

　　C. 构造函数可以重载

　　D. 构造函数可以设置默认参数

8. 假定 A 是一个类，那么执行语句 "A a, b(3), *p;" 调用了(　　　)次构造函数。

　　A. 1　　　　　　　　B. 2　　　　　　　　C. 3　　　　　　　　D. 4

9. 下面对析构函数的描述正确的是(　　　)。

　　A. 系统可以提供默认的析构函数　　　B. 析构函数必须由用户定义

　　C. 析构函数没有参数　　　　　　　　D. 析构函数可以设置默认参数

10. 类的析构函数是(　　　)时被调用的。

　　A. 类创建　　　B. 创建对象　　　C. 引用对象　　　D. 释放对象

11. 创建一个类的对象时，系统自动调用(　　　)；撤销对象时，系统自动调用(　　　)。

　　A. 函数成员　　　B. 构造函数　　　C. 析构函数　　　D. 复制构造函数

12. 通常拷贝构造函数的参数是(　　　)。

　　A. 某个对象名　　　　　　　　B. 某个对象的成员名

　　C. 某个对象的引用名　　　　　D. 某个对象的指针名

13. 关于 this 指针的说法正确的是(　　　)。

　　A. this 指针必须显式说明　　　B. 当创建一个对象后，this 指针就指向该对象

　　C. 成员函数拥有 this 指针　　　D. 静态成员函数拥有 this 指针

14. 下列关于子对象的描述中，(　　　)是错误的。

　　A. 子对象是类的一种数据成员，它是另一个类的对象

B. 子对象可以是自身类的对象

C. 对子对象的初始化要包含在该类的构造函数中

D. 一个类中能含有多个子对象作其成员

15. 对 new 运算符的下列描述中，(　　)是错误的。

　　A. 它可以动态创建对象和对象数组

　　B. 用它创建对象数组时必须指定初始值

　　C. 用它创建对象时要调用构造函数

　　D. 用它创建的对象数组可以使用运算符 delete 来一次释放

16. 对 delete 运算符的下列描述中，(　　)是错误的。

　　A. 用它可以释放用 new 运算符创建的对象和对象数组

　　B. 用它释放一个对象时，它作用于一个 new 所返回的指针

　　C. 用它释放一个对象数组时，它作用的指针名前须加下标运算符[ ]

　　D. 用它可一次释放用 new 运算符创建的多个对象

17. 关于静态数据成员，下面叙述不正确的是(　　)。

　　A. 使用静态数据成员，实际上是为了消除全局变量

　　B. 可以使用"对象名.静态成员"或者"类名 :: 静态成员"来访问静态数据成员

　　C. 静态数据成员只能在静态成员函数中引用

　　D. 所有对象的静态数据成员占用同一内存单元

18. 对静态数据成员的不正确描述是(　　)。

　　A. 静态成员不属于对象，是类的共享成员

　　B. 静态数据成员要在类外定义和初始化

　　C. 调用静态成员函数时要通过类或对象激活，所以静态成员函数拥有 this 指针

　　D. 只有静态成员函数可以操作静态数据成员

19. 下面的选项中，静态成员函数不能直接访问的是(　　)。

　　A. 静态数据成员　　　　　　　　　　B. 静态成员函数

　　C. 类以外的函数和数据　　　　　　　D. 非静态数据成员

20. 在类的定义中，引入友元的原因是(　　)。

　　A. 提高效率　　　　　　　　　　　　B. 深化使用类的封装性

　　C. 提高程序的可读性　　　　　　　　D. 提高数据的隐蔽性

21. 友元类的声明方法是(　　)。

　　A. friend class<类名>;　　　　　　　B. youyuan class<类名>;

　　C. class friend<类名>;　　　　　　　D. friends class<类名>;

22. 下面对友元的错误描述是(　　)。

　　A. 关键字 friend 用于声明友元

　　B. 一个类中的成员函数可以是另一个类的友元

　　C. 友元函数访问对象的成员不受访问特性影响

　　D. 友元函数通过 this 指针访问对象成员

23. 下面选项中，(　　)不是类的函数成员。

　　A. 构造函数　　　B. 析构函数　　　C. 友元函数　　　D. 拷贝构造函数

二、填空题

1. 类定义中关键字 _____、_____ 和 _____ 以后的成员的访问权限分别是私有、公有和保护。如果没有使用关键字，则所有成员默认定义为 private 权限。具有 public 访问权限的数据成员才能被不属于该类的函数所直接访问。

2. 定义成员函数时，运算符" :: "是 _____，"MyClass :: "用于表明其后的成员函数是在"MyClass 类"中说明的。

3. 在程序运行时，通过为对象分配内存来创建对象。在创建对象时，使用类作为样板，故称 _____ 为类的实例。

4. 假定 Dc 是一个类，则执行"Dc a [10]，b(2)"语句时，系统自动调用该类构造函数的次数为 _____。

5. 对于任意一个类，析构函数的个数最多为 ____ 个。

6. _____ 运算符通常用于实现释放该类对象中指针成员所指向的动态存储空间的任务。

7. C++ 程序的内存格局通常分为 4 个区，即 _____。

8. 数据定义为全局变量，破坏了数据的 _____；较好的解决办法是将所要共享的数据定义为类的 _____。

9. 静态数据成员和静态成员函数可由 _____ 许可的函数访问。

10. _____ 和 _____ 统称为友元。

11. _____ 的正确使用能提高程序的效率，但破坏了类的封装性和数据的隐蔽性。

12. 若需要把一个类 A 定义为一个类 B 的友元类，则应在类 B 的定义中加入一条语句：_____。

三、简答题

1. 类与对象有什么关系？类的实例化是指创建类的对象还是定义类？

2. 类定义的一般形式是什么？其成员有哪几种访问权限？

3. 什么是 this 指针？它的主要作用是什么？

4. 什么是缺省的构造函数？缺省的构造函数最多可以有多少个？

5. 什么是拷贝构造函数？拷贝构造函数主要用于哪些地方？

6. 什么是常数据成员？什么是常成员函数？解释下面类的定义中 const 的作用。

```
class C
{ public:
    void   set(const string& n)   { name=n; }
    const string& get() const { return name; }
  private:
    string name;
};
```

7. 简述静态数据成员与静态成员函数的特点。

8. 什么是友元函数？它和函数成员有什么不同？什么是友元类？

9. 如果类 A 是类 B 的友元，类 B 是类 C 的友元，那么类 A 是类 C 的友元吗？类 B

是类 A 的友元吗？类 C 是类 B 的友元吗？

四、找出下列代码段中的错误，并改正

1. class Point

    { …   //L1

    }   //L2

2. Point p1,p2;

    class Point

    { //…

    };

3. class Point   //L1

    { public: //L2

     void Draw( ) { /* …*/}   //L3

    //…   //L4

    };   //L5

    int main( )   //L6

    { Point p;   //L7

     Draw ( );   //L8

     p.Draw ( );   //L9

     //…

    }   //L10

4. class Point   //L1

    { public: //L2

     int getX( ) const   { return x; }   //L3

     int getY( ) const   { return y; }   //L4

    private: //L5

     int x;   //L6

     int y;   //L7

    };   //L8

   int main( )   //L9

   { Point   p;   //L10

     cout<<p.getX( ) <<p.getY ( )<<endl;   //L11

     //...

    }   //L12

5. class point   //L1

    { public: //L2

     Point (Point pobj);   //L3

     Point (Point pobj, int n);   //L4

     //…

```
};                                      //L5
6. class Point                          //L1
   { public:                            //L2
    Point ( ) {c=0; }                   //L3
    private:                            //L4
       const int c; //const data member //L5
   };                                   //L6
7. class Point                          //L1
   { public:                            //L2
    void Draw( ) { /*…*/}               //L3
    static void s( ) { /*…*/}           //L4
    //…                                 
   };                                   //L5
   int main( )                          //L6
   { Point p;                           //L7
    p. Draw( );                         //L8
    p.s( );                             //L9
    Point::s( );                        //L10
    Point::Draw( );                     //L11
    //…                                 
   }                                    //L12
8. class Point                          //L1
   { public:                            //L2
       static int x;    //declared      //L3
       void Draw( ) { /*…*/}            //L4
       //…                              
   };                                   //L5
   int main( )                          //L6
   {  int Point::x;                     //L7
     Point p;                           //L8
     p->m( );                           //L9
     //…                                
   }                                    //L10
   void f(Point& pr)                    //L11
   {  pr->m( ); ;                       //L12
   }                                    //L13
```

五、程序分析题(写出程序的输出结果，并分析结果)

1. #include<iostream>

```cpp
using namespace std;
class Test
{
public:
    Test();          //默认构造函数
    Test(int n);     //带一个参数的构造函数
private:
    int num;
};
Test :: Test()
{
    cout<<"Init defa"<<endl;
    num=0;
}
Test :: Test(int n)
{
    cout<<"Init"<<" "<<n<<endl;
    num=n;
}
int main()
{
    Test x[2];              //语句 1
    Test y(15);             //语句 2
    return 0;
}
```

2.
```cpp
#include<iostream>
using namespace std;
class Xx
{
public:
    Xx(int x){num=x; }      //构造函数
    ~Xx(){cout<<"dst "<<num<<endl; }        //析构函数
private:
    int num;
};
int main()
{   Xx w(5); // 语句 1
    cout<<"Exit main"<<endl; // 语句 2
    return 0;
```

```
    }
3． #include<iostream>
    using namespace std;
    class    Book
    {
    public:
        Book(int w);
        static int sumnum;
    private:
        int num;
    };
    Book :: Book(int w)
    {    num=w;
        sumnum-=w;
    }
    int Book :: sumnum=120; // 语句 1
    int main()
    {    Book b1(20); // 语句 2
        Book b2(70); // 语句 3
        cout<<Book :: sumnum<<endl;
        return 0;
    }
```

六、程序设计题

1．设计一个立方体类 Box，它能计算并输出立方体的体积和表面积。其中 Box 类包含三个私有数据成员 a(立方体边长)、volume(体积)和 area(表面积)，另有两个构造函数以及 seta()(设置立方体边长)、getvolume()(计算体积)、getarea( )(计算表面积)和 disp()(输出结果)。

2． 下面是一个类的测试程序，设计出能使用如下测试程序的类。

```
    int main( )
    {    Test a;
        a.init(10,20);
        a.print( );
        return 0;
    }
```

3．编写一个程序，设计一个点类 Point，求两个点之间的距离。

4．声明一个 Dog 类，存在一个静态数据成员 countofdogs，记录 Dog 类对象的个数；静态成员函数 getCount()，存取 countofdogs。设计程序测试 Dog 类，体会静态数据成员和静态成员函数的用法。

5． 为 Complex 类设计一个友元函数 add，从而实现两个 Complex 类对象的相加。

第 5 章　继　　承

本章要点

● 　掌握继承与派生的概念与定义方法；

● 　熟悉运用继承机制对现有的类进行重用；

● 　掌握继承中的构造函数与析构函数的调用顺序；

● 　了解用构造函数初始化派生类；

● 　掌握多继承时的二义性问题；

● 　熟悉虚基类的概念与使用方法。

　　在第 4 章中介绍了类和对象的概念和应用。类可以把数据和操作封装在一个类体中，使一个对象成为一个独立的实体。对象是类的一个实例。如果将对象比作房子，那么类就是房子的设计图纸，所以面向对象设计的重点是类的设计，而不是对象的设计。对于 C++ 程序而言，设计孤立的类是比较容易的，难的是正确设计基类及其派生类。

　　继承是面向对象程序设计中最重要的机制。面向对象程序设计的继承机制提供了无限重复利用程序资源的一种途径。通过 C++ 语言中的继承机制，可以扩充和完善旧的程序设计以适应新的需求，这样不仅可以节省程序开发的时间和资源，而且为未来程序设计增添了新的资源。

　　继承机制为描述客观世界的层次关系提供了直观、自然和方便的描述手段，定义的新类可以直接继承类库中定义的或其他人定义的高质量的类，而新的类又可以成为其他类设计的基础，这样软件重用就变得更加方便、自然。

　　本章围绕派生过程，着重讨论了不同继承方式下的基类成员的访问控制问题和构造函数、析构函数调用顺序问题；还讨论了多继承下的二义性问题以及使用虚基类解决二义性的方法。

5.1　类的继承与派生概念

　　继承是软件复用的一种形式，它是在现有类的基础上建立新类，新类继承了现有类的属性和方法，并且还拥有其特有的属性和方法。继承的过程称为派生，新建的类称为派生类(Derived class)或子类(Sub class)，原有的类称为基类(Base class)或父类(Super class)。

　　类的继承和派生，可以说是人们对自然界中的事物进行分类、分析和认识过程在程序设计中的体现。现实世界中的事物是相互联系、相互作用的，人们在认识的过程中，根据它们的实际特征，抓住其共同特性和细小差别，利用分类的方法进行分析和描述。比如交通工具的分类，如图 5-1 所示。交通工具分类层次图反映了交通工具的派生关系，最高层是抽象程度最高的，是最具有普遍和一般意义的概念，下层具有了上层的特性，同时加入了自己的新特性，而最下层是最为具体的。在这个层次结构中，由上而下是一个具体化、特殊化的过程；由下而上是一个抽象化的过程。上下层之间的关系就可以看做是基类与派生类的关系。

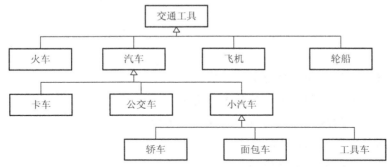

图 5-1　交通工具分类层次图

把继承关系引入程序设计的目的是希望复用过去定义的类，把过去定义的类作为基类，然后进一步详细地描述派生的事物。继承就是让派生类继承基类的属性和操作，派生类可以声明新的属性和操作，还可以剔除那些不适合其用途的基类操作。在新的应用中，基类的代码已经存在无须修改。所要做的就是从基类派生子类，并在子类中增加和修改。所以继承实现了比过程重用规模更大的重用，是已经定义的良好的类的重用。

1. 继承的种类

每一个派生类都有且仅有一个基类，派生类可以看做是基类的特例，它增加了某些基类所没有的性质。这种继承方式，称为单继承或单向继承。

多继承即一个派生类可以有多个基类，它继承了多个基类的特性。多继承可以看做是单继承的扩展，派生类与每个基类之间的关系仍可看做是一个单继承，如图 5-2 所示。键盘、鼠标和显示器都继承于设备，属于单继承。圆柱体既从圆继承又从柱体继承，属于多继承。

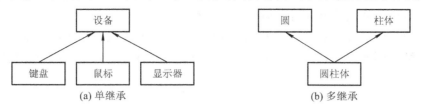

图 5-2　单继承和多继承

2. 继承机制的特点

通过继承机制，可以利用已有的数据类型来定义新的数据类型，所定义的新的数据类型不仅拥有新定义的成员，而且同时还拥有旧的成员。继承使基类和派生类之间有了层次关系，并形成了类的树状结构。一个类可以单独存在，既不从其他类继承，也不被其他类继承。但一旦使用继承机制定义一个类时，它就成为树状结构中的一个结点，它既可以作为基类被其他类继承，为派生类提供共同的属性和行为，也可以作为派生类从其他的类继承它们的属性和行为。

C++ 的继承关系有以下几个特点：

(1) 一个派生类可以有一个或多个基类。只有一个基类时，称为单一继承；有多个基类时，称为多继承。

(2) 继承关系可以是多级的，即可以有类 Y 继承自类 X 和类 Z 继承自类 Y 同时存在。

(3) 不允许继承循环，例如，不能有类 Y 继承自类 X、类 Z 继承自类 Y 和类 X 继承自类 Z 同时存在。

(4) 基类中能够被继承的部分只能是公有成员和保护成员(具体概念将在后面介绍)，私有成员不能被继承。

5.2 基类与派生类

5.2.1 派生类的声明

1. 单继承的定义

单继承的定义格式如下：

```
class<派生类名>:<继承方式><基类名>
{
    <派生类新定义成员>;
};
```

说明：

(1) 在派生类的定义中，继承方式只限定紧跟其后的那个基类。如果不显示给出继承方式，系统默认为私有继承。

(2) 派生方式关键字为 private、public 和 protected，分别表示私有继承、公有继承和保护继承。缺省的继承方式是私有继承。继承方式规定了派生类成员和类外对象访问基类成员的权限。

(3) 派生类新定义的成员是指继承过程中新增加的数据成员和成员函数。通过在派生类中新增加成员实现功能的扩充。

【例 5-1】 在普通的时钟类 Clock 基础上派生出闹钟类 AlarmClock。

程序如下：

```cpp
/*ch5-1.cpp*/
#include<iostream>
using namespace std;
class Clock
{
  private:
      int H,M,S;
  public:
      void SetTime(int H=0,int M=0,int S=0);
```

```
        void ShowTime();
        Clock(int H=0,int M=0,int S=0);
        ~Clock();
    };
class AlarmClock: public Clock
{
    private:
        int AH,AM;                      //响铃的时间
        bool OpenAlarm;                 //是否关闭闹钟
    public:
        SetAlarm(int AH, int AM);       //设置响铃时间
        SwitchAlarm(bool Open=true);    //打开/关闭闹铃
        ShowTime();                     //显示当前时间与闹铃时间
    };
Clock::ShowTime();
        cout<<"响铃时间:"<<AH<<":"<<AM<<endl;
        }
    };
    int main(){
        AlarmClock aclock;
        aclock.SetTime(10,10,10);
        aclock.SetAlarm(12,30);
        aclock.ShowTime();
    }
```

派生类 AlarmClock 的成员构成图如图 5-3 所示。

类　名	成　员　名	
AlarmClock::	Clock::	H，M，S
		SetTime()
		ShowTime()
	AH，AM，OpenAlarm	
	SetAlarm()	
	SwitchAlarm()	
	ShowTime()	
	AlarmClock()	

图 5-3　派生类 AlarmClock 的成员构成图

2. 多继承的定义

多继承可以看做是单继承的扩充，它是指由多个基类派生出一个类的情形。

多继承的定义格式如下：

```
class 派生类名：继承方式 1　基类名 1, 继承方式 2　基类名 2,...{
    private:
        派生类的私有数据和函数
    public:
        派生类的公有数据和函数
    protected:
        派生类的保护数据和函数
};
```

由定义格式可见，多继承与单继承的区别从定义格式上看，主要是多继承的基类多于一个。每一个继承方式对应的是紧接其后给出的基类。必须给每个基类指定一种此派生类从这个基类继承的继承方式，如果缺省，相应的继承方式则为私有继承，而不是和前一个基类取相同的继承方式，因为 C++ 中默认的是私有继承。比如：

```
class A
{
    ...
};
class B
{
    ...
};
class C:public A,B
{
    ...
};
```

说明：类 C 既从类 A 公有继承，又从类 B 私有继承。public 继承方式并不作用于类 B。类 B 前面缺省继承方式，默认的继承方式是私有继承。

5.2.2　派生类的生成过程

派生新类的这个过程实际经历了 3 个步骤：吸收基类成员、改造基类成员和添加新的成员。面向对象的继承和派生机制，其主要目的是实现代码重用和扩充。因此吸收基类成员就是一个重用的过程，而对基类成员的改造以及添加新的成员就是对原有代码的扩充过程，二者是相辅相成的。下面以前面的例 5-1 为例分别对这几个步骤进行解释。

1. 吸收基类成员

基类的成员除了构造函数、析构函数和私有成员外全部被派生类继承，作为派生类成员的一部分。如：例 5-1 中 Clock 类中的数据成员 H、M、S, 成员函数 SetTime()、ShowTime()

都被派生类 AlarmClock 继承，成为派生类 AlarmClock 的成员。

2. 改造基类成员

派生类根据实际情况对继承自基类的某些成员进行限制和改造。对基类成员的访问限制主要通过继承方式来实现；对基类成员的改造主要通过**同名覆盖**来实现，即在派生类中定义一个与基类成员同名的新成员(如果是成员函数，则函数参数表也必须相同，否则，C++会认为是函数重载)。当通过派生类对象调用该成员时，C++将自动调用派生类中重新定义的同名成员，而不会调用从基类中继承来的同名成员，这样派生类中的新成员就"覆盖"了基类的同名成员。由此可见，派生类中的成员函数具有比基类中同名成员函数更小的作用域。如：AlarmClock 类中的成员函数 ShowTime()覆盖了继承自基类 Clock 中的同名成员函数 ShowTime()。

3. 添加新成员

派生类新成员的加入是继承与派生机制的核心，是保证派生类在功能上有所发展的关键。派生类在继承基类成员的基础之上，根据派生类的实际需要，增加一些新的数据成员和函数成员来实现必要的新功能。如：AlarmClock 添加了数据成员 AH、AM、OpenAlarm，成员函数 SetAlarm()、SwitchAlarm()。

例 5-1 程序说明了一个事实：C++的"继承"特性可以提高程序的可复用性。正因为"继承"既很有用，又很容易用，所以要防止乱用"继承"。继承之间应遵循以下 3 项原则：

(1) 如果类 A 和类 B 毫不相关，不可以为了使 B 的功能更多些而让 B 继承 A 的功能和属性。

(2) 若在逻辑上 B 是 A 的"一种"(a kind of)，则允许 B 继承 A 的功能和属性。例如男人(Man)是人(Human)的一种，男孩(Boy)是男人的一种。那么类 Man 可以从类 Human 派生，类 Boy 可以从类 Man 派生。

(3) 继承的概念在程序世界与现实世界并不完全相同，若在逻辑上 B 是 A 的"一种"，并且 A 的所有功能和属性对 B 而言都有意义，则允许 B 继承 A 的功能和属性。

5.2.3　继承方式和派生类的访问权限

类的继承方式有公有继承(public)、私有继承(private)和保护继承(protected)三种。不同的继承方式导致原来具有不同访问属性的基类成员在派生类中的访问属性也有所不同。这里说的访问来自两个方面：一是派生类的新增成员对从基类继承的成员的访问；二是在派生类外部，通过派生类的对象对从基类继承的成员的访问。下面分别进行讨论：

1. 公有继承(public)

若在定义派生类时，继承方式为 public，则为公有继承。公有继承时，基类中所有成员在派生类中保持各个成员的访问权限不变。具体访问权限如下：

(1) 基类中 public 成员在派生类仍保持为 public 成员，所以在派生类内、外都可直接使用这些成员。

(2) 基类中 private 成员属于基类私有成员，所以在派生类内、外都不能直接使用这些成员。只能通过该基类公有或保护成员函数间接使用基类中的私有成员。

(3) 基类中 protected 成员可在派生类中直接使用，但在派生类外不可直接访问这类成员，必须通过派生类的公有或保护成员函数或基类的成员函数才能访问。下面举例说明如下：

【例 5-2】 用学生档案类 Student 公有派生学生成绩类 Score。讨论基类中公有、私有与保护数据成员在派生类中的访问权限。

程序如下：

```cpp
/*ch05-2.cpp*/
#include <iostream>
using namespace std;
class Student{
    private:
        int No;                              //定义 No 为私有数据成员
    protected:
        int Age;                             //定义 Age 为保护的数据成员
        void SetNo(int no)    {this->No=no; } //设置 No 的公有成员函数
        void SetAge(int age) {this->Age=age; } //设置 Age 的公有成员函数
        void SetSex(char sex) {this->Sex=sex; } //设置 Sex 的公有成员函数
    public:
        char Sex;                            //定义 Sex 为公有数据成员
        int    GetNo( )const{ return No; }    //返回 No 的公有成员函数
        int    GetAge( )const{ return Age; }  //返回 Age 的公有成员函数
        char GetSex( )const{ return Sex; }   //返回 Sex 的公有成员函数
        void Show( )                         //显示 No、Age、Sex 的公有成员函数
        {   cout<<"No="<<No<<'\t'<<"Age="<<Age<<'\t'<<"Sex="<<Sex<<endl; }
        void SetStudent(int no,int age,char sex){       //设置 Student 的数据成员
            SetNo(no);
            SetAge(age);
            SetSex(sex);
        }
};
class Score : public Student              //派生类 Score 公有继承自基类 Student
{ private:
        int Phi,Math;                        //定义类 Score 的私有数据成员
    public:
        SetPhi(int Phi) {this->Phi=Phi; }    //设置 Phi 的公有成员函数
        SetMath(int Math) {this->Math=Math; } //设置 Math 的公有成员函数
        void Show( )                         //覆盖了继承自基类的 Show() 成员函数
        {   cout<<"No="<<GetNo( )<<'\t'<<"Age="<<Age<<'\t'<<"Sex="<<Sex<<
            '\t'<<"Phi="<<Phi<<'\t'<<"Math="<<Math<<endl;
        }
};
```

```
int main( ){
    Score s ;                          //用类 Score 定义一个对象 s
    s.SetStudent(101,20,'M');          //对象 s 调用基类公有函数 SetStudent()
    s.SetPhi(90);                      //对象 s 调用自己的公有函数 SetPhi()
    s.SetMath(80);                     //对象 s 调用自己的公有函数 SetMath()
    s.Show( );                         //对象 s 调用自己的公有函数 Show()
    cout<<"No="<<s.GetNo( )<<'\t'<<"Age="<<s.GetAge()<<'\t'
    <<"Sex="<<s.Sex<<endl;
    return 0;
}
```

程序执行后输出：

No=101　　Age=20　　Sex=M　Phi=90　　Math=80

No=101　　Age=20　　Sex=M

对上面的程序说明如下：

(1) 派生新类 Score 的这个过程经历的 3 个步骤：派生类 Score 从基类 Student 中继承了所有的公有和保护型数据成员和成员函数；对基类函数成员 Show()通过同名覆盖进行了改造；添加了 Phi、Math 两个数据成员以及 SetPhi 和 SetMath 两个成员函数。

(2) 基类 Student 中的私有数据成员 No 在派生类 Score 中不能直接使用，而只能通过其公有接口函数 GetNo( )访问。如派生类 Score 的成员函数 Show()中：

```
void Show(   )
{   cout<<"No="<<GetNo( )<<'\t'<<"Age="<<Age<<'\t'<<"Sex="<<Sex<<
    '\t'<<"Phi="<<Phi<<'\t'<<"Math="<<Math<<endl;
}
```

从此函数中还可看出，基类中保护数据成员 Age 与公有数据成员 Sex 在派生类中可直接使用。

(3) 保护数据成员 Age 在派生类与基类之外不能直接使用。如从主函数 main()中显示数据成员的语句：

```
cout<<"No="<<s.GetNo( )<<'\t'<<"Age="<<s.GetAge()<<'\t'<<"Sex="<<s.Sex<<endl;
```

中可以看出基类中私有成员 No 与保护成员 Age 在派生类外不能直接引用，而必须要通过接口函数才能访问。若将 s.GetNo()改为 s.No 或将 s.GetAge()改为 s.Age，则编译时会出错。

(4) 基类中的成员函数 SetNo、SetAge、SetSex 都是保护型的，在派生类对象中也不能直接调用，而要通过基类提供的公有接口 SetStudent 来调用。

(5) 在 main 函数中通过 Score 对象 s 调用 Show()成员函数时，因为同名覆盖，基类中成员函数 Show()被屏蔽，实际调用的是派生类 Score 中的 Show()函数。

2. 私有继承(private)

若在定义派生类时，继承方式为 private 则为私有继承。在私有继承时，基类中的公有成员和保护成员都以私有成员身份被派生类继承，而基类的私有成员在派生类中不可以直接访问。

经过私有继承后：

(1) 基类中公有成员在派生类变为私有成员，在派生类内可以使用，而在派生类外不能直接使用。

(2) 基类中保护成员在派生类变为私有成员，在派生类内可以使用，而在派生类外不能直接使用。

(3) 基类中私有成员在派生类内、外都不能直接使用，必须通过基类公有接口使用。

经过私有继承后，所有的基类成员都成为了派生类的私有成员或不可直接访问的成员，如果进一步派生的话，基类的全部成员就无法在新的派生类中被直接访问。因此，私有继承之后，基类的成员再也无法在以后的派生类中直接发挥作用，实际上相当于终止了基类功能的继续派生，出于这个原因，一般情况下私有继承使用的比较少。

【例 5-3】 用学生档案类 Student 私有派生学生成绩类 Score。讨论基类中公有、私有与保护数据成员在派生类中的访问权限。

程序如下：

```cpp
/*ch05-3.cpp*/
#include <iostream>
using namespace std;
class Student
{ private:
    int No;                                   //定义 No 为私有数据成员
  protected:
    int Age;                                  //定义 Age 为保护的数据成员
    void SetNo(int no)    {this->No=no; }     //设置 No 的公有成员函数
    void SetAge(int age) {this->Age=age; }    //设置 Age 的公有成员函数
    void SetSex(char sex) {this->Sex=sex; }   //设置 Sex 的公有成员函数
  public:
    char Sex;                                 //定义 Sex 为公有数据成员
    int    GetNo( )const{ return No; }        //返回 No 的公有成员函数
    int    GetAge( )const{ return Age; }      //返回 Age 的公有成员函数
    char GetSex( )const{ return Sex; }        //返回 Sex 的公有成员函数
    void Show( )                              //显示 No、Age、Sex 的公有成员函数
    {  cout<<"No="<<No<<'\t'<<"Age="<<Age<<'\t'<<"Sex="<<Sex<<endl; }
    void SetStudent(int no,int age,char sex)  //设置 Student 的数据成员
    {
      SetNo(no);
      SetAge(age);
      SetSex(sex);
    }
};
class Score : private Student {               //派生类 Score 私有继承自基类 Student
```

```
    private:
        int Phi,Math;                    //定义类 Score 的私有数据成员
    public:
        SetPhi(int Phi) {this->Phi=Phi; }    //设置 Phi 的公有成员函数
        SetMath(int Math) {this->Math=Math; } //设置 Math 的公有成员函数
        void Show( )                     //覆盖了继承自基类的 Show()
        {
            cout<<"No="<<GetNo( )<<'\t'<<"Age="<<Age<<'\t'<<"Sex="<<Sex<<
                '\t'<<"Phi="<<Phi<<'\t'<<"Math="<<Math<<endl;
        }
        void Set(int no,int age,char sex){
            SetStudent(no,age,sex);
        }
};
int main(   )
{
    Score s ;                    //用类 Score 定义一个对象 s
    s.Set(101,20,'M');           //对象 s 调用基类公有函数 SetStudent()
    s.SetPhi(90);                //对象 s 调用自己的公有函数 SetPhi()
    s.SetMath(80);               //对象 s 调用自己的公有函数 SetMath()
    s.Show( );                   //对象 s 调用自己的公有函数 Show()
    return 0;
}
```

对以上程序说明如下：

(1) 基类的公有成员函数 SetStudent(int,int,char)被派生类私有继承之后变成了私有的成员函数，在 main 函数中不可以再通过 Score 的对象 s 直接调用。而只能通过调用 Score 类的公共接口 Set(int,int,char)来实现。

(2) 例 5-2 中 main 函数中的语句：

```
    cout<<"No="<<s.GetNo( )<<'\t'<<"Age="<<s.GetAge()<<'\t'<<"Sex="<<s.Sex<<endl;
```

在私有继承下会出现编译错误，因为基类 Student 的成员函数 GetNo( )和 GetAge()被私有继承后都变成 Score 类的私有成员函数了。只能通过在 Score 类内部的 Show()成员函数进行调用：

```
    void Show( ) {
        cout<<"No="<<GetNo( )<<'\t'<<"Age="<<Age<<'\t'<<"Sex="<<Sex<<
            '\t'<<"Phi="<<Phi<<'\t'<<"Math="<<Math<<endl;    }
```

而不能在 main 函数中通过类 Score 的对象 s 进行调用。

3. 保护继承(protected)

保护继承的特点是基类的所有公有成员和保护成员都作为派生类的保护成员，并且只

能被它的派生类成员函数或友元访问，基类的私有成员仍然是不能被直接访问。

将上述 3 种不同的继承方式的基类特性与派生类特性列出表格，见表 5-1。

表 5-1 不同继承方式的基类和派生类特性

继承方式	基类特性	派生类特性
公有继承	public	public
	protected	protected
	private	不可访问
私有继承	public	private
	protected	private
	private	不可访问
保护继承	public	protected
	protected	protected
	private	不可访问

为了进一步理解 3 种不同的继承方式在其成员的可见性方面的区别，下面从 3 个不同角度进行讨论。

1) 对于公有继承方式

(1) 基类成员对于基类对象的可见性：公有成员可见，其他成员不可见。这里保护成员同于私有成员，对于基类对象不可见。

(2) 基类成员对于派生类的可见性：公有成员和保护成员可见，而私有成员不可见。这里保护成员同于公有成员，在派生类中可见。

(3) 基类成员对于派生类对象的可见性：公有成员可见，其他成员不可见。这里保护成员同于私有成员，对于派生类对象不可见。

所以，在公有继承时，派生类对象可以访问基类中的公有成员；派生类的成员函数可以访问基类中的公有成员和保护成员。这里，一定要区分清楚派生类的对象和派生类的成员函数对基类的访问是不同的。

2) 对于私有继承方式

(1) 基类成员对于基类对象的可见性：公有成员可见，其他成员不可见。

(2) 基类成员对于派生类的可见性：公有成员和保护成员是可见的，而私有成员是不可见的。

(3) 基类成员对于派生类对象的可见性：所有成员都是不可见的。

所以，在私有继承时，基类的成员只能由直接派生类访问，而无法再往下继承。

3) 对于保护继承方式

这种继承方式和私有继承方式的情况相同。两者的区别发生在派生类作为新的基类继续派生时。假如 Rectangle 类以私有继承的方式继承了 Point 类之后，Rectangle 类又派生出 Square 类，那么 Square 类的成员和对象都不能访问间接从 Point 类中继承来的成员。但是如果 Rectangle 类以保护继承的方式继承了 Point 类，那么 Point 类中的公有和保护成员在 Rectangle 类中都是保护成员。Rectangle 类再派生出 Square 类后，Point 类中的公有和保护成员被 Square 类间接继承后，有可能是保护的或者是私有的(视从 Rectangle 到 Square 类的派生方式不同)。因而 Square 类的成员可以访问从 Point 类间接继承来的成员。

【例 5-4】 保护继承。

程序如下：

```
/*ch05-4.cpp*/
#include <iostream>
using namespace std;
class Point
{
public:
    fun1(){cout<<"Point 类中的公有成员函数"<<endl; };
protected:
    fun2(){cout<<"Point 类中的保护成员函数"<<endl; };
};
class Rectangle:protected Point        //Rectangle 类保护继承自基类 Point 类
{
    //Rectangle 新添加的成员
};
class Square:public Rectangle          //Square 类公有继承自基类 Rectangle 类
{
public:
    fun(){                             //调用从 Point 间接继承而来的成员函数 fun1 和 fun2
        fun1();
        fun2();
    }
};
int main(   )
{
    Square s;
    s.fun();
    return 0;
}
```

从上面的程序可以看出：基类 Point 被 Rectangle 类保护继承，然后 Square 类又从 Rectangle 类公有继承，通过调试程序，我们会发现保护继承再进一步的派生过程中没有完全中止基类的功能。

提示：无论哪种继承方式，基类中的私有成员在派生类中都是不可访问的。这与私有成员的定义是一致的，符合数据封装的思想。

对于单个类来讲，私有成员与保护成员没有什么区别。从继承的访问规则角度来看，保护成员具有双重角色：在类内层次中，它是公有成员；在类外，它是私有成员。由于保护成员具有这种特殊性，所以如果合理地利用，就可以在类的层次关系中为共享访问与成员隐藏之间找到一个平衡点，既能实现成员隐藏，又能方便继承，从而实现代码的高效重用和扩充。

5.3 派生类的构造函数与析构函数

使用派生类建立一个派生类对象时，所产生的基类对象依附于派生类的对象中。如果派生类新增成员中还包括有内嵌的其他类对象，派生类对象的数据成员中，实际上还间接包括了这些对象的数据成员，因此，构造派生类的对象时，要对基类数据成员、新增数据成员和成员对象的数据成员进行初始化。

5.3.1 派生类的构造函数

在派生类对象的成员中，从基类继承来的成员被封装为基类子对象，它们的初始化由派生类的构造函数隐含调用基类构造函数进行初始化；内嵌成员对象则隐含调用成员类的构造函数进行初始化；派生类新增的数据成员由派生类在自己定义的构造函数中进行初始化。

成员对象

声明了派生类，就可以进一步声明该类的对象用于解决问题。对象在使用之前必须初始化，对派生类的对象初始化时，需要对该类的数据成员赋初值。派生类的数据成员是由所有基类的数据成员与派生类新增的数据成员共同组成的，基类的构造函数并没有继承下来，要完成这些工作，就必须给派生类添加新的构造函数。派生类的构造函数需要以合适的初值作为参数，隐含调用基类和新增的内嵌对象成员的构造函数，来初始化它们各自的数据成员，然后再加入新的语句对新增普通数据成员进行初始化。

派生类构造函数的格式：

派生类名(参数总表): 基类名 1(参数表 1),…,基类名 m (参数表 m),
成员对象名 1(成员对象参数表 1),…,成员对象名 n(成员对象参数表 n)
{
派生类新增成员的初始化；
}

"基类名 1(参数表 1),…,基类名 m (参数表 m)"称为基类成员的初始化表。

"成员对象名 1(成员对象参数表 1),…,成员对象名 n(成员对象参数表 n)"称为成员对象的初始化表。

基类成员的初始化表与成员对象的初始化表构成派生类构造函数的初始化表。

在派生类构造函数的参数总表中，需要给出基类数据成员的初值、成员对象数据成员的初值、新增一般数据成员的初值。

在参数总表之后，列出需要使用参数进行初始化的基类名、成员对象名及各自的参数表，各项之间使用逗号分隔。

基类名、对象名之间的次序无关紧要，它们各自出现的顺序可以是任意的。在生成派生类对象时，程序首先会使用这里列出的参数，调用基类和成员对象的构造函数。

如果基类定义了带有形参表的构造函数时，派生类就应当定义构造函数，提供一个将参数传递给基类构造函数的途径，保证在基类进行初始化时能够获得必要的数据。如果基类没有定义构造函数，派生类也可以不定义构造函数，全部采用默认的构造函数，这时新增成员的初始化工作可以用其他公有成员函数来完成。

派生类构造函数执行的一般次序如下：

(1) 调用基类的构造函数，如果继承自多个基类时，调用顺序按照它们被继承时声明的顺序(从左向右)。

(2) 对派生类新增的成员对象初始化，调用顺序按照它们在类中声明的顺序。

(3) 执行派生类的构造函数体中的内容。

【例 5-5】　单继承机制下构造函数的调用顺序。

程序如下：

```cpp
/*ch05-5.cpp*/
#include <iostream>
using namespace std;
class Baseclass
{
 public:
    Baseclass(int i)                          //基类的构造函数
     {
        a=i;
        cout<<"constructing Baseclass a=" <<a<<endl;
     }
 private:
        int a;
};
class Derivedclass:public Baseclass
{
 public:
        Derivedclass(int i,int j);
 private:
        int b;
};
Derivedclass::Derivedclass(int i,int j):Baseclass(i)          //派生类的构造函数
{   b=j;
        cout<<"constructing Derivedclass b="<<b<<endl;
}
int main()
{   Derivedclass x(5,6);
        return 0;
}
```

程序输出结果：

constructing Baseclass a=5

constructing Derivedclass b=6

程序说明：当建立 Derivedclass 类对象 x 时，先要调用基类 Baseclass 的构造函数，把形参 i(值为 5)传递到基类 Baseclass 的构造函数，对它的私有数据成员 a 初始化，输出"constructing Baseclass a=5",然后执行派生类 Derivedclass 的构造函数，为其数据成员 b 初始化，输出"constructing Derivedclass b=6"。

【例 5-6】 派生类新增的数据中有成员对象时，其构造函数的调用顺序。

程序如下：

```
/*ch05-6.cpp*/
#include <iostream>
using namespace std;
class Base1//基类
{
public:
    Base1(int i)          //类 Base1 的构造函数
    {
        a=i;
        cout<<"constructing Base1 a=" <<a<<endl;
    }
private:
    int a;
};
class Base2              //成员对象 f 所属类
{
public:
    Base2(int i)          //成员对象 f 所属类的构造函数
    {
        b=i;
        cout<<"constructing Base2 b=" <<b<<endl;
    }
private:
    int b;
};
class Base3              //成员对象 g 所属类
{
public:
    Base3(int i)          //成员对象 g 所属类的构造函数
    {
```

```
            c=i;
            cout<<"constructing Base3 c=" <<c<<endl;
        }
    private:
        int c;
    };
    class Derivedclass:public Base1      //派生类 Derivedclass 公有继承自 Base1
    {
    public:
        Derivedclass(int i,int j,int k,int m);
        //派生类 Derivedclass 的构造函数
    private:
        int d;
        Base2 f;                    // f 是类 Base2 的对象，是 Derivedclass 类的成员对象
        Base3 g;                    // g 是类 Base3 的对象，是 Derivedclass 类的成员对象
    };
    Derivedclass::Derivedclass(int i,int j,int k,int m):Base1(i),g(j),f(k)
    {   d=m;
        cout<<"constructing Derivedclass d="<<d<<endl;
    }
    int main()
    {   Derivedclass x(5,6,7,8);
        return 0;
    }
```

程序输出结果：

```
    constructing Base1 a=5
    constructing Base2 b=7
    constructing Base3 c=6
    constructing Derivedclass d=8
```

程序说明：

(1) 该程序中，定义了 4 个类：Base1 类、Base2 类、Base3 类和 Derivedclass 类。其中，类 Derivedclass 是 Base1 类的派生类，继承方式为公有继承。Base2 类和 Base3 类是类 Derivedclass 的成员对象 f 和 g 所在的类。

(2) 派生类 Derivedclass 的构造函数的定义如下：

```
    Derivedclass::Derivedclass(int i,int j,int k,int m):Base1(i),g(j),f(k)
    {
        d=m;
        cout<<"constructing Derivedclass d="<<d<<endl;
    }
```

其中，总参数表中有 4 个 int 型参数，即 i、j、k 和 m，分别用来初始化基类中的数据成员、初始化类 Derivedclass 中成员对象 g、f 和初始化类 Derivedclass 中的数据成员 d。在该派生类构造函数的成员初始化列表中有 3 项，它们之间用逗号隔开。

(3) 当建立 Derivedclass 类对象 x 时，分三步进行：第一，先调用基类 Base1 的构造函数，输出 "constructing Base1 a=5"。第二，调用成员对象所在类的构造函数。因为在类 Derivedclass 类的定义中，先声明了对象 f，再声明了对象 g，所以先调用成员对象 f 所在类 Base2 的构造函数，输出 "constructing Base2 b=7"；再调用成员对象 g 所在的类 Base3 的构造函数，输出 "constructing Base3 c=6"。第三，最后执行派生类 Derivedclass 的构造函数，输出 "constructing Derivedclass d=8"。

注意：成员对象 f 和 g 的调用顺序取决于它们在派生类中被声明的顺序，与它们在成员初始化列表中的顺序无关。

【例 5-7】 多继承方式下构造函数的调用顺序。

程序如下：

```cpp
/*ch05-7.cpp*/
#include <iostream>
using namespace std;
class Base1//基类 Base1
{
public:
    Base1(int i)                    //基类 Base1 的构造函数
    {
        a=i;
        cout<<"constructing Base1 a=" <<a<<endl;
    }
private:
    int a;                          //基类 Base1 的数据成员
};
class Base2                         //基类 Base2
{
public:
    Base2(int i)            //基类 Base2 构造函数
    {
        b=i;
        cout<<"constructing Base2 b=" <<b<<endl;
    }
private:
    int b;                          //基类 Base2 的数据成员
};
class Derivedclass:public Base1,public Base2
```

```
//派生类 Derivedclass 先公有继承自 Base1 类，再公有继承自 Base2 类
{
public:
    Derivedclass(int i,int j,int k);          //派生类 Derivedclass 的构造函数
private:
    int c;                                    //派生类 Derivedclass 的数据成员
};
Derivedclass::Derivedclass(int i,int j, int c):Base2(i),Base1(j)
// 派生类的构造函数
{   this->c=c;
    cout<<"constructing Derivedclass c="<<c<<endl;
}
int main()
{   Derivedclass x(5,6,7);
    return 0;
}
```

程序执行后输出：

```
constructing Base1 a=6
constructing Base2 b=5
constructing Derivedclass c=7
```

对上面的程序说明如下：

(1) 派生类 Derivedclass 先公有继承自 Base1 类，再公有继承自 Base2 类，所以构造 Derivedclass 类的对象 x 时，首先系统自动调用基类 Base1 的构造函数将其数据成员 a 初始 化为 6，然后自动调用基类 Base2 的构造函数将其数据成员 b 初始化为 5，最后调用 Derivedclass 自己的构造函数将其数据成员 c 初始化为 7。

(2) 基类 Base1 和 Base2 的构造函数被调用顺序取决于它们在派生类继承声明中的顺序，与它们在成员初始化列表中的顺序无关。

(3) 如果派生类还包括成员对象，则对成员对象的构造函数的调用，仍然在初始化列表中进行，此时，当构造派生类的一个对象时，先调用基类构造函数，再调用成员对象所在类的构造函数，最后执行派生类构造函数。在有多个子对象的情况下，子对象的所在类的构造函数的调用顺序取决于它们在派生类中被声明的顺序。

5.3.2　派生类析构函数

派生类的析构函数的功能是在该类对象消亡之前进行一些必要的清理工作。析构函数没有类型也没有参数，和构造函数相比情况略为简单些。在派生过程中，基类的析构函数也不能继承下来，如果需要析构函数的话，就要在派生类中自行定义。派生类析构函数的定义方法与没有继承关系的类中析构函数的定义方法完全相同，只要在函数体中负责把派生类新增的非对象成员的清理工作做好就够了，系统会自动调用基类及成员对象的析构函

数来对基类及对象成员进行清理。当派生类对象析构时，与构造函数的调用顺序正好相反。
其析构函数调用规则如下：

(1) 首先调用派生类的析构函数(清理派生类新增成员)；

(2) 如果派生类中有成员对象，再调用派生类中成员对象所在类的析构函数(清理派生类新增的成员对象)；

(3) 再调用普通基类的析构函数(清理从基类继承来的基类对象)；

(4) 最后调用虚基类的析构函数(虚基类的知识在 5.4.2 小节讲解)。

【例 5-8】 派生类析构函数的调用顺序。

程序如下：

```cpp
/*ch05-8.cpp*/
#include <iostream>
using namespace std;
class Base1                  //基类 Base1
{
public:
    Base1(int i)             //基类 Base1 的构造函数
    {
        a=i;
        cout<<"constructing Base1 a=" <<a<<endl;
    }
    ~ Base1()                //基类 Base1 的析构函数
    {
        cout<<"destructing Base1"<<endl;
    }
private:
    int a;
};
class Base2                  //基类 Base2
{
public:
    Base2(int i)             //基类 Base2 的构造函数
    {
        b=i;
        cout<<"constructing Base2 b=" <<b<<endl;
    }
    ~Base2()                 //基类 Base2 的析构函数
    {
        cout<<"destructing Base2"<<endl;
    }
```

```cpp
private:
    int b;
};
class Base3                     //类 Derivedclass 的成员对象 f 所属类
{
public:
    Base3(int i)               //类 Derivedclass 的成员对象 f 所属类的构造函数
    {
        c=i;
        cout<<"constructing Base3 c=" <<c<<endl;
    }
    ~Base3()                        //类 Derivedclass 的成员对象 f 所属类的析构函数
    {
        cout<<"destructing Base3"<<endl;
    }
private:
    int c;
};
class Base4                     //类 Derivedclass 的成员对象 g 所属类
{
public:
    Base4(int i)               //类 Derivedclass 的成员对象 g 所属类的构造函数
    {
        d=i;
        cout<<"constructing Base4 d=" <<d<<endl;
    }
    ~Base4()                        //类 Derivedclass 的成员对象 g 所属类的析构函数
    {
        cout<<"destructing Base4"<<endl;
    }
private:
    int d;
};

class Derivedclass:public Base1,public Base2           //派生类
{
public:
    Derivedclass(int i,int j,int k,int m,int n);
    ~Derivedclass();
```

```
private:
    int e;
    Base3    f; Derivedclass 类的成员对象 f
    Base4    g; Derivedclass 类的成员对象 g
};
Derivedclass::Derivedclass(int i,int j,int k,int m,int n):
Base1(i),Base2(j),f(k),g(m)
//派生类 Derivedclass 的构造函数
{   e=n;
    cout<<"constructing Derivedclass e="<<e<<endl;
}
Derivedclass::~Derivedclass()              //派生类 Derivedclass 的析构函数
{   cout<<"destructing Derivedclass"<<endl;
}
int main()
{    Derivedclass x(5,6,7,8,9);
     return 0;
}
```

程序运行结果：

```
contructing Base1 a=5
contructing Base2 b=6
contructing Base3 c=7
contructing Base4 d=8
contructing Derivedclass e=9
destructing Derivedclass
destructing Base4
destructing Base3
destructing Base2
destructing Base1
```

程序说明如下：

(1) Derivedclass 类先公有继承自 Base1，再公有继承自 Base2。Derivedclass 中有两个成员对象 f(f 是 Base3 的对象)和 g(g 是 Base4 的对象)，声明的顺序为先声明了成员对象 f，然后声明了成员对象 g。

(2) 在 main 函数中用 Derivedclass x(5,6,7,8,9); 语句构造派生类对象 x 时，先由系统分别自动调用基类 Base1 和 Base2 的构造函数初始化其数据成员，然后再分别调用成员对象 f 和 g 所在的类 Base3 类和 Base4 类的构造函数初始化其数据成员，最后调用 Derivedclass 自己的构造函数初始化其新增加的数据成员。

(3) 当 main 函数即将结束时由系统自动调用析构函数，调用析构函数的顺序与调用构造函数的顺序完全相反。

5.4　多　继　承

5.4.1　多继承中的二义性

　　一般来说，在派生类中对于基类成员的访问应该是唯一的，但是，由于多继承中派生类拥有多个基类，如果多个基类中拥有同名的成员，那么，派生类在继承各个基类的成员之后，当我们调用该派生类成员时，由于该成员标识符不唯一，出现**二义性**(ambiguity)，编译器无法确定到底应该选择派生类中的哪一个成员，这种由于多继承而引起的对类的某个成员访问出现不唯一的情况就称为歧义性问题。

1. 派生类成员与基类成员重名

　　【例 5-9】　派生类覆盖基类中的同名成员。

　　下面的程序中定义了基类 Base1 和 Base2，由 Base1 和 Base2 共同共有派生了新类 Derived。两个基类中都声明了数据成员 i 和函数成员 fun，在派生类中新增了同名的两个成员。类的派生关系及派生类的结构如图 5-4 所示。

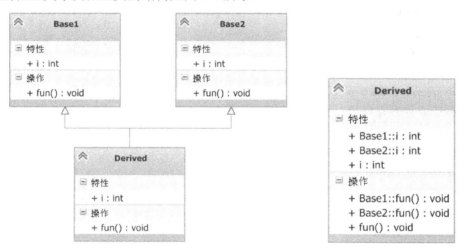

图 5-4　多继承情况下 Derived 类的继承关系图和成员构成图

　　我们来看派生类的访问情况。派生类新增成员隐藏了基类的同名成员即同名覆盖，这时使用"对象名.成员名"的访问方式只能访问到派生类新增的成员。对基类同名成员的访问只能通过基类名和作用域限定符来实现，也就是必须明确要使用哪个基类的成员。

　　源程序如下：

```
/*ch05-9.cpp*/
#include <iostream>
using namespace std;
class Base1 {                //定义基类 Base1
public:
```

```cpp
    int i;
    void fun() { cout << "Base1 的 fun 函数被调用" << endl; }
};
class Base2 {                         //定义基类 Base2
public:
    int i;
    void fun() { cout << "Base2 的 fun 函数被调用" << endl; }
};
class Derived: public Base1, public Base2 {                      //派生类 Derived
public:
    int i;                    //与基类同名的数据成员
    void fun() { cout << "Derived 的 fun 函数被调用" << endl; }        //与基类同名的函数成员
};
int main() {
    Derived d;
    Derived *p = &d;         // p 为指向 Derived 类对象 d 的指针
    p->i = 1;                //通过指向对象 d 的指针 p 访问 Derived 类的成员 i
    p->fun();                //通过指向对象 d 的指针 p 调用 Derived 类的成员 fun()
    d.Base1::fun();          //通过对象 d 调用从 Base1 继承的成员 fun()
    d.Base2::fun();          //通过对象 d 调用从 Base2 继承的成员 fun()
    p->Base1::fun();         //通过指针 p 调用从 Base1 继承的成员 fun()
    p->Base2::fun();         //通过指针 p 调用从 Base2 继承的成员 fun()
    return 0;
}
```

程序运行结果：

Derived 的 fun 函数被调用

Base1 的 fun 函数被调用

Base2 的 fun 函数被调用

Base1 的 fun 函数被调用

Base2 的 fun 函数被调用

程序说明如下：

(1) 在主函数中创建的派生类的对象 d，根据同名覆盖规则，如果通过成员名的方式只能访问派生类新增加的两个成员，不存在二义性问题。

(2) 如果要调用继承自某基类的成员，必须用基类名和作用域限定符来指明调用的是继承自哪个基类的成员，如 d.Base1::fun() 代码调用的是从 Base1 继承的成员 fun()。

(3) 可以用派生类对象访问其成员，也可以用指向派生类对象的指针访问。

2．二义性的产生

如果只是基类与基类直接的成员重名，在这种情况下，系统将无法自行决定调用哪个函数，这就存在二义性。

【例 5-10】 多继承的二义性。

先看一个例子。我们定义了一个小客车类 car 和一个小货车类 Wagon，它们共同派生出一个客货两用车类 StationWagon。StationWagon 既继承了小客车的特征，有座位 seat，可以载客；又继承了小货车的特征，有装载车厢 load，可以载货。程序实现如下：

```cpp
/*ch05-10.cpp*/
#include <iostream>
using namespace std;
class Car                //小客车类
{
private:
    int power;           //马力
    int seat;            //座位
public:
    Car(int power,int seat)
    {
        this->power=power,this->seat=seat;
    }
    void show()
    {
        cout<<"car power:"<<power<<"   seat:"<<seat<<endl;
    }
};
class Wagon              //小货车类
{
private:
    int power;           //马力
    int load;            //装载量
public:
    Wagon(int power,int load)
    {
        this->power=power,this->load=load;
    }
    void show()
    {
        cout<<"wagon power:"<<power<<"   load:"<<load<<endl;
    }
};
class StationWagon :public Car, public Wagon        //客货两用车类
```

```
    {
    public:
        StationWagon(int power, int seat,int load) :
        Wagon(power,load), Car(power,seat)
        {
        }
        void ShowSW()
        {
            cout<<"StationWagon:"<<endl;
            Car::show();
            Wagon::show();
        }
    };
    int main()
    {   StationWagon SW(105,3,8);
        //SW.show();                          //错误，出现二义性
        SW.ShowSW();
        return 0;
    }
```

程序运行结果：

```
StationWagon:
car power:105    seat:3
wagon power:105    load:8
```

对上面的程序说明如下：

小客车类 Car 和小货车类 Wagon 共同派生出客货两用车类 StationWagon，派生类继承了基类的行为 show()，当通过 StationWagon 类的对象 SW 访问 show ()时，程序出现编译错误。这是因为基类 Car 和 Wagon 各有一个成员函数 show ()，在其共同的派生类 StationWagon 中就有两个相同的成员函数分别继承自两个基类，而程序在编译时无法决定到底应该选择哪一个成员函数，因此出现二义性问题。

3．二义性问题解决

二义性问题通常有两种解决方法：

(1) 成员名限定：通过类的作用域限定符明确限定出现二义性的成员是继承自哪一个基类。

(2) 成员重定义：在派生类中新增一个与基类中名称相同的成员，由于同名覆盖，程序将自动选择派生类新增的成员。

【例 5-11】 消除公共基类二义性程序。

我们举例说明。下面的程序中定义了派生类 Derived 类，它直接继承自 Base1 类和 Base2 类，而 Base1 类和 Base2 类又有共同的基类 Base0。Base0 中有数据成员 var0 和函数成员 fun0()。那么派生类 Derived 类就有了从 Base1 类中继承的数据成员 var0 和函数成员 fun0()，

又有从 Base2 类中继承的数据成员 var0 和函数成员 fun0()。我们就需要用作用域限定符向系统明确我们要访问从哪个类继承的成员。Derived 类的继承关系图和成员构成图如图 5-5 所示。

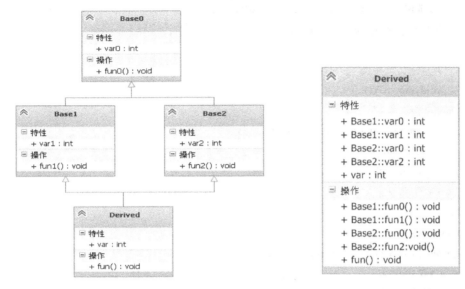

图 5-5　多层继承情况下的继承关系图和成员构成图

源程序如下：

```cpp
/*ch05-11.cpp*/
#include <iostream>
using namespace std;
class Base0 {                    //基类 Base0
public:
    int var0;
    void fun0() { cout << "调用 Base0 的 fun0 函数" << endl; }
};
class Base1: public Base0 {                      //从 Base0 继承的派生类 Base1
public:
    int var1;
    void fun1() { cout << "调用 Base1 的 fun1 函数" << endl; }        //新增外部接口
};
class Base2: public Base0 {                      //从 Base0 继承的派生类 Base2
public:
    int var2;
    void fun2() { cout << "调用 Base0 的 fun2 函数" << endl; }        //新增外部接口
};

class Derived: public Base1, public Base2 {              //派生类 Derived
```

```
public:
    int var;
    void fun() { cout << "调用 Derived 的 fun 函数" << endl; }        //新增外部接口
};
int main() {
    Derived d;                      //访问 Derived 类对象 d
    Derived *p=&d;
    p->Base1::var0 = 2;             //访问直接基类 Base1 的数据成员
    p->Base1::fun0();               //访问直接基类 Base1 的函数成员
    p->Base2::var0 = 3;             //访问直接基类 Base2 的数据成员
    p->Base2::fun0();               //访问直接基类 Base2 的函数成员
    return 0;
}
```

程序运行结果：

    调用 Base0 的 fun0 函数

    调用 Base0 的 fun0 函数

为了消除公共基类的二义性，需要采用派生类的直接基类名来限定，而不是需要访问成员所在的类的类名。

注意：二义性检查是在访问控制权限和类型检查之前进行的，因此，指定不同的访问权限或类型并不能解决二义性问题。

【例 5-12】 类型不同或访问权限不同产生二义性的示例。

程序如下：

```
/*ch05-12.cpp*/
#include<iostream>
using namespace std;
class A
{
public:
    int f1(int){return 0; }
    void f2(){}
    int f3(){return 0; }
};
class B
{
public:
    int f1(){return 0; }
    double f2(){return 0; }
private:
    int f3(){return 0; }
```

```
};
class C:public A,public B{};
int main()
{
    C    c;
    int    a=c.f1(1);        //存在二义性
    c.f2();                  //存在二义性
    int b=c.f3();            //存在二义性
    return 0;
}
```

说明：

A::f1(int)和 B::f1()参数的类型不同；A::f2()和 B::f2()返回类型不同；A::f3()和 B::f3()访问权限不同，用派生类 C 对象 c 访问时存在二义性。也就是说，二义性检查是在访问控制权限和类型检查之前进行，所以不能通过不同的访问权限或类型来解决二义性问题。

5.4.2　虚基类

1. 多重派生的基类拷贝

类 Base1 与类 Base2 由类 Base0 公有派生，而类 Derived 由类 Base1 与类 Base2 公有派生。如果 Base0 中有数据成员 var0，那么类 Base1 和 Base2 都从共同基类 Base0 中继承了数据成员 var0，那么 var0 在内存中的存储是怎样的呢？

【例 5-13】　探讨多层继承中公共基类在派生类中数据成员的存储。

程序如下：

```
/*ch05-13.cpp*/
#include <iostream>
using namespace std;
class Base0 {                    //Base1 类和 Base2 类的共同基类 Base0
public:
    int var0;
    Base0(int a){var0=a; }
    void fun0() { cout << "调用 Base0 的 fun0 函数" << endl; }
};
class Base1: public Base0 {    //从 Base0 类派生的类 Base1
public:
    int var1;
    Base1(int a,int b):Base0(a){var1=b; }
    void fun1() { cout << "调用 Base1 的 fun1 函数" << endl; }
};
class Base2: public Base0 {    //从 Base0 类派生的类 Base2
```

```
    public:
        int var2;
        Base2(int a,int c):Base0(a){var2=c; }
        void fun2() { cout << "调用 Base2 的 fun2 函数" << endl; }
    };


    class Derived: public Base1, public Base2 {      //定义派生类 Derived
    public:
        int var;
        Derived(int a,int b,int c,int d):Base1(a,b),Base2(a,c)
        {    var=d;
        }
        void fun() { cout << "调用 Derived 的 fun 函数" << endl; }
    };
    int main() {                            //程序主函数
        Derived d(2,4,6,8);                 //定义 Derived 类对象 d
        d.Base1::var0=10;                   //通过 Base1 类修改了 var0
        cout<<"通过 Base1 将 var0 修改为 10 后";
        cout<<"通过 Base2 类访问 var0，var0="<<d.Base2::var0<<endl;
        d.Base2::var0=20;                   //通过 Base2 类修改了 var0
        cout<<"通过 Base2 将 var0 修改为 20 后";
        cout<<"通过 Base1 类访问 var0，var0="<<d.Base1::var0<<endl;
        return 0;
    }
```

程序运行后输出：

通过 Base1 将 var0 修改为 10 后通过 Base2 类访问 var0，var0=2

通过 Base2 将 var0 修改为 20 后通过 Base2 类访问 var0，var0=10

根据输出的结果可以清楚地看出，在类 Derived 中包含了公共基类 Base0 的两个不同拷贝。用类 Derived 定义对象 d 时，系统为 d 的数据成员分配的空间如图 5-6 所示。

如果在多条继承路径上有一个公共的基类，则该基类会在这些路径中的某几条路径的汇合处产生几个拷贝。为使这样的公共基类只产生一个拷贝，需将该基类说明为虚基类。

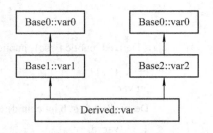

图 5-6 派生类中包含同一基类的两个拷贝

2. 虚基类

在多重派生的过程中，欲使公共的基类在派生中只有一个拷贝，可将此基类说明成虚基类。虚基类的定义格式为

　　　　class <派生类名>:virtual 继承方式 <虚基类名>

　　　　{…};

或

　　　　class <派生类名>: 继承方式 virtual <虚基类名>

　　　　{…};

其中，关键词 virtual 可放在访问权限之前，也可放在访问权限之后，并且关键词只对紧随其后的基类名起作用。

　　【例5-14】 定义虚基类，使派生类中只有基类的一个拷贝，如图5-7所示。

　　程序如下：

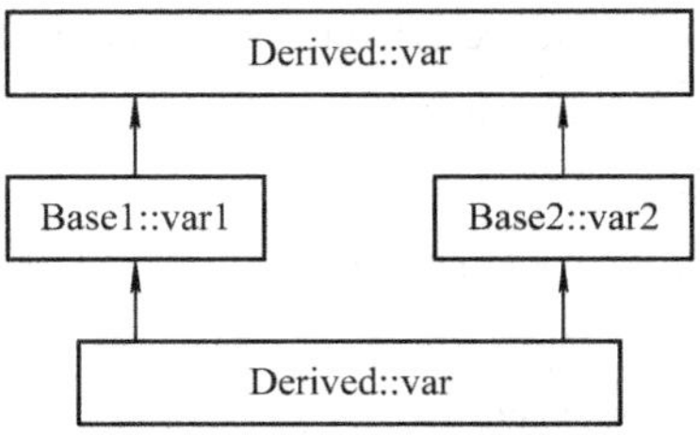

```
/*ch05-14.cpp*/
#include <iostream>
using namespace std;
class Base0 {                //类 Base0
public:
    int var0;
    Base0(int a=0){var0=a; }
};
```

图 5-7　派生类中包含同一基类的一个拷贝

```
class Base1: virtual public Base0 {        //定义 Base0 类是 Base1 类的虚基类
public:
    int var1;
    Base1(int a,int b):Base0(a){var1=b; }
};
class Base2: virtual public Base0 {
//定义 Base0 类是 Base2 类的虚基类
public:
    int var2;
    Base2(int a,int c):Base0(a){var2=c; }
};

class Derived: public Base1, public Base2 {    //类 Derived
public:
    int var;
    Derived(int a,int b,int c,int d):Base1(a,b),Base2(a,c)
    {     var=d;
    }
};
int main() {
    Derived d(2,4,6,8);              //定义 Derived 类对象 d
    cout<<"var0="<<d.var0<<endl;
```

```
        d.var0=10;                      //将 var0 修改为 10
        cout<<"通过对象 d 将 var0 设置为 10 后，var0="<<d.var0<<end1;
        cout<<"通过 Base2 类访问 var0，var0="<<d.Base2::var0<<endl;
        cout<<"通过 Base1 类访问 var0，var0="<<d.Base1::var0<<endl;
        return 0;
    }
```

程序运行结果：

```
        var0=0
        通过对象 d 将 var0 设置为 10 后，var0=10
        通过 Base2 类访问 var0，var0=10
        通过 Base1 类访问 var0，var0=10
```

说明：

(1) 派生类 Derived 的对象 d 只有基类 Base0 的一个拷贝。当改变成员 var0 值时，由基类 Base1 和 Base2 访问得到的 var0 值是相同的。

(2) 虚基类数据成员 var 的初值为 0。这是因为由虚基类派生出的派生类，必须在其构造函数的成员初始化列表中给出对虚基类构造函数的调用；若未列出则调用缺省的构造函数，所以虚基类必须要有缺省的构造函数。

(3) 由于类 Derived 中只有一个虚基类 Base，所以在执行类 Base1 和类 Base2 的构造函数时都不调用虚基类的构造函数，而是在类 Derived 中直接调用虚基类 A 的缺省的构造函数：Derived(int a=0) {var=a; }，所以 var=0。若将构造函数改为：A(int a) {x=a; } ，则编译时会发生错误。

若将类 Derived 的构造函数改为：

```
        Derived(int a,int b,int c,int d):Base1(a,b),Base2(a,c),Base0(a){var=d; }
```

即在类 Derived 中调用类 Base0 的构造函数，则 var 的初始值为 2。因为在 main 函数中语句 Derived d(2,4,6,8); 对象 d 将 2 传递给 Base0 的构造函数，将其数据成员 var 的值初始化为 2。

(4) 必须强调，用虚基类进行多重派生时，若虚基类没有缺省的构造函数，则在派生的每一个派生构造函数的初始化列表中都必须有对虚基类构造函数的调用。

C++ 语言规定，对于继承过程中的虚基类，它们由最后派生出来的用于声明对象的类来初始化。而这个派生类的基类中对这个虚基类的初始化都被忽略。虚基类的构造函数也就只被调用一次。

3. 虚基类的构造与析构

C++ 将建立对象时所使用的派生类称为**最远派生类**。对于虚基类而言，由于最远派生类对象中只有一个公共虚基类子对象，为了初始化该公共基类子对象，最远派生类的构造函数要调用该公共基类的构造函数，而且只能被调用一次。

虚基类的构造函数调用分 3 种情况：

(1) 虚基类没有定义构造函数。

程序自动调用系统缺省的构造函数来初始化派生类对象中的虚基类子对象。

(2) 虚基类定义了缺省构造函数。

程序自动调用自定义的缺省构造函数和析构函数。

(3) 虚基类定义了带参数的构造函数。

这种情况下，虚基类的构造函数调用相对比较复杂。因为虚基类定义了带参数的构造函数，所以在整个继承结构中，直接或间接继承虚基类的所有派生类，都必须在构造函数的初始化表中列出对虚基类的初始化。但是，只有用于建立派生类对象的那个**最远派生类**的构造函数才调用虚基类的构造函数，而派生类的其他非虚基类中所列出的对这个虚基类的构造函数的调用被忽略，从而保证对公共虚基类子对象只初始化一次。

C++ 同时规定，在初始化列表中同时出现对虚基类和非虚基类构造函数的调用，虚基类的构造函数先于非虚基类的构造函数的执行。虚基类的析构顺序与构造顺序完全相反，最开始析构的是最远派生类自身，最后析构的是虚基类。尽管从程序上看，虚基类被析构多次，实际上只有在最后一次被执行，中间的全部被忽略。

【例 5-15】 虚基类的构造函数和析构函数。

程序如下：

```cpp
/*ch05-15.cpp*/
#include <iostream>
using namespace std;
class Base0 {                         //公共基类 Base0
public:
    int var0;
    Base0(int a=0){
        var0=a;
        cout<<"虚基类的构造函数被调用"<<endl;
    }
    ~Base0(){cout<<"虚基类 Base0 的析构函数被调用"<<endl; }
};
class Base1: virtual public Base0 { //定义 Base0 类是 Base1 类的虚基类
public:
    int var1;
    Base1(int a,int b):Base0(a){
        var1=b;
        cout<<"基类 Base1 的构造函数被调用"<<endl;
    }
    ~Base1(){cout<<"基类 Base1 的析构函数被调用"<<endl; }
};
class Base2: virtual public Base0 { //定义 Base0 类是 Base2 类的虚基类
public:
    int var2;
    Base2(int a,int c):Base0(a){
        var2=c;
```

```
        cout<<"基类 Base2 的构造函数被调用"<<endl;
    }
    ~Base2(){
    cout<<"基类 Base2 的析构函数被调用"<<endl; }
};

class Derived: public Base1, public Base2 {      //定义派生类 Derived
public:
    int var;
    Derived(int a,int b,int c,int d):Base1(a,b),Base2(a,c),Base0(a)
    {
        var=d;
        cout<<"派生类 Derived 的构造函数被调用"<<endl;
    }
    ~Derived(){cout<<"派生类 Derived 的析构函数被调用"<<endl; }
};
int main() {
    Derived d(2,4,6,8);              //定义 Derived 类对象 d
    return 0;
}
```

程序运行结果：

  虚基类 Base0 的构造函数被调用

  基类 Base1 的构造函数被调用

  基类 Base2 的构造函数被调用

  派生类 Derived 的构造函数被调用

  派生类 Derived 的析构函数被调用

  基类 Base2 的析构函数被调用

  基类 Base1 的析构函数被调用

  虚基类 Base0 的析构函数被调用

对上面的程序分析如下：

虚基类的构造函数只在系统自动调用最远派生类的构造函数时被自动调用一次。

5.5　子类型与赋值兼容规则

5.5.1　子类型

  通过公有继承，派生类得到了基类中除构造函数、析构函数之外的所有成员，而且所有成员的访问控制属性也和基类完全相同。所以公有派生的派生类对象可以作为基类的对象处理，派生类是基类的子类型。

子类型关系使得在需要基类对象的任何地方都可以使用公有派生类的对象来替代，从而可以使用相同的函数统一处理基类对象和公有派生类对象(形参为基类对象时，实参可以是派生类对象)，大大提高了程序的效率。子类型关系是实现多态性的重要基础之一。

子类型关系定义：有一个特定的类型 S，当且仅当它提供类型 T 的行为时，称类型 S 是类型 T 的子类型。公有继承方式可以实现子类型关系，即派生类 S 是基类 T 的子类型。例如：

```
class base  {
public:
    void print()const{cout<<"base::print()"<<endl; }
};
class derived:public base
{
public:
    void fun();
};
```

派生类 derived 从基类 base 公有继承。因此类 derived 是类 base 的一个子类型，类 derived 具备类 base 中的操作，或者说类 base 中的操作可以被用于操作类 derived 的对象。

注意：

子类型关系具有传递性。子类型关系可以传递，但是不可逆。如上例中我们不能说类 base 是类 derived 的子类型。

5.5.2　赋值兼容规则

所谓赋值兼容规则，指的是不同类型的对象间允许相互赋值的规定。面向对象程序设计语言中，在公有派生的情况下，允许将派生类的对象赋值给基类的对象，但反过来却不行，即不允许将基类的对象赋值给派生类的对象。这是因为一个派生类对象的存储空间总是大于它的基类对象的存储空间。若将基类对象赋值给派生类对象，这个派生类对象中将会出现一些未赋值的不确定成员。

赋值兼容规则是指在需要基类对象的任何地方都可以使用公有派生类的对象来替代。通过公有继承，派生类得到了基类中除构造函数、析构函数之外的所有成员，而且所有成员的访问控制属性也和基类完全相同。这样，公有派生类实际就具备了基类的所有功能，凡是基类能解决的问题，公有派生类都可以解决。赋值兼容规则中所指的替代包括以下的情况：

(1) 派生类的对象可以赋值给基类对象。

例如：

```
Base b;
Derived d ;        //假设 Derived 类已定义为 Base 类的公有派生类
b=d;               //合法，派生类对象可以赋值给基类对象
d=b;               //非法，基类对象不可以赋值给派生类对象
```

(2) 派生类的对象可以初始化基类的引用。

例如：

```
Derived d ;        //假设 Derived 类已定义为 Base 类的公有派生类
Base &b=d;         //合法，派生类对象可以初始化基类的引用
```

(3) 派生类对象的地址可以赋给指向基类的指针。

例如：

```
Derived d ;        //假设 Derived 类已定义为 Base 类的公有派生类

Base *pb=&d;
```

在替代之后，派生类对象就可以作为基类的对象使用，但只能使用从基类继承的成员。

由于赋值兼容规则的引入，对于基类及其公有派生类的对象，可以使用相同的函数统一进行处理(因为当函数的形参为基类的对象时，实参可以是派生类的对象)，而没有必要为每一个类设计单独的模块，从而大大提高了程序的效率。这正是 C++ 语言的又一重要特色，即下一章要介绍的多态性，可以说，赋值兼容规则是多态性的重要基础之一。

下面来看一个例子，例中使用同样的函数对同一个类族中的对象进行操作。

【例 5-16】 赋值兼容规则示例。

本例中，基类 B0 以公有方式派生出 B1 类，B1 类再作为基类以公有方式派生出 D1 类，基类 B0 中定义了成员函数 display()，在派生类中对这个成员函数进行了覆盖。程序代码如下：

```cpp
/*ch05-16.cpp*/
#include <iostream>
using namespace std;
class B0
{public:
    void display(){cout<<"B0::display()"<<endl; }
};
class B1:public B0        //B1 类从 B0 类派生
{ public:
    void display()       { cout<<"B1::display()"<<endl; }
};
class D1:public B1        //D1 类从 B1 类派生
{ public:
    void display()       {cout<<"D1::display()"<<endl; }
};
void fun(B0 *ptr){ ptr->display( ); }        //函数的形参是指向基类 B0 的指针
int main( ) {
    B0 b0;           //定义 B0 类对象 b0
    B1 b1;           //定义 B1 类对象 b1
    D1 d1;           //定义 D1 类对象 d1
    b1.display();     //覆盖了 B0 类的同名函数
```

```
        d1.display();      //覆盖了 B1 类的同名函数
        B0 *p;             //声明 B0 类指针 p
        p=&b0;             //B0 类指针 p 指向 B0 类对象 b0
        fun(p);            //函数的实参为指向 B0 类对象的指针
        p=&b1;             //B0 类指针 p 指向 B1 类对象 b1
        fun(p);            //函数的实参为指向 B1 类对象的指针
        p=&d1;             //B0 类指针 p 指向 D1 类对象 d1
        fun(p);            //函数的实参为指向 D1 类对象的指针
        return 0;
    }
```

程序运行结果：

```
B1::display()
D1::display()
B0::display()
B0::display()
B0::display()
```

(1) 根据同名覆盖规则，通过"对象名.成员名"或者"对象指针->成员名"的方式，就可以访问到各派生类中新添加的同名成员。

(2) 在程序中，定义了一个形参为基类 B0 类型指针的普通函数 fun()，根据赋值兼容规则，可以将公有派生类对象的地址赋值给基类类型的指针，这样，使用 fun()函数就可以统一对这个类族中的对象进行操作。

(3) 虽然根据赋值兼容原则，可以将派生类对象的地址赋值给基类 B0 的指针，但是通过这个基类类型的指针，却只能访问到从基类继承的成员。在程序运行过程中，分别把类 B0 的对象 b0、类 B0 的公有派生类 B1 的对象 b1 和类 B1 的公有派生类 D1 的对象 d1 分别赋值给基类类型指针 p 来调用普通函数 fun()。但是，通过指针 p，只能使用继承来的基类成员。也就是说，尽管指针指向派生类 D1 的对象，fun()函数运行时通过这个指针只能访问到 D1 类从基类 B0 继承过来的成员函数 display()，而不是 D1 类自己的同名成员函数。因此，主函数中三次调用函数 fun()的结果是同样的，都访问了基类的公有成员函数。如何通过统一的函数访问不同的派生类的成员函数呢？我们将在下一章的虚函数中讲述。

5.6　程序实例

【例 5-17】　编写一个程序计算出球、圆柱和圆锥的表面积和体积。

分析：由于计算它们都需要用到圆的半径，有时还可能用到圆的面积，所以可把圆定义为一个类。它包含的数据成员为半径，由于不需要作图，所以不需要定义圆心坐标。圆的半径应定义为保护属性，以便派生类能够继承和使用。圆类的公用函数是给半径赋初值的构造函数、计算圆面积的函数；也可以包含计算圆的体积的函数，但让其返回 0，表示圆的体积为 0。定义好圆类后，再把球类、圆柱类和圆锥类定义为圆的派生类。在这些类中同样包含有新定义的构造函数、求表面积的函数和求体积的函数。另外在圆柱和圆锥类中应分别新定义一个表示其高度的数据成员。此题的完整程序如下：

```cpp
/*ch05-17.cpp*/
#include<iostream.h>
#include<math.h>
const double PI=3.1415926;
class Circle{
protected:
    double r;
    public:
    Circle(double radius=0)
    {
        r=radius;
    }
    double Area( )
    {
        return   PI*r*r ;
    }
    double Volume( )
    {
        return   0;
    }
};
class Sphere: public Circle          //球体类
{
public:
    Sphere(double radius = 0): Circle(radius){    }
    double Area( )
    {
        return 4*PI*r*r ;
    }
    double Volume( )
    {
        return 4*PI*pow(r,3)/3;
    }
};
class Cylinder:public Circle
{
    double h;
```

```
public:
    Cylinder(double radius=0, double height = 0): Circle(radius)
    {
        h = height;
    }
    double Area( )
    {
        return 2*PI*r*(r+h);
    }
    double Volume( )
    {
        return PI*r*r*h;
    }
};
class Cone:public Circle                //圆锥体类
{
    double h;
public:
    Cone(double radius = 0,double height = 0):Circle(radius)
    {
        h=height;
    }
    double Area( )
    {
        double l=sqrt(h*h+r*r); return PI*r*(r+l);
    }
    double Volume( )
    {   return PI*r*r*h/3;
    }
};
int main ( )
{
    Circle r1(2);
    Sphere r2(2);
    Cylinder r3(2,3);
    Cone r4(2,3);
    cout << "Circle: " << r1.Area( ) << ' ' <<r1.Volume( )<<endl;
    cout << "Sphere: " << r2.Area( ) << ' ' <<r2.Volume( )<<endl;
    cout << "Clinder: " << r3.Area( ) << ' ' <<r3.Volume( )<<endl;
```

```
        cout << "Cone: " << r4.Area( ) << ' ' <<r4.Volume( )<<endl;
        return 0;
    }
```

程序运行结果：

    Circle:12.5664 0

    Shhere:50.2655 33.5103

    Clinder:62.8319 37.6991

    Cone:35.2207 12.5664

【例 5-18】 一个小型公司的人员信息管理系统。

1. 问题的提出

某小型公司，主要有 4 类人员：经理、兼职技术人员、销售经理和兼职推销员。现在，需要存储这些人员的姓名、编号、级别、当月薪水，计算月薪总额并显示全部信息。

人员编号基数为 1000，每输入一个人员信息编号顺序加 1。

程序要有对所有人员提升级别的功能。本例中为简单起见，所有人员的初始级别均为 1 级，然后进行升级，经理升为 4 级，兼职技术人员和销售经理升为 3 级，推销员仍为 1 级。

月薪计算办法是：经理拿固定月薪 8000 元；兼职技术人员按每小时 100 元领取月薪；兼职推销员的月薪为该推销员当月销售额的 4%；销售经理既拿固定月薪也领取销售提成，固定月薪为 5000 元，销售提成为所管辖部门当月销售总额的 5‰。

2. 类设计

根据上述需求，设计一个基类 employee，然后派生出 technician(兼职技术人员)类、manager(经理)类和 salesman(兼职推销员)类。由于销售经理既是经理又是销售人员，兼具两类人员的特点，因此同时继承 manager 和 salesman 两个类。

在基类中，除了定义构造函数和析构函数以外，还应统一定义对各类人员信息应有的操作，这样可以规范类族中各派生类的基本行为。但是各类人员的月薪计算方法不同，不能在基类 employee 中统一确定计算方法。各类人员信息的显示内容也不同，同样不能在基类 employee 中统一确定显示方法。因此，在本例中，可以使基类中实现上述行为的函数体为空，然后在派生类中再根据同名覆盖原则定义各自的同名函数实现具体功能。

由于本例的问题比较简单，因此对于类图中各类属性的详细说明请参看源程序注释。

由于 salesmanager 类的两个基类又有公共基类 employee，为了避免二义性，这里将employee 设计为虚基类。程序代码如下：

```
//employee.h
class employee
{   protected:
    char * name;                //姓名
    int    individualEmpNo;     //个人编号
    int    grade;               //级别
    float accumPay;             //月薪总额
    static int employeeNo;      //本公司职员编号目前最大值
```

```
public:
    employee( );                    //构造函数
    ~employee(    );                //析构函数
    void pay( );                    //计算月薪函数
    void promote(int);              //升级函数
    void displayStatus();           //显示人员信息
};

class technician:public employee    //兼职技术人员数
{private:
    float hourlyRate;               //每小时酬金
    int workHours;                  //当月工作时数
public:
    technician();                   //构造函数
    void pay( );                    //计算月薪函数
    void displayStatus( );          //显示人员信息
};
class salesman:virtual public employee   //兼职推销员类
{protected:
    float CommRate;                 //按销售额提取酬金的百分比
    float sales;                    //当月销售额
public:
    salesman();                     //构造函数
    void pay( );                    //计算月薪函数
    void displayStatus( );          //显示人员信息
};

class manager:virtual public employee   //经理类
{protected:
    float monthlyPay;               //固定月薪数
public:
    manager();                      //构造函数
    void   pay( );                  //计算月薪函数
    void   displayStatus();         //显示人员信息
};
class salesmanager:public manager,public salesman      //销售经理类
{public:
    salesmanager( );                //构造函数
    void pay();                     //计算月薪函数
```

```cpp
        void displayStatus();                     //显示人员信息
};
//employee.cpp
#include<iostream>
#include<string>
#include"employee.h"
using namespace std;
int employee::employeeNo=1000;                    //员工编号基数为 1000

employee::employee( )
{
    char namestr[50];                             //输入雇员姓名时首先临时存放在 namestr 中
    cout<<"请输入下一个雇员的姓名:";
    cin>>namestr;
    name=new char[strlen(namestr)+1];             //动态申请用于存放姓名的内存空间
    strcpy(name,namestr);                         //将临时存放的姓名复制到 name
    individualEmpNo=employeeNo++;
        //新输入的员工，其编号为目前最大编号加 1
    grade=1;                                      //级别初值为 1
    accumPay=0.0;                                 //月薪总额初值为 0
}

employee::~employee( )
{ delete[ ] name; }                               //在析构函数中删除为存放姓名动态分配的内存空间
void employee::pay() { };                         //计算月薪，空函数
void employee::promote(int increment)
{ grade+=increment;    }                          //升级，提升的级数由 increment 指定
void employee::displayStatus( ){ };               //显示人员信息，空函数
technician::technician( )
{    hourlyRate=100;    }                          //每小时酬金 100 元
void technician::pay( )
{
    cout<<"请输入"<<name<<"本月的工作时数:";
    cin>>workHours;
    accumPay=hourlyRate*workHours;                //计算月薪，按小时计酬
    cout<<"兼职技术人员"<<name<<"编号"
    <<individualEmpNo<<"本月工资"<<accumPay<<endl;
}
```

```cpp
void technician::displayStatus( )
{   cout<<"兼职技术人员"<<name<<"编号"<<individualEmpNo
    <<"级别为"<<grade<<"级,已付本月工资"<<accumPay<<endl;
}
salesman::salesman( )
{     CommRate=(float)0.04;     }          //销售提成比例 4%
void salesman::pay( )
{   cout<<"请输入"<<name<<"本月的销售额:";
    cin>>sales;
    accumPay=sales*CommRate;          //月薪=销售提成
    cout<<"推销员"<<name<<"编号"<<individualEmpNo
    <<"本月工资"<<accumPay<<endl;
}
void salesman::displayStatus( )
{   cout<<"推销员"<<name<<"编号"<<individualEmpNo
    <<"级别为"<<grade<<"级,已付本月工资"<<accumPay<<endl;
}


manager::manager( )
{     monthlyPay=8000;     }          //固定月薪 8000
void manager::pay( )
{   accumPay=monthlyPay;          //月薪总额即固定月薪数
    cout<<"经理"<<name<<"编号"<<individualEmpNo<<"本月工资"<<accumPay<<endl;
}
void manager::displayStatus( )
{   cout<<"经理"<<name<<"编号"<<individualEmpNo<<"级别为"
    <<grade<<"级,已付本月工资"<<accumPay<<endl;
}
salesmanager::salesmanager( )
{ monthlyPay=5000;     CommRate=(float)0.005;     }
void salesmanager::pay( )
{   cout<<"请输入"<<employee::name<<"所管辖部门本月的销售总额:";
    cin>>sales;
    accumPay=monthlyPay+CommRate*sales;               //月薪 = 固定月薪 + 销售提成
    cout<<"销售经理"<<name<<"编号"<<individualEmpNo
    <<"本月工资"<<accumPay<<endl;
}


void salesmanager::displayStatus( )
```

```
{   cout<<"销售经理"<<name<<"编号"<<individualEmpNo
        <<"级别为"<<grade<<"级,已付本月工资"<<accumPay<<endl;
}
//main.cpp
#include<iostream>
#include "employee.h"
using namespace std;
int main( )
{
    manager m1;   technician t1; salesmanager sm1;   salesman s1;
    m1.promote(3);                //经理 m1 提升
    m1.pay( );                    //计算 m1 月薪
    m1.displayStatus( );          //显示 m1 信息
    t1.promote(2);                // t1 提升 2 级
    t1.pay( );                    //计算 t1 月薪
    t1.displayStatus( );          //显示 t1 信息
    sm1.promote(2);               //sm1 提升 2 级
    sm1.pay( );                   //计算 sm1 月薪
    sm1.displayStatus( );         //显示 sm1 信息
    s1.pay( );                    //计算 s1 月薪
    s1.displayStatus( );          //显示 s1 信息
    return 0;
}
```

程序运行结果：

    请输入下一个雇员的姓名：zhou

    请输入下一个雇员的姓名：li

    请输入下一个雇员的姓名：wang

    请输入下一个雇员的姓名：zhao

    经理 zhou 编号 1000 本月工资 8000

    经理 zhou 编号 1000 级别为 4 级，已付本月工资 8000

    请输入 li 本月的工作时数：30

    兼职技术人员 li 编号 1001 本月工资 3000

    兼职技术人员 li 编号 1001 级别为 3 级，已付本月工资 3000

    请输入 wang 所管辖部门本月的销售总额：400000

    销售经理 wang 编号 1002 本月工资 7000

    销售经理 wang 编号 1002 级别为 3 级，已付本月工资 7000

    请输入 zhao 本月的销售额：700000

    推销员 zhao 编号 1003 本月工资 28000

    推销员 zhao 编号 1003 级别为 1 级，已付本月工资 28000

本 章 小 结

本章主要学习了继承的概念和实现，继承的不同方式，多继承下的二义性问题及其解决方法。

1. 通过继承，派生类在原有类的基础上派生出来，它继承原有类的属性和行为，并且可以扩充新的属性和行为，或者对原有类中的成员进行更新，从而实现了软件重用。

2. 继承方式有 public、protected、private，各种继承方式下，基类的私有成员在派生类中不可存取。public 继承方式基类成员的访问控制属性在派生类中不变，protected 继承方式基类成员的访问控制属性在派生类中为 protected，private 继承方式基类成员的访问控制属性在派生类中为 private。

3. 在派生类建立对象时，会调用派生类的构造函数，在调用派生类的构造函数前，先调用基类的构造函数。派生类对象消失时，先调用派生类的析构函数，然后再调用基类的析构函数。

4. 类型兼容是指在公有派生的情况下，一个派生类对象可以作为基类的对象来使用：派生类对象可以赋值给基类对象，派生类对象可以初始化基类的引用，派生类对象的地址可以赋给指向基类的指针。

5. 多继承时，多个基类中的同名的成员在派生类中由于标识符不唯一而出现二义性。在派生类中采用成员名限定或重定义具有二义性的成员来消除二义性。

6. 在多继承中，当派生类的部分或全部直接基类又是从另一个共同基类派生而来时，可能会出现间接二义性。消除间接二义性除了采用消除二义性的两种方法外，可以采用虚基类的方法。

习 题　5

一、选择题

1. 下列对派生类的描述中，(　　)是错的。
   A. 一个派生类可以作为另一个派生类的基类
   B. 派生类至少有一个基类
   C. 派生类的成员除了它自己的成员以外，还包含了它的基类的成员
   D. 派生类中继承的基类成员的访问权限到派生类保持不变

2. 派生类的对象对它的基类成员中(　　)是可以访问的。
   A. 公有继承的公有成员　　　　B. 公有继承的私有成员
   C. 公有继承的保护成员　　　　D. 私有继承的公有成员

3. 对基类和派生类的关系的描述中，(　　)是错的。
   A. 派生类是即类的具体化　　　B. 派生类是基类的子集
   C. 派生类是基类定义的延续　　D. 派生类是基类的组合

4．派生类的构造函数的成员初始化列中，不能包含(　　)。

　　A．基类的构造函数　　　　　　B．派生类中子对象的初始化

　　C．基类的子对象的初始化　　　D．派生类中一般数据成员的初始化

5．类 O 定义了私有函数 fun()。P 和 Q 为 O 的派生类，定义为 class P: protected　O{…}；class Q: public O{…}。_____可以访问 fun()。

　　A．O 的对象　　　B．P 类内　　　　C．O 类内　　　　D．Q 类内

6．关于子类型的描述中，(　　)是错误的。

　　A．子类型就是指派生类是基类的子类型

　　B．一种类型当它至少提供了另一种类型的行为，则这种类型是另一种类型的子类型

　　C．在公有继承下，派生类是基类的子类型

　　D．子类型关系是不可逆的

7．关于多继承二义性的描述中，(　　)是错误的。

　　A．一个派生类的两个基类中都有某个同名成员，在派生类中对该成员的访问可能出现二义性

　　B．解决二义性的最常用的方法是对成员名的限定法

　　C．基类和派生类中同时出现的同名函数，也存在二义性问题

　　D．一个派生类是从两个基类派生来的，而这两个基类又有一个共同的基类，对该基类的成员进行访问时也可能出现二义性

8．设置虚基类的目的是(　　)。

　　A．简化程序　　　B．消除二义性　　　C．提高运行效率　　　D．减少目标代码

9．带有虚基类的多层派生类构造函数的成员初始化列表中，都要列出虚基类的构造函数，这样将对虚基类的子对象初始化(　　)。

　　A．与虚基类下面的派生类个数有关　　B．多次　　　C．二次　　　D．一次

10．若类 A 和类 B 的定义如下：

```
class   A
{
   int i,j;
public:
   void get();
   //……
};
class B: public A
{
    int k;
    public:
       void make();
    //…….
};
void B::make()
```

```
    {
        k=i*j;
    }
```

则上述定义中，(   )是非法的表达式。

A．void get();   B．int k;   C．void make();   D．k=i*j;

二、填空题

1．在继承中，缺省的继承方式是_____。

2．派生类中的成员函数不能直接访问基类中的_____成员。

3．保护派生时，基类中的所有非私有成员在派生类中是_____成员。

4．当创建一个派生类对象时，先调用_____的构造函数，然后调用_____的构造函数，最后调用_____的构造函数。

5．对于基类数据成员的初始化必须在派生类构造函数中的_____处执行。

6．为了解决在多继承中因公共基类带来的_____问题，C++ 语言提供了虚基类机制。

7．将下列的类定义补充完整。

```
    class base
    {
    public:
        int f();
    };
    class derived:public base
    {
        int f();
        int g();
    };
    void derived::g()
    {
        f();        //被调用的函数是 derived:: f()
        _____        //调用基类的成员函数 f
    }
```

8．有如下程序，输出结果为：

```
    x=1
    y=2
    z=3
    xyz=4
```

请将程序补充完整。

```
    #include<iostream.h>
    class base
```

```
{
protected:
    int x;
public:
    base(int x1)
    { x=x1; cout<<"x="<<x<<endl; }
};
class base1:virtual public base
{
    int y;
public:
    base1(int x1,int y1):base(x1)
    { y=y1; cout<<"y="<<y<<endl; }
};
class base2:virtual public base
{ int z;
public:
    base2(int x1,int z1):base(x1)
    { z=z1; cout<<"z="<<z<<endl; }
};
class derived:public base1,public base2
{ int xyz;
public:

    _____

    { xyz=xyz1; cout<<"xyz="<<xyz<<endl; }
};
void main()
{derived obj(1,2,3,4); }
```

三、判断题(正确划 √，错误划 ×)

1．C++ 语言中，既允许单继承，又允许多继承。( )
2．派生类是从基类派生出来的，它不能生成新的派生类。( )
3．派生类的继承方式有两种：公有继承和私有继承。( )
4．在公有继承中，基类中的公有成员和私有成员在派生类中都是可见的。( )
5．在公有继承中，基类中只有公有成员对派生类是可见的。( )
6．在私有继承中，基类中只有公有成员对派生类是可见的。( )
7．在私有继承中，基类中所有成员对派生类的对象都是不可见的。( )
8．在保护继承中，对于垂直访问同于公有继承，而对于水平访问同于私有继承。( )
9．派生类是它的基类的组合。( )

10. 构造函数可以被继承。(　　)

11. 析构函数不能被继承。(　　)

12. 子类型是不可逆的。(　　)

13. 只要是类 M 继承了类 N，就可以说类 M 是类 N 的子类型。(　　)

14. 如果 A 类型是 B 类型的子类型，则 A 类型必然适应于 B 类型。(　　)

15. 多继承情况下，派生类的构造函数的执行顺序取决于定义派生类时所指定的各基类的顺序。(　　)

16. 单继承情况下，派生类对基类的成员的访问也会出现二义性。(　　)

17. 解决多继承情况下出现的二义性的方法之一就是使用成员名限定法。(　　)

18. 虚基类是用来解决多继承中公共基类在派生类中只产生一个基类子对象的问题。(　　)

四、分析下列程序写出运行结果

1. 有如下程序：

```cpp
#include <iostream>
using namespace std;
class base{
public:
    base(){cout<<"constructing base!"<<endl; }
    ~base(){ cout<<"destructing base!"<<endl; }
};
class derived: public base{
public:
    derived(){cout<<"constructing derived!"<<endl; }
    ~derived(){ cout<<"destructing derived!"<<endl; }
};
int main()
{
    derived x;
    return 0;
}
```

运行结果为_____。

2. 运行下列程序的结果为_____。

```cpp
# include <iostream>
using namespace std;
class vehicle
{
    int wheels;
    float weight;
public:
```

```
        void message()
        {cout<<"vehicle message\n"; }
    };
    class car:public vehicle
    {
        int passengers;
    public:
        void message(){
        cout<<"car message\n"; }
    };
    class truck:public vehicle
    {
        int goods;
    public:
        void message(){
        cout<<"truck message\n"; }
    };
    int main()
    {
        vehicle obj,*ptr;
        car obj1;
        truck obj2;
        ptr=&obj;
        ptr->message();
        ptr=&obj1;
        ptr->message();
        ptr=&obj2;
        ptr->message();
        return 0;
    }
```

3．运行结果为_____。

```
#include<iostream>
using namespace std ;
class A
{
public:
    A(int i,int j){a=i; b=j; }
    void Move(int x,int y){a+=x; b+=y; }
    void Show(){cout<<"("<<a<<","<<b<<")"<<endl; }
private:
```

```
        int a,b;
    };
    class B:private A
    {
    public:
        B(int i,int j,int k,int l):A(i,j){x=k; y=l; }
        void Show(){cout<<x<<","<<y<<endl; }
        void fun(){Move(3,5); }
        void f1(){A::Show (); }
    private:
        int x,y;
    };
    int main()
    {
        A e(1,2);
        e.Show ();
        B d(3,4,5,6);
        d.fun();
        d.Show ();
        d.f1 ();
        return 0;
    }
```

4. 分析程序，写出运行结果。

```
    #include<iostream>
    using namespace std;
    class A
    {
    public:
        A(int i,int j){a=i; b=j; }
        void Move(int x,int y){a+=x; b+=y; }
        void Show(){cout<<"("<<a<<","<<b<<")"<<endl; }
    private:
        int a,b;
    };
    class B:public A
    {
    public:
        B(int i,int j,int k,int l):A(i,j),x(k),y(l){}
        void Show(){cout<<x<<","<<y<<endl; }
        void fun(){Move(3,5); }
```

```
        void f1(){A::Show (); }
    private:
        int x,y;
    };
    int main()
    {
        A e(1,2);
        e.Show ();
        B d(3,4,5,6);
        d.fun();
        d.A::Show ();
        d.B::Show ();
        d.f1 ();
        return 0;
    }
```

5. 分析程序，写出运行结果。

```
#include<iostream>
using namespace std;
class L
{
public:
    void InitL(int x,int y){X=x; Y=y; }
    void Move(int x,int y){X+=x; Y+=y; }
    int GetX(){return X; }
    int GetY(){return Y; }
private:
    int X,Y;
};
class R:public L
{
public:
    void InitR(int x,int y,int w,int h)
    {
        InitL(x,y);
        W=w;
        H=h;
    }
    int GetW(){return W; }
    int GetH(){return H; }
private:
```

```cpp
    int W,H;
};
class V:public R
{
public:
    void fun(){Move(3,2); }
};
int main()
{
    V v;
    v.InitR(10,20,30,40);
    v.fun ();
    cout<<"{"<<v.GetX()<<","<<v.GetY()<<","<<v.GetW()<<","<<v.GetH()<<"}"<<endl;
    return 0;
}
```

6. 分析程序，写出运行结果。

```cpp
#include<iostream>
using namespace std;
class P
{
public:
        P(int p1,int p2){pri1=p1; pri2=p2; }
        int inc1(){return ++pri1; }
        int inc2(){return ++pri2; }
        void display(){cout<<"pri1="<<pri1<<",pri2="<<pri2<<endl; }
private:
        int pri1,pri2;
};
class D1:virtual private P
{
public:
        D1(int p1,int p2,int p3):P(p1,p2)
        {
            pri3=p3;
        }
        int inc1(){return P::inc1 (); }
        int inc3(){return ++pri3; }
        void display()
        {
            P::display ();
```

```
                    cout<<"pri3="<<pri3<<endl;
            }
    private:
            int pri3;
    };
    class D2:virtual public P
    {
    public:
            D2(int p1,int p2,int p4):P(p1,p2)
            {   pri4=p4;    }
            int inc1()
            {
                P::inc1 ();
                P::inc2 ();
                return P::inc1();
            }
            int inc4(){return ++pri4; }
            void display()
            {
                P::display ();
                cout<<"pri4="<<pri4<<endl;
            }
    private:
            int pri4;
    };
    class D12:private D1,public D2
    {
    public:
            D12(int p11,int p12,int p13,int p21,int p22,int p23,int p)
              :D1(p11,p12,p13),D2(p21,p22,p23),P(p11,p21)
                {pri12=p; }
            int inc1()
            {
                D2::inc1 ();
                return D2::inc1();
            }
            int inc5(){return ++pri12; }
            void display()
            {
                cout<<"D2::display()\n";
```

```
                D2::display ();
                cout<<"pri12="<<pri12<<endl;
        }
    private:
            int pri12;
    };
    int main()
    {
        D12 d(1,2,3,4,5,6,7);
        d.display ();
        cout<<endl;
        d.inc1 ();
        d.inc4 ();
        d.inc5 ();
        d.D12::inc1 ();
        d.display ();
        return 0 ;
    }
```

7. 分析程序，写出运行结果。

```
#include<iostream>
using namespace std;
class Base0{
public:
    Base0(){cout<<"Base0 被构造"<<endl; }
    ~Base0(){cout<<"Base0 被析构"<<endl; }
};
class Base1{
public:
    Base1(){cout<<"Base1 被构造"<<endl; }
    ~Base1(){cout<<"Base1 被析构"<<endl; }
};
class Base2{
public:
    Base2(){cout<<"Base2 被构造"<<endl; }
    ~Base2(){cout<<"Base2 被析构"<<endl; }
};
class Base3{
public:
    Base3(){cout<<"Base3 被构造"<<endl; }
    ~Base3(){cout<<"Base3 被析构"<<endl; }
```

```
};
class Dclass:public Base1,virtual Base3,virtual Base2{
public:
    Dclass() {cout<<"派生类被构造"<<endl; }
    ~Dclass(){cout<<"派生类被析构"<<endl; }
};
int main(){
    Dclass dd;
    return 0;
}
```

五、简答题

1．派生类如何实现对基类的私有成员的访问？

2．什么是赋值兼容？它会带来什么问题？

3．多继承时，构造函数和析构函数的执行顺序是如何实现的？

4．继承与组合之间的区别与关系是什么？

六、编程题

1．编写一个学生和教师数据输入和显示程序，学生数据有编号、姓名、班号和成绩，教师数据有编号、姓名、职称和部门。要求将编号、姓名输入和显示设计成一个类 person，并作为学生数据操作类 student 和教师数据操作类 teacher 的基类。

2．编写一个程序，其中有一个简单的串类 string，包含设置字符串、返回字符串长度及内容等功能。另有一个具有编辑功能的串类 edit_string，它的基类是 string，在其中设置一个光标，使其能支持在光标处的插入、替换和删除等编辑功能。

3．编写一个程序，有一个汽车类 vehicle，它具有一个需传递参数的构造函数，类中的数据成员：车轮个数 wheels 和车重 weight 放在保护段中；小车类 car 是它的私有派生类，其中包含载人数 passenger_load；卡车类 truck 是 vehicle 的私有派生类，其中包含载人数 passenger_load 和载重量 payload。每个类都有相关数据的输出方法。

4．编写一个程序实现小型公司的工资管理。该公司主要有 4 类人员：经理、兼职技术人员、销售员和销售经理。要求存储这些人员的编号、姓名和月工资，计算月工资并显示全部信息。月工资的计算办法是：经理拿固定月薪 8000 元；兼职技术人员按每小时 100 元领取月薪；销售员按当月销售额的 4%拿提成；销售经理既拿固定月工资也领取销售提成，固定月工资为 5000 元，销售提成为所管辖部门当月销售总额的 5‰。

5．用一个 Triangle 类来描述三角形，用点 Point 类的对象来表示端点。要求 Point 类和 Triangle 类都有相应的构造函数和复制构造函数。Triangle 类还具有计算三角形周长和面积的功能。

第6章 多态与虚函数

本章要点

● 掌握多态性的概念；
● 理解静态联编和动态联编的概念；
● 掌握用虚函数实现动态联编的方法；
● 理解静态多态性与动态多态性的区别与实现机制；
● 理解纯虚函数和抽象类的概念和实现方法；
● 了解虚析构函数的概念和作用，掌握其声明和使用方法；
● 掌握运算符的重载规则，会重载常用的运算符。

　　现实生活中，经常出现这种情况：面对同样的消息，不同的人产生不同的反应。面向对象语言是解决现实世界问题的，也需要对实际情况进行处理。使用多态性实现不同接收者对同一个消息采取不同的响应方式。也就是说，每个对象可以用自己的方式去响应共同的消息。所谓消息，是指对类的成员函数的调用，不同的行为是指不同的实现，也就是调用了不同的函数。在 C++ 程序设计中，在不同的类中定义了其响应消息的方法，那么使用这些类时，不必考虑它们是什么类型，只要发布消息即可。

　　在本章中主要介绍虚函数实现和动态联编、运算符重载。

6.1 多态性的概念

　　多态性是面向对象程序设计的一个重要特征。利用多态性可以设计和实现一个易于扩展的系统。多态即多种形态，是指同样的消息被不同类型的对象接收时导致的行为，所谓消息，是指对类的成员函数的调用，不同的行为是指不同的实现，也就是调用了不同的函数。从实现的角度来看，多态可以划分为两类：编译时的多态和运行时的多态。前者是在编译的过程中确定了同名操作的具体操作对象，而后者则是在程序运行过程中才动态地确定操作所针对的具体对象，这种确定操作的具体对象的过程就是联编(binding)，也称为绑定。

6.1.1 多态的类型

　　面向对象的多态性可以分为四类：重载多态、强制多态、包含多态和参数多态。前面两种统称为专用多态，后面两种称为通用多态。

　　之前学习过的普通函数及类的成员函数的重载都属于重载多态，本章还将讲述运算符重载。强制多态是指将一个变元的类型加以变化，以符合一个函数或者操作的要求，加法运算符在进行浮点数与整型数相加时，首先进行类型强制转换，把整型数变为浮点数再相加的情况，就是强制多态的实例。包含多态是类族中定义于不同类中的同名成员函数的多态行为，主要是通过虚函数来实现。参数多态与类模板(将在第 7 章中介绍)相关联，在使用时必须赋予实际的类型才可以实例化，这样，由类模板实例化的各个类都具有相同的操作，而操作对象的类型却各不相同。

　　本章的重点是重载和多态，这里主要介绍运算符重载和虚函数，虚函数是包含多态时的关键内容。

静态联编与动态联编

6.1.2　静态联编与动态联编

1. 静态联编

　　联编是指一个计算机程序自身彼此关联的过程。联编在编译和连接时进行，称为静态联编。静态联编是在编译、连接过程中，系统可以根据类型匹配等特征确定程序中操作调用与执行该操作的代码的关系，即确定了某一个同名标识到底是要调用哪一段程序代码，这种联编又称早期联编，是在程序开始运行之前完成的。函数的重载、函数模板的实例化均属于静态联编。下面举一个静态联编的例子。

　　【例 6-1】　分析程序输出结果，理解静态联编的含义。

　　程序如下：

```
/*ch06-1:cpp*/
#include <iostream>
const double PI=3.14;
using namespace std;
class Figure                        //定义基类
{
  public:
      Figure(){};
      double area() const {return 0.0; }
};
class Circle : public Figure        //定义派生类，公有继承方式
{
  public:
      Circle(double myr){R=myr; }
      double area() const {return PI*R*R; }
  protected:
      double R;
};
class Rectangle : public Figure     //定义派生类，公有继承方式
{
  public:
```

```
            Rectangle (double myl,double myw){L=myl; W=myw; }
            double area() const {return L*W; }
        private:
            double L,W;
        };
        int main()
        {
            Figure fig;                      //基类 Figure 对象
            double area;
            area=fig.area();
            cout<<"Area of   is figure is "<<area<<endl;
            Circle   c(3.0);                 //派生类 Circle 对象
            area=c.area();
            cout<<"Area of circle is "<<area<<endl;
            Rectangle rec(4.0,5.0);          //派生类 Rectangle 对象
            area=rec.area();
            cout<<"Area of rectangle is "<<area<<endl;
            return 0;
        }
```

程序输出结果：

```
        Area of figure is 0
        Area of crecle is 28.26
        Area of rectangle is 20
```

输出结果表明：

(1) Circke 类和 Rectangle 类是 Figure 的派生类。由于每个图形求面积的方法不同，在派生类中重新定义了 area()。这是继承机制中经常要用到的。编译器在编译时决定对象 fig、c 和 rec，并分别调用自己类中的 area()来求面积。

(2) 静态联编的主要优点是程序执行效率高，因为在编译、连接阶段有关函数调用和具体的执行代码的关系已经确定，所以执行速度快。但是静态联编也存在缺点，它需要程序员必须预测在每一种情况下所有的函数调用中，将要使用哪些对象。

根据赋值兼容规则可知，派生类的对象可以赋值给基类对象，派生类的对象可以初始化基类的引用，派生类对象的地址可以赋给指向基类的指针。下面来修改例 6-1，用统一的函数来输出面积。

【例 6-2】 静态联编的问题。

程序如下：

```
        /*ch06-2:cpp*/
        #include <iostream>
        const double PI=3.14;
        using namespace std;
```

```
class Figure                          //定义基类
{
    public:
        Figure(){};
        double area() const {return 0.0; }
};
class Circle : public Figure          //定义派生类，公有继承方式
{
    public:
        Circle(double myr){R=myr; }
        double area() const {return PI*R*R; }
    protected:
        double R;
};
class Rectangle : public Figure       //定义派生类，公有继承方式
{
    public:
        Rectangle (double myl,double myw){L=myl; W=myw; }
        double area() const {return L*W; }
    private:
        double L,W;
};
void func(Figure &p)                  //形参为基类的引用
{
    cout<<p.area()<<endl;
}
double main()
{
    Figure fig;                       //基类 Figure 对象
    cout<<"Area of   is Figure is ";
    func(fig);
    Circle   c(3.0);                  // Circle 派生类对象
    cout<<"Area of circle is ";
    func(c);
    Rectangle rec(4.0,5.0);           // Rectangle 派生类对象
    cout<<"Area of rectangle is ";
    func(rec);
    return 0;
}
```

程序输出结果：

  Area of figure is 0

  Area of crecle is 0

  Area of rectangle is 0

用对象指针调用

普通成员函数

程序分析：

(1) 在程序编译、运行时均没出错，可是结果不对。这是因为在编译时，编译器将函数 void func(Figure &p); 中的形参 p 所执行的 area() 操作联编到 Figure 类的 area() 上，这样访问的只是从基类继承来的同名成员，即 Figure 类的 area()。这是静态联编的结果。

(2) 从对静态联编的上述分析中可以知道，编译程序在编译阶段并不能确切知道将要调用的函数，只有在程序执行时才能确定将要调用的函数，为此要确切知道该调用的函数，要求联编工作要在程序运行时进行，即动态联编。

2. 动态联编

联编在程序运行时进行，称为动态联编，或称动态绑定，又叫晚期联编。在编译、连接过程中无法解决的联编问题，要等到程序开始运行之后再来确定。只有向具有多态性的函数传递一个实际对象时，该函数才能与多种可能的函数中的一种联系起来。在例 6-2 中，静态联编时，func() 函数中所引用的对象被绑定到 Figure 类上。从上述分析可以看出静态联编和动态联编也都是属于多态性的，它们是不同阶段对不同实现进行不同的选择。该函数的参数是一个类的对象引用，静态联编和动态联编实际上是在选择它的静态类型和动态类型。联编是对这个引用的多态性的选择。

那么如何来确定是静态联编还是动态联编呢？C++ 规定动态联编是在虚函数的支持下实现的。动态联编在程序运行的过程中，根据指针与引用实际指向的目标调用对应的函数，也就是在程序运行时才决定如何动作。在程序代码中要指明某个成员函数具有多态性要进行动态联编，用关键字 virtual 来标记为虚函数。

动态联编的主要优点是提供了更好的编程灵活性、问题抽象性和程序易维护性，但是与静态联编相比，函数调用速度慢，因为动态联编需要在程序运行过程中搜索以确定函数调用(消息)程序代码(方法)之间的匹配关系。

6.2　运算符重载

6.2.1　运算符重载的概念

运算符重载是指同样的运算符可以施加于不同类型的操作数上，使同样的运算符作用于不同类型的数据导致不同类型的行为。

C++ 中预定义的运算符的操作对象只能是基本数据类型，例如：

```
int i=20,j=30;
float x=35.6,y=47.8;
cout<<"i+j="<<i+j;
```

```
    cout<<"x+y="<<x+y;
    cout<<"i+x="<<i+x;
    ......
```

从上可以看出：同一个运算符"+"可以完成不同数据类型数据的加法运算，是因为 C++ 语言针对预定义数据类型已经对某些运算符做了适当的重载。

大家知道，整数和浮点数的表示方法明显不同，因此，在计算机内实现整型数相加的算法与实现浮点数相加的算法也不相同。当编译表达式"i+j"的时候，根据说明 i 和 j 的语句已经知道现在要完成整型数相加的操作，于是使用整型数相加的算法；类似地，编译表达式"x+y"时，编译程序自动使用浮点数相加的算法；而在编译表达式"i+x"时，因为被操作数类型不同，编译程序首先自动完成类型转换，把 i 转换成浮点数，然后采用浮点数相加的算法计算表达式的值。

运算符重载是通过静态联编实现的，同样是在编译时根据被操作数的类型，决定该运算符的具体含义。

实际上，对于很多用户的自定义类型，也需要有类似的运算操作。例如，在解决科学与工程计算问题时，往往使用复数和分数。可以通过定义复数类、分数类等实际工作中需要的类对 C++ 语言本身进行扩充。例如下面定义的一个简化的复数类，它向外界提供了加运算：

```
class Complex{
  private:
      float Real;
      float Imag;
  public:
    Complex(){ Real=0; Imag=0;   }
    Complex(float Re, float Im)
      {   Real=Re; Imag=Im;   }
    Complex    Add(const Complex &c);        //加运算
};
inline Complex Complex::Add(const Complex& c)
{
    return Complex(Real+c.Real,Imag+c.Imag);
}
void main()
{
    Complex c1(5.0,10.0);                    // 5+10i
    Complex c2(3.0,-2.5);                    // 3-2.5i
    Complex c;
    c=c1.Add(c2);                            // 8+7i
}
```

在函数 main 中，语句 c=c1.Add(c2)的含义是：向复数类对象 c1 发送消息，请它完成把自己的复数值与对象 c2 的复数值相加的运算，然后把求和后得出的复数值赋值给对象 c。因此，当定义了复数类之后，为完成复数 c1 和复数 c2 的相加操作，可以使用向对象发送消息的函数调用方式：

> c1.Add(c2) 或 c2.Add(c1)

当然，我们希望使用"+"运算符写出表式"c1+c2"，但是编译时将会产生语法错误。因为编译器不知道该如何完成这个加法运算。能不能让自定义类型的数据和预定义类型的数据一样，使用人们习惯的方式进行算术运算呢？C++ 语言提供了重载运算符机制，使我们能够重新定义运算符，让加"+"、减"一"、乘"＊"、除"／"等运算符可以直接作用于 Complex 类的对象之上，从而大大简化了 Complex 类对象算术运算表达式的书写，使得程序读起来更直观，更符合人们的习惯。本节学习运算符重载的两种实现方法：运算符重载为成员函数和运算符重载为友元函数。

6.2.2　运算符重载的方法

运算符重载的目的是将系统以及定义的运算符用于新定义的数据类型，从而使同一个运算符作用于不同类型的数据实现不同类型的行为。

运算符重载实际上是函数重载。运算符重载的方法是定义一个重载运算符的函数，在实现过程中，编译系统会自动把指定的运算符表达式转化为对运算符函数的调用。要实现 6.2.1 小节声明的 Complex 类的两个复数对象的加法运算，只要编写一个对运算符"+"进行重载的函数即可，函数描述如下：

```
Complex Complex::operator +(Complex &c)
{
    return Complex(Real+c.Real,Imag+c.Imag);
}
```

这样就可以方便地使用语句：

> Complex c3=c1+c2;

来实现两个 Complex 类对象的加法运算。编译时编译系统自动把运算表达式"c1+c2"转化为对运算符函数 operator+的调用，即 c1.operator+(c2),通过"+"运算符左边的对象去调用 operator+，"+"运算符右边的对象作为函数调用的实参。以下通过例子实现 Comlex 类的加法运算。

【例 6-3】 对"+"运算符重载实现两个 Complex 对象的加法运算。

程序如下：

```
/*ch06-3.cpp*/
#include <iostream>
using namespace std;
class Complex{
    private:
        float Real;
        float Imag;
    public:
```

```
        Complex(){ Real=0; Imag=0;    }
        Complex(float Re,float Im)
          {    Real=Re; Imag=Im;    }
        Complex & operator+(Complex c);            //运算符"+"重载为成员函数
          void display();
};
Complex & Complex::operator +(Complex c)          //运算符"+"重载函数
{
    return Complex(Real+c.Real,Imag+c.Imag);
}
void Complex::display()
{
    if(Imag!=0)
    {
        cout<<"("<<Real;
        if(Imag>0)
            if(Imag!=1) cout<<"+"<<Imag<<"i)";
            else    cout<<"+"<<"i)";
        else if(Imag<0)
            if(Imag!=-1)
                cout<<Imag<<"i)";
            else cout<<"-i)";
    }
    else
    cout<<Real;
}
int main()
{
    Complex c1(5.0,10.0),c2(3.0,-2.5),c3;      //定义复数类对象
    cout<<"c1="; c1.display();
    cout<<endl<<"c2="; c2.display();
    c3=c1+c2;                                   //调用载"+"运算符重载函数实现复数加法
    cout<<endl<<"c1+c2=";
    c3.display();
    return 0;
    }
```

该程序的运行结果：

```
        c1=(5+10i)
        c2=(3-2.5i)
```

"+"重载为成员函数

　　c1+c2=(8+7.5i)

　　从上面的程序可以看出，针对 Complex 类重载了"+"运算符之后，Complex 类的对象加法的书写形式变得十分简单，和预定义类型数据加法的书写形式一样符合人的习惯。而且重载运算符函数的返回值类型为 Complex 的引用，这就使得"+"运算符可以用在诸如 c1+c2+c3 这样的复杂表达式中。

　　运算符重载提高了面向对象软件系统的灵活性、可扩充性和可读性。

6.2.3　运算符重载的规则

　　运算符重载的规则如下：

　　(1) C++ 中的运算符除了少数几个之外，全部可以重载，而且只能重载 C++ 中已有的运算符。

　　(2) 重载之后的运算符的优先级和结合性都不会改变。

　　(3) 不能改变原运算符操作数的个数，如 C++ 语言中的"~"是一个单目运算符，只能有一个操作数。

　　(4) 运算符重载是针对新类型数据的实际需要，对原有运算符进行适当的改造，一般重载功能与原有功能相类似，不能改变运算符对预定义类型数据的操作方式。从这条规定可知，重载运算符时必须至少有一个自定义类型的数据(即对象)作为操作数。

　　不能重载的运算符只有 5 个，它们是类属关系运算符"."、成员指针运算符"*"、作用域限定符"::"、sizeof()运算符和三目运算符"?:"。前面两个运算符保证了 C++ 中访问成员功能的含义不被改变。作用域限定符的操作数是类型，而不是普通的表达式，也不具备重载的特征。

6.2.4　运算符重载为成员函数和友元函数

1. 运算符重载为成员函数

　　在前面例 6-3 中，对运算符"+"进行了重载，以实现对两个 Complex 类对象的相加，例 6-3 中运算符重载函数 operator+是作为 Complex 类的成员函数。

　　将运算符重载函数定义为类的成员函数的原型在类的内部声明格式如下：

```
class  类名
{
    ...
    返回类型  operator 运算符(形参表);
    ...
};
```

　　在类外定义运算符重载函数的格式如下：

```
返回类型  类名::operator 运算符(形参表)
{
    函数体
}
```

　　返回类型指定了重载运算符函数的返回值类型，也就是运算结果的类型；operator 是定义运算符重载函数的关键字；运算符即是要重载的运算符名称，必须是 C++ 中可重载的运算符，operator 运算符即是运算符重载函数的函数名；形参表是给出重载运算所需要的参数和类型。

【例6-4】通过运算符重载为类的成员函数实现分数的加法和判断两个分数是否相等。

程序如下：

```cpp
/*ch06-4.cpp*/
#include <iostream>
#include <stdlib.h>
using namespace std;
class Franc{
private:
    int nume;                    //分子
    int deno;                    //分母
public:
    Franc(){}
    Franc(int nu,int de){
        if(de==0){
            cerr<<"分母为零！"<<endl;
            exit(1);             //终止程序运行，返回 C++ 主操作窗口
        }
        nume=nu; deno=de;
    }
    Franc operator+(Franc f2)    //重载运算符"+"实现两个分数相加
    bool   operator==(Franc f2); //判断两个分数是否相等
    void FranSimp();   //化简为最简分数
    void display(){
        cout<<"("<<nume<<"/"<<deno<<")"<<endl;        //输出分数
    }
};
Franc Franc:: operator+(Franc f2)
{
    Franc f;
    f.nume=nume*f2.deno+f2.nume*deno;    //计算结果分数的分子
    f.deno=deno*f2.deno;                 //计算结果分数的分母
    f.FranSimp();                        //对结果进行简化处理
    return f;                            //返回结果分数
}
bool Franc:: operator==(Franc f2)        //如果两个分数相等则返回 true，否则返回 false
{
```

```
            if(nume*f2.deno==f2.nume*deno)
                return true;
            else
                return false;
        }
        void Franc::FranSimp()          //化简为最简分数
        {                                //求 x 分数的分子和分母的最大公约数
            int m,n,r;
            m=nume; n=deno;
            r=m%n;
            while(r!=0)
            {
                m=n; n=r;
                r=m%n;
            }
            if(n!=0){                    //化简为最简分式
                nume/=n;
                deno/=n;
            }
            if(deno<0){                  //分母为负时处理
                nume=-nume;
                deno=-deno;
            }
        }
        int main()
        {
            Franc f1(5,6),f2(1,-2),f3;    //定义分数类对象
            cout<<"f1="; f1.display();
            cout<<"f2="; f2.display();
            f3=f1+f2;                     //重载 "+" 运算符实现分数加法
            cout<<"f1+f2=";
            f3.display();
            if(f1==f2)                    //重载 "==" 运算符判断 f1 和 f2 是否相等
                cout<<"f1 和 f2 相等"<<endl;
                else cout<<"f1 和 f2 不相等"<<endl;
            return 0;
        }
```

程序运行结果：

　　f1=(5/6)

　　　　f2=(1/-2)

　　　　f1+f2=(1/3)

　　　　f1+f2=f1 和 f2 不相等

　　上面程序的分析结果如下：

　　(1) 程序中将运算符重载为类的成员函数。这样 C++ 系统在处理运算表达式"f1+f2"时，把对表达式的处理自动转化为对成员运算符重载函数 operator+ 的调用，即"f1.operator+(f2)"。通过"+"运算符左边的对象去调用 operator+，"+"运算符右边的对象作为函数调用的实参，这样双目运算符左边的对象就由系统通过 this 指针隐含地传递给 operator+ 函数。因此，如果将双目运算符函数重载为类的成员函数，其参数表只需写一个形参。

　　(2) 运算符"=="重载函数实现两个分数的比较，表达式 f1==f2 相当于函数调用 f1.operator==(f2)。

　　(3) 程序使用了类 Franc 的成员函数实现分数的化简。先求出分子、分母的最大公约数，然后用公约数分别去除分子、分母，同时对分母为负做了处理。

　　2. 运算符重载为友元函数

　　前面的例子是将运算符重载函数作为类的成员函数，也可以重载为类的友元函数。运算符重载函数作为类的友元函数与成员函数的不同在于后者本身是类中的成员函数，而它是类的友元函数，是独立于类外的普通函数。

　　将运算符重载函数定义为类的友元函数，其原型在类内部的声明格式如下：

　　　　class 类名

　　　　{

　　　　　　...

　　　　　　friend 返回类型 operator 运算符(形参表);

　　　　　　...

　　　　};

　　　　在类外定义友元运算符重载函数的格式如下：

　　　　返回类型 operator 运算符(形参表)

　　　　{

　　　　　　函数体

　　　　}

　　与成员函数定义方法相比，只是在类中声明函数原型时前面加了一个关键字 friend，表明这是一个友元运算符重载函数，只有声明为友元函数，才可以访问类的私有成员；由于友元运算符重载函数不是该类的成员函数，所以在类外定义时不需要缀上类名。这时，运算符所需要的操作数都需要通过函数的参数表来传递，在参数表中形参从左到右的顺序就是运算符操作数的顺序。

　　【例6-5】通过运算符重载为类的友元函数实现分数的加法和判断两个分数是否相等。

　　程序如下：

　　　　/*ch06-5.opp*/

```cpp
#include <iostream>
#include <stdlib.h>
using namespace std;
class Franc{
private:
    int nume;                    //分子
    int deno;                    //分母
public:
    Franc(){}
    Franc(int nu,int de){
        if(de==0){
            cerr<<"分母为零！"<<endl;
            exit(1);             //终止程序运行，返回C++主操作窗口
        }
        nume=nu; deno=de;
    }
    friend Franc operator+(Franc f1,Franc f2)
    {
        Franc f;
        f.nume=f1.nume*f2.deno+f2.nume*f1.deno;  //计算结果分数的分子
        f.deno=f1.deno*f2.deno;                  //计算结果分数的分母
        f.FranSimp();                            //对结果进行简化处理
        return f;                                //返回结果分数
    }
    friend bool   operator==(Franc f1,Franc f2)  //如果两个分数相等则返回true，否则返回false
    {
        if(f1.nume*f2.deno==f2.nume*f1.deno)
            return true;
        else
            return false;
    }
    void FranSimp();
    void display(){
        cout<<"("<<nume<<"/"<<deno<<")"<<endl;   //输出分数
    }
};
void Franc::FranSimp()       //化简为最简分数
{                            //求x分数的分子和分母的最大公约数
    int m,n,r;
```

```
        m=nume; n=deno;
        r=m%n;
        while(r!=0)
        {
            m=n; n=r;
            r=m%n;
        }
        if(n!=0)
        {                                  //化简为最简分式
            nume/=n;
            deno/=n;
        }
        if(deno<0){                        //分母为负时处理
            nume=-nume;
            deno=-deno;
        }
    }
    int main()
    {
        Franc f1(5,6),f2(1,-2),f3;         //定义分数类对象
        cout<<"f1="; f1.display();
        cout<<"f2="; f2.display();
        f3=f1+f2;                          //用重载运算符实现分数加法
        cout<<"f1+f2=";
        f3.display();
        if(f1==f2) cout<<"f1和f2相等"<<endl;   //判断f1和f2是否相等
        else cout<<"f1和f2不相等"<<endl;
        return 0;
    }
```

程序运行结果:

    f1=(5/6)

    f2=(1/-2)

    f1+f2=(1/3)

    f1+f2=f1 和 f2 不相等

分数相加操作

程序说明:

(1) 程序中将运算符重载为类的友元函数,就必须把操作数全部通过形参的方式传递给运算符重载函数。运算符"+"重载函数实现两个分数的相加,表达式 f1+f2 就相当于函数调用 operator+(f1,f2)。

(2) 运算符"=="重载函数实现两个分数的比较,表达式 f1==f2 相当于函数调用

operator==(f1,f2)。

6.2.5　重载单目运算符

对于前置单目运算符 X，如前置的"--"和"++"等，如果要重载为类的成员函数，用来实现表达式 X oprd，其中 oprd 为 A 类的对象，则 X 应当重载为 A 类的成员函数，函数没有形参。经过重载之后，表达式 X oprd 相当于函数调用 oprd. Operator X()。

对于后置单目运算符 X，如后置运算符"++"和"--"等，如果要重载为类的成员函数，用来实现表达式 oprd++ 或 oprd--，其中 oprd 为 A 类的对象，则 X 应当重载为 A 类的成员函数，函数有一个整型形参。重载之后，表达式 oprd X 就相当于函数调用 oprd.operator X(int)。这里的 int 类型参数在运算中不起任何作用，只是区别于前置运算符。

【例6-6】 用类的成员函数实现单目运算符"++"的重载。

分析：本例是一个时钟类的例子，可以把单目操作符"++"重载为时钟类的成员函数。对于前置单目运算符，重载函数没有形参，对于后置单目运算符，重载函数有一个整型形参。

程序如下：

```cpp
/*ch06-6.cpp*/
#include <iostream>
using namespace std;
class Clock{
  private:
     int Hour,Minute,Second;
  public:
    Clock(int H=0,int M=0,int S=0);
    void ShowTime();
    Clock    &operator++();             //前置单目运算符重载成员函数
    Clock   operator++(int);            //后置单目运算符重载成员函数
};
Clock::Clock(int H,int M,int S)
{
    if(H>=0&&H<24&&M>=0&&M<60&&S>=0&&S,60)
    { Hour=H; Minute=M; Second=S; }
    else
       cout<<" 时间错误！ "<<endl;
}
void Clock::ShowTime()
{
    cout<<Hour<<":"<<Minute<<":"<<Second<<endl;
}
Clock & Clock::operator++()
```

```
    {
        Second++;
        if(Second>=60)
        {   Second-=60;
            Minute++;
            if(Minute>=60)
            { Minute-=60; Hour++; Hour%=24; }
        }
        return *this;
    }
    Clock Clock:: operator++(int)
    {
        Clock h(Hour,Minute,Second);
        Second++;
        if(Second>=60)
        {   Second-=60;
            Minute++;
            if(Minute>=60)
            { Minute-=60; Hour++; Hour%=24; }
        }
        return h;
    }

    int main()
    {
        Clock clock(23,59,59),c;        //定义时钟对象
        cout<<"First time:"; clock.ShowTime();
        ++clock;
        cout<<"++clock:"; clock.ShowTime();
        ++(++clock);
        cout<<"++(++clock):"; clock.ShowTime();
        c=clock++;
        cout<<"clock++:"; c.ShowTime();
        cout<<"colck:"; clock.ShowTime();
        return 0;
    }
```

重载++为成员函数

程序运行结果：

    First time:23:59:59
    ++clock:0:0:0

```
++(++clock):0:0:2
clock++:0:0:2
colck:0:0:3
```

程序说明：

(1) 例 6-6 中，把时间自增前置"++"和后置"++"运算符重载为时钟类的成员函数，其主要区别就在于重载函数的形参。语法规定，前置单目运算符重载为成员函数时没有形参，而后置单目运算符重载为成员函数时需要有一个 int 型形参。表达式 ++clock 系统会自动转化为对运算符重载函数"clock.operator++()"的调用；表达式 clock++ 系统会自动转化为对运算符重载函数"clock.operator++(0)"的调用。这个 int 型的形参在函数体内并不使用，纯粹是用来区别前置和后置的，因此参数表中可以只给出类型名，没有参数名。

(2) 后置自增运算符按值返回 Clock 对象，而前置的自增运算符按引用返回 Clock 对象。这是因为在进行自增前，后置的自增运算符是先返回一个包含对象原始值的临时对象。C++将这样的对象作为右值处理，使其不能用在赋值运算符的左侧。"c=clock++;"语句就是把"clock++"作为右值赋值给 c 对象。前置的自增运算符返回实际自增后的具有新值的对象。这种对象在连续的表达式中可以作为左值使用。"++(++clock)"语句就是将"(++clock)"的结果作为左值进行连续的自增。

【例 6-7】 单目运算符"++"重载为类的友元函数。

程序如下：

```cpp
/*ch06-7.cpp*/
#include <iostream>
using namespace std;
class Clock{
    private:
        int Hour,Minute,Second;
    public:
        Clock(int H=0,int M=0,int S=0);
        void ShowTime();
        friend Clock &   operator++(Clock &c);        //前置 ++ 重载为类的友元函数
        friend Clock    operator++(Clock &c,int);      //后置 ++ 重载为类的友元函数
};
Clock::Clock(int H,int M,int S)
{
    if(H>=0&&H<24&&M>=0&&M<60&&S>=0&&S,60)
        { Hour=H; Minute=M; Second=S; }
    else
        cout<<" 时间错误！ "<<endl;
}
void Clock::ShowTime()
{
```

```
        cout<<Hour<<":"<<Minute<<":"<<Second<<endl;
}
Clock &operator++(Clock &c)        //实现 ++c，即时钟对象前加 1 秒的功能
{
        c.Second++;
        if(c.Second>=60)
        {   c.Second-=60;
            c.Minute++;
            if(c.Minute>=60)
            { c.Minute-=60; c.Hour++; c.Hour%=24; }
        }
        return c;
}
```

重载++为友元函数

```
Clock operator++(Clock &c,int)     //实现 c++，即时钟对象 c 后加 1 秒的功能
{
        Clock h(c.Hour,c.Minute,c.Second);
        c.Second++;
        if(c.Second>=60)
        {   c.Second-=60;
            c.Minute++;
            if(c.Minute>=60)
            { c.Minute-=60; c.Hour++; c.Hour%=24; }
        }
        return h;
}


int main()
{
        Clock clock(23,59,59),c;            //定义时钟对象
        cout<<"First time:"; clock.ShowTime();
        ++clock;
        cout<<"++clock:"; clock.ShowTime();
        ++(++clock);
        cout<<"++(++clock):"; clock.ShowTime();
        c=clock++;
        cout<<"clock++:"; c.ShowTime();
        cout<<"colck:"; clock.ShowTime();
        return 0;
}
```

程序运行的结果：

First time:23:59:59

++clock:0:0:0

++(++clock):0:0:2

clock++:0:0:2

colck:0:0:3

程序说明：例 6-7 中，把时间自增前置"++"和后置"++"运算符重载为时钟类的友元函数。语法规定，前置单目运算符重载为成员函数时没有形参，而后置单目运算符重载为成员函数时需要有一个 int 型形参。表达式 ++clock 系统会自动转化为对运算符重载函数"operator++(clock)"的调用；表达式 clock++ 系统会自动转化为对运算符重载函数"clock.operator++(clock,0)"的调用。

6.2.6　重载流插入运算符和流提取运算符

C++ 的流插入运算符"<<"和流提取运算符">>"是 C++ 在类库中提供的，所有 C++ 编译系统都在类库中提供输入流类 istream 和输出流类 ostream。cin 和 cout 分别是 istream 类和 ostream 类的对象。在类库提供的头文件<iostream>中已经对"<<"和">>"进行了重载，使之作为流插入运算符和流提取运算符，能用来输出和输入 C++ 标准类型的数据。因此，凡是用"cout<<"和"cin>>"对标准类型数据进行输入输出的，都要用#include <iostream> 把头文件包含到本程序文件中。

用户自己定义的类型的数据，是不能直接用"<<"和">>"来输出和输入的。如果想用它们输出和输入自己声明的类型的数据，必须对它们重载。

对"<<"和">>"重载的函数形式如下：

istream & operator >> (istream &, 自定义类 &);

ostream & operator << (ostream &, 自定义类 &);

即重载运算符">>"的函数的第一个参数和函数的类型都必须是 istream&类型，第二个参数是要进行输入操作的类的对象引用。重载"<<"的函数的第一个参数和函数的类型都必须是 ostream&类型，第二个参数是要进行输出操作的类的对象的引用。因此，只能将重载">>"和"<<"的函数作为友元函数或普通的函数，而不能将它们定义为成员函数。

我们把例 6-3 进行完善，重载">>"和"<<"运算符分别实现对 Complex 对象的输入和输出。

【例 6-8】　重载">>"和"<<"运算符示例。

程序如下：

```
/*ch06-8.cpp*/
#include <iostream>
using namespace std;
class Complex{
    private:
        float Real;
        float Imag;
```

```
    public:
        Complex(){ Real=0; Imag=0;   }
        Complex(float Re,float Im)
          {   Real=Re; Imag=Im;    }
        Complex operator+(Complex c);          //运算符"+"重载为成员函数
        Complex operator-(Complex c);          //运算符"-"重载为成员函数
        //重载">>"运算符,对 Complex 对象进行输入
        friend istream & operator>>(istream &in,Complex &c);
        //重载"<<"运算符,对 Complex 对象进行输出
        friend ostream & operator<<(ostream &out,Complex &c) ;
};
Complex Complex::operator +(Complex c)
{
    return Complex(Real+c.Real,Imag+c.Imag);
}
Complex Complex::operator -(Complex c)
{
    return Complex(Real-c.Real,Imag-c.Imag);
}
istream & operator>>(istream &in,Complex &c)
{
    in>>c.Real>>c.Imag;
    return in;
}
ostream & operator<<(ostream &out,Complex &c)
{
    out<<c.Real;
    if(c.Imag>0)
        if(c.Imag!=1) out<<"+"<<c.Imag<<"i";
        else out<<"+"<<"i";
    else if(c.Imag<0)
        if(c.Imag!=-1)
            out<<c.Imag<<"i";
        else out<<"-i";
    return out;
}
int main()
{
    Complex c1,c2,c3;              //定义复数类对象
```

```
        cin>>c1>>c2;              //用 ">>" 运算符输入两个 Complex 对象
        cout<<"c1="<<c1<<endl;    //用 "<<" 运算符输出 Complex 对象
        cout<<"c2="<<c2<<endl;
        c3=c1+c2;
        cout<<"c1+c2="<<c3<<endl;
        c3=c1-c2;
        cout<<"c1-c2="<<c3<<endl;
        return 0;
    }
```

　　输入：

```
    1   -1
    3   -5
```

　　程序运行结果：

```
    c1=1-i
    c2=3-5i
    c1+c2=4-6i
    c1-c2=-2+4i
```

重载插入和提取运算符

　　说明：(1) 程序中重载了运算符 "<<" 时，运算符重载函数中的形参 out 是 ostream 类对象的引用。如 "cout<<c1；" 中，运算符 "<<" 的左面是 cout，cout 是 ostream 类的对象。"<<" 的右面是 c1，它是 Complex 类的对象。由于已将运算符 "<<" 的重载函数声明为 Complex 类的友元函数，编译系统会把 "cout<<c1" 解释为 operator<<(cout, c1)，即以 cout 和 c1 作为实参调用上面的 operator<<函数。

　　调用此函数时，形参 out 作为 cout 的引用也就是 cout 的别名，形参 c 成为 c1 的引用也就是 c1 的别名。按引用传递参数使用的内存和时间都比按值传递少。

　　请思考 operator<<函数的返回值为什么是 ostream 类的引用？这样做的目的是能连续向输出流插入信息。out 实参 cout 的引用，也就是 cout 通过传送地址给 out，使它们二者共享同一段存储单元，也就是说 out 对象是 cout 对象的别名。因此函数最后 return out 就是 return cout。将输出流 cout 的现状返回，即保留输出流的现状。

　　那么 "cout<<c1" 的返回值就是 cout 的当前值。如果有以下输出："cout<<c1<<c2"，实际可被看做(cout<<c1)<<c2，而执行(cout<<c1)得到的结果就是具有新内容的流对象 cout，因此，(cout<<c1)<<c2 保证了第二个 "<<" 运算符左侧是输出 c1 之后的新的 ostream 类对象 cout，右侧是 Complex 类对象 c2，则再次调用运算符 "<<" 的重载函数，接着向输出流插入 c2 的数据。

　　流提取运算符 ">>" 重载的实现方法与流插入运算符 "<<" 的实现方法类似，这里不再赘述。

　　(2) 用户在程序中就不必定义许多成员函数去完成某些运算和输入输出的功能，而使用流提取和流插入运算符实现自定义类的输入和输出使程序变得更加简单易读。好的运算符重载能很好地体现面向对象程序设计思想。

　　可以看到，在运算符重载中使用引用(reference)的重要性。利用引用作为函数的形参可以在调用函数的过程中不是用传递值的方式进行虚实结合，而是通过传址方式使形参成为实参的别名，因此不生成临时变量(实参的副本)，减少了时间和空间的开销。此外，如果重载函数的返回值是对象的引用时，返回的不是常量，而是引用所代表的对象，它可以出现在赋值号的左侧而成为左值(left value)，可以被赋值或参与其他操作(如保留 cout 流的当前值以便能连续使用"<<"输出)。但使用引用时要特别小心，因为修改了引用就等于修改了它所代表的对象。

6.2.7 重载下标运算符[]

下标操作符 [] 通常用于访问数组元素。重载该运算符用于增强操作 C++ 数组的功能。下面的实例演示了如何重载下标运算符 []。

【例 6-9】 重载下标运算符 []。

程序如下：

```cpp
/*ch06-9.cpp*/
#include<iostream>
using namespace std;
class Sales
{
public:
    void Init(char ch[])
    {
        strcpy(name,ch);
    }
    int & operator[](int sub);          //数组下标运算符重载
    char* GetName(){return name; }
private:
    char name[25];                      //公司名称
    int divisionTotals[5];              //公司各个部门销售额
};
int &Sales::operator[](int sub)         //数组下标运算符重载
{
    if(sub<0 || sub>4)                  //判断下标是否越界
    {
        cerr<<"数组下标越界."<<endl;
        abort();
    }
    return divisionTotals[sub];         //返回下标为 sub 的部门销售额
}
int main(){
    int totalSales=0,avgSales,i;
```

```
        Sales company;
        company.Init("Sweet Toy");
        company[0]=123;
        company[1]=213;
        company[2]=324;
        company[3]=351;
        company[4]=289;
        cout<<company.GetName()<<"'s divisions are:"<<endl;
        for( i=0; i<5; i++)
            cout<<company[i]<<"\t";   //调用下标运算符重载函数
        for( i=0; i<5; i++)
            totalSales+=company[i];
        cout<<endl;
        cout<<"totalsales is "<<totalSales<<endl;
        avgSales=totalSales/5;
        cout<<"totalsales is "<<avgSales;
    }
```

程序运行结果：

Sweet Toy's divisions are:

123　　213　　324　　351　　289

totalsales is 1300

totalsales is 260

程序分析如下：

(1) 在上述程序中，我们创建了 Sales 类的对象 company，通过 Init(char [])为其 name 赋值。它的每个部门的销售额是通过调用下标运算符重载函数实现的。

(2) 因为重载下标运算符"[]"时返回的是和下标对应的那个部门的销售额的引用，这样可使重载的"[]"用在赋值语句的左边，因而在 main 函数中，可对每个部门的销售额 divisionTotals[i]进行赋值。

(3) operator[](int)成员函数中设有对下标的检验，以确保被赋值的数组元素存在。当程序中一旦对超出所定义的数组下标范围的数组元素进行赋值时，便会自动终止程序，以免造成不必要的破坏。

(4) 注意：下标运算符"[]"不能被重载为类的友元函数，只能采用被重载为类的成员函数。

6.2.8　重载赋值运算符=

对于任意类 ClassX，如果没有用户自己定义的赋值运算符，那么系统会自动地为其生成缺省的赋值运算符重载函数，定义为类 ClassX 中的成员到成员的赋值，例如：

```
        ClassX &ClassX::operator=(const ClassX &s)
        {
```

```
                //成员间赋值
    }
```

若 obj1 和 obj2 是类 ClassX 的两个对象，obi1 已被创建，则编译程序遇到如下

语句：obj2=obj1 时，就调用缺省的赋值运算符重载函数，将对象 obi1 的数据成员的值逐个赋给对象 obj2 的对应数据成员中。

通常，缺省的赋值运算符重载函数是能够胜任工作的。但是，如果类的数据成员中包含指向动态分配的内存的指针成员时，系统提供的默认赋值运算符重载函数会出现危险,造成指针悬挂。下面的例子解决了 MyString 类的赋值操作引起的指针悬挂问题。

【例 6-10】　重载赋值运算符函数解决指针悬挂问题。

程序如下：

```cpp
/*ch06-10.cpp*/
#include<iostream>
using namespace std;
#include<string>
#include<cassert>
class MyString                    //自定义字符串类
{
public:
    MyString ();                  //默认构造函数
    MyString(const char* src);    //带参数的构造函数
    ~MyString();                  //析构函数
    const char* ToString() const{ return str; }        //到普通字符串的转换
    unsigned int Length() const { return len ; }       //求字符串的长度
    MyString & operator=(const MyString &right);       //赋值运算符重载函数
private:
    char * str;            //字符指针 str,将来指向动态申请到的存储字符串的内存空间
    unsigned int len;      //存放字符串长度
};
MyString::MyString (){
    len=0;
    str=new char[len+1];
    str[0]='\0';
}
MyString::MyString(const char* src)
{
    len=strlen(src);
    str=new char[len+1];
    if(!str)
    {
```

```
                cerr<<"Allocation Error!\n";
                exit(1);
            }
        strcpy(str,src);
    }
    MyString::~MyString()
    {
        delete str;
        str=NULL;
    }
    MyString & MyString::operator=(const MyString &right)
    {
        if ( &right !=this )
        {
            int length=right.Length();
            if(len<length)                    //根据形参 src 字符串的长度，动态申请空间
            {
                delete[] str;
                str=new char [length+1];      //str 指向动态申请空间的首地址
                assert(str!=0);
            }
            int i;
            for(i=0; right.str[i]!='\0'; i++)
                str[i]=right.str[i];
            str[i]='\0';
            len=length;
        }
        return *this;
    }
    int main(){
        MyString str1("Hello!"),str2;
        cout<< "strl:" <<str1.ToString()<<endl;
        str2=str1;    //调用赋值运算符重载函数将 str1 赋值给 str2
        cout<<"str2: "<<str2.ToString()<<endl;
        return 0;
    }
```

程序运行结果：

　　str1：Hello！

　　Str2：Hello！

程序说明如下：

(1) 类的赋值运算符"="只能被重载为类的成员函数，不能把它重载为友元函数。

(2) 执行语句"str2=str1；"，系统会自动调用 str2.operator=(str1)函数实现两个对象的赋值。

(3) 类的赋值运算符"="可以被重载，但重载了的运算符函数不能被继承。

6.3　不同类型数据间的转换

6.3.1　标准类型数据间的转换

对于系统的预定义基本类型数据，C++ 提供了两种类型转换方式：隐式类型转换(或称标准类型转换)和显式类型转换(或称强制类型转换)。

1. 隐式类型转换

```
int a=5,sum;
double b=5.55;
sum=a+b;
```

上述代码中 sum=a+b; 语句就是含有隐式类型转换的表达式，在进行"a+b"时，编译系统先将 a 的值 5 转换为双精度 double，然后和 b 相加得到 10.55，在向整型变量 sum 赋值时，将 10.55 转换为整型数 10，赋值为变量 sum。这种转换是 C++ 编译系统自动完成的，不需要用户去干预。

在以下 4 种情况下会进行隐式转换：

(1) 算术运算式中，低类型能够转换为高类型，高类型也能够转换为低类型。但是高类型转换为低类型时可能有些数据丢失。

(2) 赋值表达式中，右边表达式的值自动隐式转换为左边变量的类型，并赋值。

(3) 函数调用中参数传递时，系统隐式地将实参转换为形参的类型后，赋值给形参。

(4) 函数有返回值时，系统将隐式地将返回表达式类型转换为返回值类型，赋值给调用函数。

2. 显示类型转换

```
int a=5,sum;
double b=5.55;
sum=(int)(a+b); //-------(1)
sum=int(a+b); //-------(2)
```

上述代码中的(1)和(2)中都涉及了显式类型转换，它们都是把 a+b 所得结果的值，强制转化为整型数。只是(1)式是 C 语言中用到的形式：(类型名)表达式，而(2)式是 C++ 中的采用的形式：类型名(表达式)。

前面介绍的都是一般数据类型之间的转换。那么对于用户自定义的类型而言，如何实现它们与其他数据类型之间的转换呢？通常可以归纳为以下 2 种方法：

(1) 通过转换构造函数进行类型转换；

(2) 通过类型转换函数进行类型转换。

下面分别予以介绍。

6.3.2　用转换构造函数实现类型转换

毫无疑问转换构造函数就是构造函数的一种，只不过它拥有类型转换的作用罢了。在例 6-3 中我们重载了运算符"+"实现了两个复数相加，现在如果我们想要实现一个复数和一个双精度数相加该怎么办呢？也许你首先会想到再定义一个关于复数加双精度数的运算符重载函数。这样做的确可以，但不是最好的解决方法。实际我们可以定义一个转换构造函数来解决上述的问题。我们对例 6-3 中的 Complex 类进行如下改造：

【例 6-11】　转换构造函数实现类型转换。

程序如下：

```cpp
/*ch06-11.cpp*/
#include <iostream>
using namespace std;
class Complex{
   private:
    float Real;
    float Imag;
   public:
    Complex(){ Real=0; Imag=0;   }
    Complex(double Re,double Im)
    {   Real=Re; Imag=Im;   }
    Complex(double d)              //转换构造函数
    {Real=d; Imag=0; }             //复数的实部置为 d，虚部置为 0
    Complex & operator+(Complex c)
    {return Complex(Real+c.Real,Imag+c.Imag); }
    void display();
};
void Complex::display()
{
    if(Imag!=0)
    {
        cout<<"("<<Real;
        if(Imag>0)
            if(Imag!=1) cout<<"+"<<Imag<<"i)";
            else    cout<<"+"<<"i)";
        else if(Imag<0)
        if(Imag!=-1)
            cout<<Imag<<"i)";
```

```
        else cout<<"-i)";
        }
        else
            cout<<Real;
    }
    int main()
    {
        Complex c1(5.0,10),sum;
         Complex    c2(5.5);
        sum=c1+c2;
        sum.display();
        return 0;
    }
```

程序运行结果：

　　　(5+10i)+5.5=(10.5+10i)

程序分析：

(1) 上述代码在执行 Complex c2(5.5)时，调用了转换构造函数，将 double 类型的数据 5.5 转换为无名的 Complex 类的临时对象(5.5+0i)，然后执行两个 Complex 类对象相加的运算。

(2) 一般的转换构造函数的定义形式如下：

```
    类名(待转换类型) {
        函数体;
    }
```

转换构造函数不仅可以将预定义的数据类型转换为自定义类的对象，也可以将另一个类的对象转换成转换构造函数所在的类的对象。例如下面的例子：

```
    class student{
    public:
        ...
    private:
        char id[10];
        char name[20];
        char sex;
        float score;
    };
    class teacher{
    public:
        teacher(student &s){ //类型转换构造函数
            strcpy(num,s.id);
            strcpy(name,s.name);
```

```
                sex=s.sex;
            }
            ...
        private:
            char num[10];
            char name[20];
            char sex;
            char title[40];
        };
```

(3) 转换构造函数可以把预定义类型转化为自定义类的对象，但是却不能把类的对象转换为基本数据类型。比如不能将 Complex 类(复数类)的对象转换成 double 类型数据。在 C++ 中就用类型转换函数来解决这个问题。现在我们来看看用类型转换函数如何进行类型转换。

6.3.3   用类型转换函数进行类型转换

定义类型转换函数的一般形式如下：

```
        class  类名
        {  ...
            operator  目标类型  ( )
            {
                ...
                return  目标类型的数据;
            }
        };
```

目标类型是所要转化成的类型名，既可以是预定义及基本类型也可以是自定义类型。类型转换函数的函数名(operator 目标类型)前不能指定返回类型，且没有参数。但在函数体中，最后一条语句一般为 return 语句，返回的是目标类型的数据。现在我们对 Complex 类做类似改造：

【例 6-12】 类型转换函数。

程序如下：

```
        /*ch06-12.cpp*/
        #include <iostream>
        using namespace std;
        class Complex{
            private:
                float Real;
                float Imag;
            public:
                Complex(){ Real=0; Imag=0;  }
```

```
        Complex(double Re,double Im)
        {   Real=Re; Imag=Im;   }
        operator double()      //类型转换函数
        { return Real; }       //返回实数部分
        Complex & operator+(Complex c)
        {return Complex(Real+c.Real,Imag+c.Imag); }
        void display();
    };
    void Complex::display()
    {
        if(Imag!=0)
        {
            cout<<"("<<Real;
            if(Imag>0)
                if(Imag!=1) cout<<"+"<<Imag<<"i)";
                else    cout<<"+"<<"i)";
            else if(Imag<0)
                if(Imag!=-1)
                    cout<<Imag<<"i)";
                else cout<<"-i)";
        }
        else
        cout<<Real;
    }
    int main()
    {
        Complex c(5.0,10);
        double b;
        b=double(c);    //调用类型转换函数
        c.display();
        cout<<"转换为 double 型为："<<b;
        return 0;
    }
```

程序运行结果：

　　(5+10i)转换为 double 型为 5

　　类型转换函数 operator double()的功能是将 Complex 类的对象转换为 double 类型的数据。

　　关于类型转换函数说明如下：

　　(1) 类型转换函数只能定义为一个类的成员函数而不能定义为类的友元函数或普通函

数，因为转换的主体是本类的对象。

(2) 类型转换函数既没有参数也不显示给出返回值类型。

(3) 类型转换函数中必须有"return 目的类型的数据；"的语句，即必须送回目的类型数据作为函数的返回值。

(4) 一个类可以定义多个类型转换函数。C++ 编译器将根据操作数的类型自动地选择一个合适的类型转换函数与之匹配。在可能出现二义性的情况下，应显式地使用类型转换函数进行类型转换。

(5) 通常把类型转换函数称为类型转换运算符函数，由于它是重载函数，因此也被称为类型转换运算符重载函数或强制类型转换运算符重载函数。

6.4　虚　函　数

虚函数(virtual function)允许函数调用与函数体之间的联系在运行时才建立，是实现动态联编的基础。虚函数经过派生之后，可以在类族中实现运行时的多态，充分体现了面向对象程序设计的动态多态性。

6.4.1　虚函数的定义

一般而言，虚函数是在基类中定义的，在派生类中将被重新定义，用来指明派生类中该函数的实际操作。从这个意义上说，基类中定义的虚函数为整个类族提供了一个通用的框架，说明了一般类所应该具有的行为。

虚函数

声明虚函数的一般格式：

```
class <类名> {
public:
    virtual <返回类型> <函数名>(<参数表>);   // 虚函数的声明
};
<返回类型> <类名>∷<函数名>(<参数表>)    // 虚函数的定义
{ … }
```

其中：virtual 关键字说明该成员函数为虚函数。虚函数的定义与类的一般成员函数定义的区别仅在于其定义格式前多了一个 virtual 关键字以限定该成员函数。

在定义虚函数时要注意以下几点：

(1) 虚函数不能是静态成员函数，也不能是友元函数。因为静态成员函数和友元函数不属于某个对象。

(2) 内联函数是不能在运行中动态确定其位置的，即使虚函数在类的内部定义，编译时，仍将其看作非内联的。

(3) 只有类的成员函数才能说明为虚函数，虚函数的声明只能出现在类的定义中。因为虚函数仅适用于有继承关系的类对象，普通函数不能说明为虚函数。

(4) 构造函数不能是虚函数，析构函数可以是虚函数，而且通常声明为虚函数。

如果基类的某个成员函数被说明为虚函数，它无论被公有继承多少次，仍然保持其虚函数的特性。

在正常情况下，对虚函数的访问与其他成员函数完全一样。只有通过指向基类的指针或引用来调用虚函数时才体现虚函数与一般函数的不同。

使用虚函数是实现动态联编的基础。要实现动态联编，概括起来需要满足 3 个条件：

(1) 应满足类型兼容规则。

(2) 在基类中定义虚函数，并且在派生类中要重新定义虚函数。

(3) 要由成员函数或者是通过指针、引用访问虚函数。

6.4.2 虚函数的作用

当在类的层次结构中声明了虚函数以后，并不一定就能实现运行时的多态性，必须合理调用虚函数才能实现动态联编。只有在程序中使用基类类型的指针或引用调用虚函数时，系统才以动态联编方式实现对虚函数的调用，才能获得运行时的多态性。如果使用对象名调用虚函数，系统仍然以静态联编方式完成对虚函数的调用，也就是说，用哪个类说明的对象，就调用在哪个类中定义的虚函数。

为了实现动态联编而获得运行时的多态性，通常都用指向第一次定义虚函数的基类对象的指针或引用来调用虚函数。

因此调用虚函数的步骤如下：

(1) 定义一个基类指针变量(或基类对象的引用)。

(2) 将基类对象的地址或派生类对象的地址赋给该指针变量(或者用基类或派生类对象初始化基类的引用)。

(3) 用"指针->虚函数(实参)"方式(或者基类对象的引用虚函数(实参)方式)去调用基类或派生类中的虚函数。

【例 6-13】 理解运行时的多态性。

程序 1：

```
#include <iostream>
const double PI=3.14;
using namespace std;
class Shape                    //定义基类
{
    public:
      Shape(){};
      double area() const {return 0.0; }
};
class Circle : public Shape          //定义派生类，公有继承方式
{
    public:
      Circle(double myr){R=myr; }
       double area() const {return PI*R*R; }
    protected:
```

```
        double R;
    };
    class Rectangle : public Shape        //定义派生类，公有继承方式
    {
      public:
        Rectangle (double myl,double myw){L=myl; W=myw; }
        double area() const {return L*W; }
      private:
        double L,W;
    };
    void func(Shape &ref)                 //形参为基类的引用
    {
        cout<<ref.area()<<endl;
    }
    double main()
    {
        Shape fig;                        //基类A对象
        cout<<"Area of Shape is ";
        func(fig);
        Circle   c(3.0);                  // 派生类Circle的对象
        cout<<"Area of Circle is ";
        func(c);
        Rectangle rec(4.0,5.0);           // 派生类Rectangle的对象
        cout<<"Area of Rectangle is ";
        func(rec);
        return 0;
    }
```

程序输出结果：

```
    Area of Shape is 0
    Area of Circle is 0
    Area of Rectangle is 0
```

程序 2：

```
    /*ch06-13.cpp*/
    #include <iostream>
    const double PI=3.14;
    using namespace std;
    class Shape                           //定义基类shape
    {
      public:
```

```
    Shape(){};
    virtual double area() const {return 0.0; }      //定义area为虚函数
};
class Circle : public Shape                          //定义派生类，公有继承方式
{
  public:
    Circle(double myr){R=myr; }
    virtual double area() const {return PI*R*R; }    //重新定义虚函数
  protected:
    double R;
};
class Rectangle : public Shape                       //定义派生类，公有继承方式
{
  public:
    Rectangle (double myl,double myw){L=myl; W=myw; }
    virtual double area() const {return L*W; }       //重新定义虚函数
  private:
    double L,W;
};
void func(Shape &ref)                                 //形参为基类的引用
{
    cout<<ref.area()<<endl;                           //通过基类的引用调用虚函数
}
double main()
{
    Shape fig;                                        //定义基类A 的对象fig
    cout<<"Area of Shape is ";
    func(fig);                                        //用 fig 初始化基类的引用调用虚函数
    Circle   c(3.0);                                  //定义派生类Circle的对象c
    cout<<"Area of Circle is ";
    func(c);                                          //用 c 初始化基类的引用调用虚函数
    Rectangle rec(4.0,5.0);                           //定义派生类Rectangle的对象rec
    cout<<"Area of Rectangle is ";
    func(rec);                                        //用 rec 初始化基类的引用调用虚函数
    return 0;
}
```

程序输出结果：

Area of Shape is 0

Area of Circle is 28.26

Area of Rectangle is 20

程序分析：

为什么把基类中的 area()函数定义为虚函数时，程序运行结果就正确了呢？这是因为，在基类中定义的 are()函数前面的关键字"virtual"指示 C++编译器调用"ref.area()"时要在运行时确定所要调用的函数，即要对该调用进行动态绑定或晚期绑定。因此在程序运行时根据引用 ref 所引用的实际对象确定调用该对象的成员函数。

运行时多态

可见，继承、虚函数、指向基类对象的指针或基类对象的引用结合可使 C++ 支持运行时的多态性，而多态性是面向对象的程序设计中非常重要的概念，实现了在基类中定义派生类所拥有的通用接口，而在派生类中定义具体的实现方法，即通常说的"同一接口，多种方法"。

由虚函数实现的动态多态性就是：同一类族中不同类的对象，对同一函数调用作出不同的响应。在派生类中重新定义此函数，要求函数名、函数类型、函数参数个数和类型全部与基类的虚函数相同，并根据派生类的需要重新定义函数体。C++ 规定，当一个成员函数被声明为虚函数后，其派生类中的同名函数都自动成为虚函数。因此在派生类重新声明该虚函数时，可以加 virtual，也可以不加，但习惯上一般在每一层声明该函数时都加 virtual，使程序更加清晰。如果在派生类中没有对基类的虚函数重新定义，则派生类简单地继承其直接基类的虚函数。

【例 6-14】 演示虚函数使用不恰当。

程序如下：

```cpp
/*ch06-14.cpp*/
#include <iostream>
using namespace std;
class Base
{
  public:
    virtual int func(int x)              //虚函数返回类型为 int
    {
        cout <<"This is Base class ";
        return x;
    }
};
class Subclass :public Base
{
  public:
    virtual float   func(int x)          //虚函数返回类型为 float
    {
        cout <<"This is Sub class ";
        float y=float(x);
```

```
            return y;
        }
};
void test (Base& x)
{
    cout<<"x= "<<x.func(5)<<endl;
}
void main ( )
{
    Base bc;
    Subclass sc;
    test (bc);
    test (sc);
}
```

编译程序，出现错误提示"verriding virtual function differs from 'Base::func' only by return type or calling convention"。这说明派生类显式地给出了虚函数声明，但派生类中的 func( ) 与基类的 func()返回类型不同，不符合覆盖条件，也不符合函数重载的要求，因此编译不能通过。

【例 6-15】 演示虚特性失效程序。

程序如下：

```
/*ch06-15.cpp*/
#include <iostream>
using namespace std;
class Base
{
 public:
    virtual int func(int x)          //虚函数，形参为 int 型
    {
        cout <<"This is Base class ";
        return x;
    }
};
class Subclass :public Base
{
 public:
    virtual int func(float x)        //虚函数，形参为 float 型
    {
        cout <<"This is Sub class ";
        int y=float(x);
```

```
            return y;
        }
};
void test (Base& x)
{
    cout<<"x= "<<x.func(5)<<endl;
}
void main ( )
{
    Base bc;
    Subclass sc;
    test (bc);
    test (sc);
}
```

程序输出结果：

```
This is Base class x=5
This is Base class x=5
```

如果派生类函数与基类的虚函数仅函数名相同，其他不同，则 C++ 认为是重定义函数，虚函数失效。

【例 6-16】 虚函数对它的基类中的函数没有影响示例。

程序如下：

```
/*ch06-16.cpp*/
#include <iostream>
using namespace std;
class A
{
 public:
    int func(int x)          //不是虚函数
    {
        cout <<"This is A class "<<x<<endl;
        return x;
    }
};
class B :public A
{
 public:
    virtual int func(int x)        //虚函数
    {
        cout <<"This is B class "<<x<<endl;
```

```
            return x;
        }
};
class C :public B
{
 public:
    int func(int x)          //自动成为虚函数
    {
        cout <<"This is C class "<<x<<endl;
        return x;
    }
};
void test (B *p){
    p->func(5);
}
int main ( )
{
    B b ;
    C c;
    B *pb=&b;                // B 类指针 pb 指向 B 类对象 b
    test(pb) ;
    pb=&c;                   // B 类指针 pb 指向 C 类对象 c
    test(pb);
    A *pa=&c;                // A 类指针 pa 指向 C 类对象 c
    pa->func(5);
    return 0;
}
```

程序输出结果：

```
This is B class x=5
This is C class x=5
This is A class x=5
```

程序分析：

(1) 类 A 的成员函数 func(int)不是虚函数，当类 A 的指针 pa 指向 C 类对象 c 时，执行 pa→func(5)时是按静态联编进行的，因为 pa 是基类 A 的指针所以只能调用基类的 func 函数，输出的是 This is A class x=5。因此派生类的虚函数对它的基类中的函数没有影响。

(2) 在类 B 中，将 func(int)函数声明为虚函数，那么通过类 B 的指针或引用来调用类 B 的 func 函数时才会采取动态联编实现。调用 test 函数时当形参 p 指向的是类 B 的对象时，调用的就是类 B 的 func(int)函数；当形参 p 指向的是类 C 的对象时，调用的就是 C 类的 func(int)函数。

我们来看一看虚函数与函数重载的关系。在派生类中被重新定义的基类中的虚函数，是函数重载的另一种形式。但虚函数与一般重载函数有区别，具体区别在于：

(1) 重载函数的调用是以所传递参数序列的差别作为调用不同函数的依据；而虚函数是根据对象的不同去调用不同类的虚函数。

(2) 重载函数在编译时表现出多态性，是静态联编；而虚函数则在运行时表现出多态性，是动态联编。

(3) 构造函数可以重载，析构函数不能重载；正好相反，构造函数不能定义为虚函数，析构函数能定义为虚函数。

(4) 重载函数只要求函数有相同的函数名，并且重载函数是在相同作用域中定义的名字相同的不同函数；而虚函数不仅要求函数名相同，而且要求函数的形参类型、形参个数、返回类型也相同。

(5) 重载函数可以是成员函数或友员函数；而虚函数只能是非静态成员函数。

6.4.3 对象的存储

C++ 中一个类中无非有四种成员：静态数据成员和非静态数据成员，静态函数和非静态函数。

对象的存储

(1) 非静态数据成员被放在每一个对象体内作为对象专有的数据成员。

(2) 静态数据成员被提取出来放在程序的静态数据区内，为该类所有对象共享，因此只存在一份。

(3) 静态和非静态成员函数最终都被提取出来放在程序的代码段中并为该类所有对象共享，因此每一个成员函数也只能存在一份代码实体。在 C++ 中类的成员函数都是保存在静态存储区中的，静态函数也是保存在静态存储区中的，它们都是在类中保存同一个备份。

因此，构成对象本身的只有数据，任何成员函数都不隶属于任何一个对象，非静态成员函数与对象的关系就是绑定，绑定的中介就是 this 指针。成员函数为该类所有对象共享，不仅是出于简化语言实现、节省存储的目的，而且是为了使同类对象有一致的行为。同类对象的行为虽然一致，但是操作的数据成员不同。我们用下面的例子说明：

```cpp
#include <iostream>
using namespace std;
class   classA
{
 private:
    int x,y;
 public:
    void setx(int x) {   this->x=x; }
    void sety(int y) {   this->y=y; }
    void print()
    {
        cout<<"x="<<x<<endl<<"y="<<y<<endl;
    }
```

```
            };
        int main()
        {
            classA   a;
            setx(10);
            a.sety(20);
            a.print();
            int *p=(int *)&a;
             *p=6; //实际修改的是对象 a 的数据成员 x 的值
            a.print();
        }
```

程序运行结果：

```
        x=10
        y=20
        x=6
        y=20
```

程序分析：对象 a 的内存模型见图 6-1，对象 a 在内存中只存储了非静态数据成员 x 和 y，那么(int *)&a 赋值给 p 指针后，p 指针指向的是 a 对象的数据成员 x，所以执行 *p=6 语句后实际是把 a 对象的数据成员 x 赋值为 6。我们这里是举例子，实际不建议直接修改对象的数据成员这种方式。

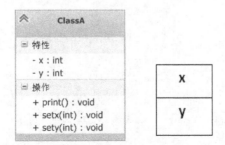

图 6-1　类 classA 的类图和类 ClassA 的对象的内存模型

(4) 单继承的对象的内存模型为第一个为虚函数表指针 vtbl，然后是非静态数据成员且先基类的数据成员，然后是子类的数据成员，虚函数表里包含了所有的虚函数的地址，以 NULL 结束。虚函数如果子类有重写，就由子类的重新的代替。

```
        #include <iostream>
        using namespace std;
        class A
        {
         public:
            virtual void v1()
            {
```

```cpp
        cout<<"调用了 A 类的 v1 函数"<<endl;
    }
    virtual void v2()
    {
        cout<<"调用了 A 类的 v2 函数"<<endl;
    }
    private:
        int a;
};
class B:public A
{
 public:
    virtual void v2()
    {
        cout<<"调用了 B 类的 v2 函数"<<endl;
    }
    virtual void v3()
    {
        cout<<"调用了 B 类的 v3 函数"<<endl;
    }
 private:
    int b;
};
class C:public B
{
 public:
    virtual void v1()
    {
        cout<<"调用了 C 类的 v1 函数"<<endl;
    }
    virtual void v3()
    {
        cout<<"调用了 C 类的 v3 函数"<<endl;
    }
 private:
    int c;
};
int main(){
    C c;
```

```
        B *pb=&c;
        pb->v1();
        pb->v2();
        pb->v3();
        return 0;
    }
```

程序运行结果：

　　　　调用了 C 类的 v1 函数

　　　　调用了 B 类的 v2 函数

　　　　调用了 C 类的 v3 函数

程序分析：

从继承关系图 6-2 可以看出：类 B 的虚函数 v2 覆盖了类 A 的虚函数 v2，类 C 的虚函数 v1 覆盖了类 A 的虚函数 v1，类 C 的虚函数 v3 覆盖了类 B 的虚函数 v3，从而得到了类 C 的内存模型如图 6-3 所示。类 C 的虚函数表指针 Vtbl 后面的链表里存储了所有的虚函数的地址。所以语句 B *pb=&c 将 B 类的指针 pb 指向了 C 类的对象之后，通过 pb 分别调用 v1、v2 和 v3 函数，C++ 的编译系统才知道调用哪个类的 v1、v2 和 v3 函数。

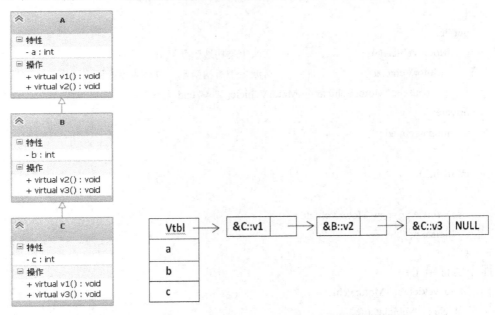

图 6-2　类之间的继承关系图　　　　　　图 6-3　类 C 的内存模型图

6.4.4　虚析构函数

在析构函数前面加上关键字 virtual 进行说明，则称该析构函数为虚析构函数。虚析构函数的声明语法为

　　　　virtual ~类名( );

把析构函数说明为虚析构函数有什么作用呢？让我们来看下面的例子。

【例6-17】 在交通工具类 vehicle 中使用虚析构函数。

程序如下：

```
/*ch06-17.cpp*/
#include <iostream>
using namespace std;
class Vehicle                        //声明基类Vehicle
{
public:
    Vehicle( ){}                     //构造函数
    virtual ~Vehicle( )              //虚析构函数
    {    cout << "Vehicle :: ~Vehicle( )" << endl;    }
private:
    int wheels;
    float weight;
};
class MotorVehicle: public Vehicle   //声明Vehicle的公用派生类MotorVehicle
{
public:
    MotorVehicle( ){}                //派生类构造函数
    ~MotorVehicle( )                 //派生类析构函数，自动成为虚析构函数
    {    cout << "MotorVehicle :: ~MotorVehicle( )" << endl;    }
private:
    int passengers;
};
int main( )
{
    Vehicle *p=new MotorVehicle ;
    delete p;
}
```

程序运行结果：

```
MotorVehicle :: ~MotorVehicle( )
Vehicle :: ~Vehicle( )
```

程序分析：

p 是基类 Vehicle 的指针，p 指向了动态申请的派生类 Motor Vehicle 对象空间。当执行 delete p; 代码时，系统会首先释放派生类 Motor Vehicle 的对象空间，即系统先调用了派生类 MotorVehicle 的析构函数，然后再调用基类 Vehicle 的析构函数，整个派生类的对象被完全释放。为什么会这样呢？原因就是基类的析构函数被说明为了虚函数。

如果我们没有把类 Vehicle 的析构函数说明为虚析构函数，那么再运行程序，我们得到这样的运行结果：

Vehicle::~Vehicle( )

从运行结果我们看到，系统只调用了基类的析构函数，没有调用派生类的析构函数，使得派生类对象的存储空间没有被释放。

当基类的析构函数为虚函数时，无论指针指向的是同一类族中的哪一个类对象，系统都会采用动态联编，调用相应的析构函数，对该对象所涉及的额外内存空间进行清理工作。最好把基类的析构函数声明为虚函数，这将使所有派生类的析构函数自动成为虚函数。这样，如果程序中在释放派生类对象空间时，系统会首先调用派生类的析构函数，再调用基类的析构函数，这样整个派生类的对象被完全释放。所以我们建议将基类的析构函数说明为虚析构函数。

6.5　纯虚函数和抽象类

在派生类中没有重新定义虚函数时，就会使用基类中定义的虚函数。一般情况下，基类常用来表示抽象的概念，基类中的虚函数没有实际的意义，保留它的目的就是为了被所有派生类覆盖，我们把具有这一特殊性的虚函数称为纯虚函数，含有纯虚函数的类就是抽象类。

6.5.1　纯虚函数

纯虚函数

纯虚函数是一种特殊的虚函数，它是被标明为不具体实现的虚函数，从语法上讲，纯虚函数是在虚函数的后面加上"=0"，表示该虚函数无函数体，这里的"="并非赋值运算。声明纯虚函数的一般格式如下：

virtual <返回类型> <函数名>(<参数表>)=0;

纯虚函数是一个在基类中说明的虚函数，它在该基类中没有具体的操作内容，要求派生类根据自己的实际需要定义自己的版本。

纯虚函数不需要进行定义，它只是为其所有派生类提供一个一致的接口。如果某个类是从一个带有纯虚函数的类派生出来的，并且在该派生类中没有提供该纯虚函数的定义，则该纯虚函数在派生类中仍然是纯虚函数，因而该派生类也是一个抽象类。

【例 6-18】　使用纯虚函数。

程序如下：

```cpp
/*ch06-18.cpp*/
#include <iostream>
const double PI=3.14;
using namespace std;
class Shape                              //定义基类
{
  public:
    virtual double area() const=0;       //声明为纯虚函数
};
```

```cpp
class Circle : public Shape              //定义派生类，公有继承方式
{
  public:
      Circle(double myr){R=myr; }
      double area()const {return PI*R*R; }      //对纯虚函数给出具体实现
  protected:
      double R;
};
class Rectangle : public Shape           //定义派生类，公有继承方式
{
  public:
      Rectangle (double myl,double myw){L=myl; W=myw; }
      double area() const {return L*W; } //对纯虚函数给出具体实现
  private:
      double L,W;
};
void fun1(Shape &ref)                    //形参为基类的引用
{
    cout<<ref.area()<<endl;              //通过基类的引用调用虚函数
}
void fun2(Shape *p)                      //形参为基类的指针
{
    cout<<p->area()<<endl;              //通过基类的指针调用虚函数
}
double main()
{
    Circle   c(3.0);                    // 派生类Circle的对象
    cout<<"Area of Circle is ";
    fun1(c);
    Rectangle rec(4.0,5.0);             // 派生类Rectangle的对象
    cout<<"Area of Rectangle is ";
    fun1(rec);
    cout<<"Area of Circle is ";
    fun2(&c);
    cout<<"Area of Rectangle is ";
    fun2(&rec);
    return 0;
}
```

程序输出结果：

Area of Circle is 28.26

Area of Rectangle is 20

Area of Circle is 28.26

Area of Rectangle is 20

程序分析：

基类 Shape 中声明了一个纯虚函数 area()，在它的派生类 Circle、Rectangle 中分别给出具体的实现。由于是纯虚函数，该函数采用动态联编，area()在运行时确定绑定哪一个类的 area()函数，得出正确的结果，求出不同形状的面积。

6.5.2 抽象类

在许多情况下，定义不实例化为任何对象的类是很有用处的，这种类称为"抽象类"。因为抽象类要作为基类被其他类继承，所以通常也把它称为"抽象基类"。抽象基类不能用来建立实例化的对象。抽象类的唯一用途是为其他类提供合适的基类，其他类可以从它这里继承接口和(或)继承实现。

如果将带有虚函数的类中的一个或者多个虚函数声明为纯虚函数，则这个类就称为抽象类。带有纯虚函数的类是抽象类。抽象类的主要作用是通过它为一个类族建立一个公共的接口，使得它们能够更有效地发挥多态特性。

抽象类派生出新的类之后，如果派生类给出所有纯虚函数的具体实现，在类外就可以声明该派生类的对象，即不再是抽象类；反之，如果派生类没有给出全部纯虚函数的实现，这时的派生类仍然是一个抽象类，在类外不可以声明该派生类的对象。

抽象类为抽象和设计的目的而建立，将有关的数据和行为组织在一个继承层次结构中，保证派生类具有要求的行为。对于暂时无法实现的函数，可以声明为纯虚函数，留给派生类去实现。

注意：不能声明抽象类的对象，但是可以声明抽象类的指针和引用。通过指针或引用，就可以指向并访问派生类对象，进而访问派生类的成员，实现多态性。

在类层次结构中，尽可能地为类设计一个统一的公共接口(界面)，即采用抽象基类设计方法。一个统一的公共接口必须要经过精心的分析和设计。通常采用如下策略：

(1) 分析相关对象的需求，设计出一组实现公共功能的函数。

(2) 将这些函数作为基类的虚函数(或纯虚函数)，它们定义了一个统一的公共接口。

(3) 由该基类派生出若干子类，在各个子类中实现这些虚函数。

【例 6-19】 建立一个如图 6-4 所示图形类的继承层次结构。基类 Shape 是抽象类，通过它能够访问派生类 Point、Circle、Cylinder，并输出它们的类名、面积、体积。

程序如下：

```
//Shape.h
#ifndef SHAPE_H
#define SHAPE_H
#include <iostream.h>

class Shape {          // Shape 是抽象类
```

```
public:
        virtual double area() const { return 0.0; }
        virtual double volume() const { return 0.0; }
        virtual void printShapeName() const = 0;
        virtual void print() const = 0;
};
#endif
```

// **Point.h**

```
#ifndef POINT_H
#define POINT_H
#include "shape.h"

class Point : public Shape {
public:
        Point( int = 0, int = 0 );
        void setPoint( int, int );
        int getX() const { return x; }
        int getY() const { return y; }
        virtual void printShapeName() const
                        { cout << "Point: "; }
        virtual void print() const;
private:
        int x, y;
};
#endif
```

// **Point.cpp**

```
#include "point.h"
Point::Point( int a, int b ) { setPoint( a, b ); }
void Point::setPoint( int a, int b )
{
    x = a;
    y = b;
}
void Point::print() const
{ cout << '[' << x << ", " << y << ']';
}
```

// **Circle.h**

```
#ifndef CIRCLE_H
```

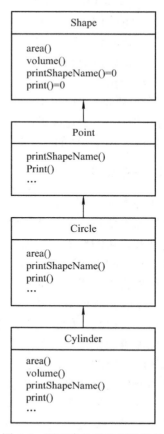

图 6-4　图形类的继承层次结构

```
#define CIRCLE_H
#include "point.h"

class Cylinder : public Circle {
public:
    Cylinder( double h = 0.0, double r = 0.0,
    int x = 0, int y = 0 );

class Circle : public Point {
public:
    Circle( double r = 0.0, int x = 0, int y = 0 );
    void setRadius( double );
    double getRadius() const;
    virtual double area() const;
    virtual void printShapeName() const { cout << "Circle: "; }
    virtual void print() const;
private:
    double radius; // radius of Circle
};
#endif
```

// **Circle.cpp**

```
#include "circle.h"
Circle::Circle( double r, int a, int b )    : Point( a, b )
{ setRadius( r ); }
void Circle::setRadius( double r ) { radius = r > 0 ? r : 0; }
double Circle::getRadius() const { return radius; }
double Circle::area() const
{       return 3.14159 * radius * radius;       }
void Circle::print() const
{
    Point::print();
    cout << "; Radius = " << radius;
}
```

// **Cylinder.h**

```
#ifndef CYLINDR_H
#define CYLINDR_H
#include "circle.h"

    void setHeight( double );
    double getHeight();
```

```cpp
        virtual double area() const;
        virtual double volume() const;
        virtual void printShapeName() const {cout << "Cylinder: "; }
        virtual void print() const;
    private:
        double height;
};
#endif
```

//**Cylinder.cpp**

```cpp
#include "cylinder.h"
Cylinder::Cylinder( double h, double r, int x, int y ) : Circle( r, x, y )
{ setHeight( h ); }
void Cylinder::setHeight( double h )
{   height = h > 0 ? h : 0; }
    double Cylinder::getHeight() { return height; }
double Cylinder::area() const
{
    return 2 * Circle::area() + 2 * 3.14159 * getRadius() * height;
}
double Cylinder::volume() const
{   return Circle::area() * height; }
void Cylinder::print() const
{
    Circle::print();
    cout << "; Height = " << height;
}
```

//**main.cpp**

```cpp
#include <iostream.h>
#include <iomanip.h>
#include "shape.h"
#include "point.h"
#include "circle.h"
#include "cylinder.h"

void virtualViaPointer( const Shape * );
void virtualViaReference( const Shape & );
void virtualViaPointer( const Shape *baseClassPtr )
{
    baseClassPtr->printShapeName();
```

```cpp
    baseClassPtr->print();
    cout << "\nArea = " << baseClassPtr->area()
        << "\nVolume = " << baseClassPtr->volume() << "\n\n";
}


void virtualViaReference( const Shape &baseClassRef )
{
    baseClassRef.printShapeName();
    baseClassRef.print();
    cout << "\nArea = " << baseClassRef.area()
        << "\nVolume = " << baseClassRef.volume() << "\n\n";
}
int main()
{
    cout << setiosflags( ios::fixed | ios::showpoint ) << setprecision( 2 );

    Point point( 7, 11 );
    Circle circle( 3.5, 22, 8 );
    Cylinder cylinder( 10, 3.3, 10, 10 );

    point.printShapeName();
    point.print();
    cout << '\n';

    circle.printShapeName();
    circle.print();
    cout << '\n';

    cylinder.printShapeName();
    cylinder.print();
    cout << "\n\n";
    Shape *arrayOfShapes[ 3 ];
    arrayOfShapes[ 0 ] = &point;
    arrayOfShapes[ 1 ] = &circle;
    arrayOfShapes[ 2 ] = &cylinder;
    cout << "Virtual function calls made off "
        << "base-class pointers\n";
    for ( int i = 0; i < 3; i++ )
    virtualViaPointer( arrayOfShapes[ i ] );
```

```
        cout << "Virtual function calls made off "
        << "base-class references\n";
        for ( int j = 0; j < 3; j++ )
        virtualViaReference( *arrayOfShapes[ j ] );
        return 0;
    }
```

程序运行结果：

Point:[7,11]

Circle:[22,8]; Radius=3.50

Cylinder:[10,10]; Radius=3.30; Height=10.00

Virtual function calls made off base-class pointers

Point:[7,11]

Area=0.00

Volume=0.00

Circle:[22,8]; Radius=3.50

Area=38.48

Volume=0.00

Cylinder:[10,10]; Raduys=3.30; Height=10.00

Area=275.77

Volume=342.12

Virtual function calls made off base-class references

Point:[7,11]

Area=0.00

Volume=0.00

Circle:[22,8]; Radius=3.50

Area=38.48

Volume=0.00

Cylinder:[10,10]; Raduys=3.30; Height=10.00

Area=275.77

Volume=342.12

6.6 实 例 分 析

本节以一个小型公司人员的信息管理系统为例，用面向对象的继承、多态实现对不同层次人员信息的处理。

6.6.1 问题提出

【例 6-20】 小型公司人员的信息管理系统。

某小型公司主要有 4 类人员：经理、兼职技术人员、销售经理、兼职销售员，这些人员具有以下属性。

经理：姓名、编号、级别、固定工资、当月薪水、计算月薪、显示信息。

兼职技术人员：姓名、编号、级别、工作小时、每小时工资额、当月薪水、计算月薪、显示信息。

兼职销售员：姓名、编号、级别、销售额、销售额提成、当月薪水、计算月薪、显示信息。

销售经理：姓名、编号、级别、固定工资、销售额、销售额提成、当月薪水、计算月薪、显示信息。

要求：

人员编号要求基数为 1000，每输入一个人员信息编号顺序加 1；对所有人员有升级功能(初始级别为 1 级)。

月薪计算办法：

经理固定月薪 8000 元；兼职技术人员按 100 元/小时领取月薪；兼职推销员按当月销售额的 4%拿提成；销售经理固定月薪 5000，销售提成为所管辖部门当月销售总额的 5‰。

6.6.2 类设计

根据题目要求，设计一个基类 employee，然后派生出 technician(兼职技术人员)类、manager(经理)类和 salesman(兼职销售员)类。由于销售经理既是经理又是销售人员，拥有两类人员的属性，因此同时继承 manager 类和 salesman 类。

在基类中，除了定义构造函数和析构函数外，还应定义对各类人员信息应有的操作，这样可以规范类族中各派生类的基本行为。但是各类人员月薪的计算方法不同，需要在派生类中进行重新定义其具体实现，在基类中将 pay()定义为纯虚函数，将 displayStatus()定义为虚函数。这样便可以在主函数中依据赋值兼容原则用基类 employee 类型的指针数组来处理不同派生类的对象，这是因为当用基类指针调用虚函数时，系统会执行指针所指向的对象的成员函数。

由于各类人员显示的信息基本相同，只是显示的职务不同,故在基类中用 displayStatus()虚函数输出基本信息，在派生类中重新定义，输出其职务，然后调用基类的 displayStatus()为虚函数输出其基本信息。

级别提升可以通过升级函数 promote(int)实现，其函数体是一样的，只是不同类型的人员升级时使用的参数不同(指定提升的级数)，可以将其在基类中定义，各派生类中可以继承该函数。主函数中根据不同职员使用不同参数调用。

由于 salesManager(销售经理)类的两个基类又有公共基类 employee，为了避免二义性，将 employee 类设计为虚基类。类图设计如图 6-5 所示。

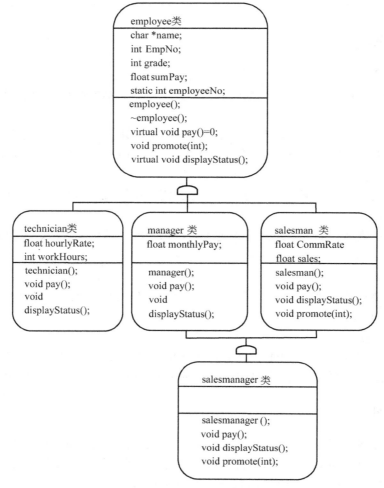

图 6-5 例 6-20 的类图

6.6.3 程序代码设计

本程序分为 3 个独立的文档：employee.h 是类头文件，包括各个类的声明部分；empfun.cpp 是类的实现文件，包括类中各成员函数的定义；liti6_8.cpp 是主函数文件，实现人员信息管理。

源程序：

```
//employee.h 头文件
class employee{                              //定义职员类
protected:
    char*name;                               //定义姓名
    int EmpNo;                               //个人编号
    int grade;                               //级别
    double sumPay;                           //月薪总额
    static int employeeNo;                   //本公司职员编号目前最大值
```

```
public:
    employee();
    ~employee();
    virtual void pay()=0;                           //计算月薪函数,解决：虚函数
    void promote(int);                              //升级函数
    virtual void displayStatus();                   //显示人员信息
};
class technician:public employee                    //兼职技术人员类(公有派生)
{ protected:
    float hourlyRate;                               //每小时酬金
    int workHours;                                  //当月工作时数
public:
    technician();
    void pay();                                     //计算月薪函数
    void displayStatus();                           //显示人员信息
};
class salesman:virtual public employee              //兼职推销员类
{   protected:
    double CommRate;                                //按销售额提取酬金百分比
    double sales;                                   //当月销售额
public:
    salesman();
    void pay();                                     //计算月薪函数
    void displayStatus();                           //显示人员信息
};
class manager:virtual public employee               //经理类
{ protected:
    float monthlyPay;                               //固定月薪数
public:
    manager();
    void pay();                                     //计算月薪函数
    void displayStatus();                           //显示人员信息
};
class salesManager:public manager,public salesman       //销售经理类
{ public:
    salesManager();
    void pay();                                     //计算月薪函数
    void displayStatus();                           //显示人员信息
};
```

```cpp
//empfun.cpp
#include <iostream.h>
#include <string.h>
#include "employee.h"
int employee::employeeNo =1000;                    //员工编号基数

employee::employee(){
    char str[20]; cout<<"\n 输入雇员姓名： ";
    cin>>str;
    name=new char[strlen(str)+1];                  //动态申请
    strcpy(name,str);
    EmpNo=employeeNo++;                            //新员工编号自动生成
    grade=1;                                       //级别初始 1
    sumPay=0.0;                                     //月薪总额初始 0
}
employee::~employee(){
    delete []name;                                 //释放空间
}
void employee::displayStatus()
{
    cout<<name<<":"<<"编号:" <<EmpNo<<",级别： "<<grade<<",本月工资"<<sumPay <<endl;
}
void employee::promote(int increment)
{
    grade+=increment;                              //升级
}
technician::technician()
{
    hourlyRate=100;                                //每小时酬金 100 元
}
void technician::pay()
{
    cout<<"输入本月工作时数： "; cin>>workHours;    //计算月薪
    sumPay=hourlyRate*workHours;
}
void technician::displayStatus()
{
    cout<<"兼职技术人员:";
    employee::displayStatus();
}
```

```cpp
salesman::salesman()
{
    CommRate=0.04;                              //提成比例
}
void salesman::pay()
{
    cout<<"输入本月销售额："; cin>>sales;
    sumPay=sales*CommRate;                      //月薪=销售提成
}
void salesman::displayStatus()
{
    cout<<"推销员:";
    employee::displayStatus();
}
manager::manager()
{
    monthlyPay=8000;
}
void manager::pay()
{
    sumPay=monthlyPay;                          //月薪总额=固定月薪数
}
void manager::displayStatus()
{
    cout<<"经理:";
    employee::displayStatus();
}
salesManager::salesManager()
{   monthlyPay=5000;
    CommRate=0.0005;
}
void salesManager::pay()
{   cout<<"输入"<<employee::name<<"部门本月销售总额："; cin>>sales;
    sumPay=monthlyPay+CommRate*sales;          //月薪=固定月薪+销售提成
}
void salesManager::displayStatus()
{   cout<<"销售经理:";
    employee::displayStatus();
}
//ch6_8.cpp
```

```
#include <iostream.h>
#include <string.h>
#include "employee.h"
void main()
{   //经理："；
    manager m1;
    m1.promote(3);
    m1.pay();
    m1.displayStatus();
    //兼职技术人员："；
    technician t1;
    t1.promote(2);
    t1.pay();
    t1.displayStatus();
    //销售经理："；
    salesManager sm1;
    sm1.promote(2);
    sm1.pay();
    sm1.displayStatus();
    //兼职推销员："；
    salesman s1;
    s1.promote(3);
    s1.pay();
    s1.displayStatus();
    cout<<"\n 使基类指针指向子类对象"<<endl;
    employee *ptr[4]={&m1,&t1,&sm1,&s1};
    for(int i=0; i<4; i++)
        ptr[i]->displayStatus();
}
```

程序运行结果：

输入雇员姓名：wangping

经理：wangping：编号：1000，级别：4，本月工资 8000

输入雇员姓名：wujing

输入本月工作时数：100

兼职技术人员：wujing：编号：1001，级别：3，本月工资 10000

输入雇员姓名：zhaoguanglin

输入 zhaoguanglin 部门本月销售总额：5000

销售经理：zhaoguanglin：编号：1002，级别：3，本月工资 5002.5

输入雇员姓名：lifang

输入本月销售额：10000

推销员：lifang：编号：1003，级别：4，本月工资 400

使基类指针指向子类对象

经理：wangping：编号：1000，级别：4，本月工资 8000

兼职技术人员：wujing：编号：1001，级别：3，本月工资 10000

销售经理：zhaoguanglin：编号：1002，级别：3，本月工资 5002.5

推销员：lifang：编号：1003，级别：4，本月工资 400

本 章 小 结

　　本章主要学习了类的多态特性，多态性是指发出同样的消息被不同类型的对象接收时导致完全不同的行为，是对类的特定成员函数的再抽象。

　　C++ 中的多态的有以下几种实现形式：函数重载、运算符重载、虚函数等。重载是指同一个函数、过程可以操作于不同类型的对象；运算符重载是对已有的运算符赋予多重含义，使用已有运算符对用户自定义类型(比如类)进行运算操作，运算符重载实质上是函数重载。虚函数是实现类族中定义于不同类中的同名成员函数的多态行为。

　　多态从实现的角度来讲可以分为两类：编译时的多态和运行时的多态，前者是在编译过程中确定了同名操作的具体操作对象，而后者则是在程序运行过程中才动态地确定所针对的具体对象。这种确定操作的具体对象的过程就是联编，有的也称编联、束定或绑定。编译时的多态通过静态联编解决，如函数重载或运算符重载，它们在编译、链接过程中，系统可以根据类型匹配等特征确定程序中操作调用与执行代码的关系，即确定了某一个同名标识到底要调用哪一段程序代码。运行时的多态通过动态联编实现，虚函数是实现动态联编的基础，若定义了虚函数就可以通过基类指针或引用，执行时会根据指针指向的对象的类，决定调用哪个函数。虚函数具有继承性，其本质不是重载声明而是覆盖。

　　纯虚函数是在基类中说明的虚函数，它在该基类中可以不给出函数体，要求各派生类根据实际需要编写自己的函数体。带有纯虚函数的类是抽象类，抽象类的主要作用是通过它为一个类族建立一个公共的接口，使它们能够更有效地发挥多态特性。

　　本章最后，以一个小型公司的人员信息管理为例，对第 5 章的例子进行了改进，以此说明了虚函数的作用和使用方法，读者应该从中领悟面向对象程序设计的基本方法。

习　题　6

一、选择题

1. 下列属于动态多态的是(　　)。

　　A. 函数重载　　　　B. 运算符重载　　　　C. 虚函数　　　　D. 构造函数重载

2. 类中普通成员函数的重载属于静态联编，下列说法哪个是错误的(　　)。

　　A. 在同一个类中说明名字相同、参数特征不同的多个成员函数，可以根据参数类

型不同或个数不同，在编译阶段确定调用函数的代码

    B. 在派生类中重载基类的成员函数，如果名字和参数完全相同可以使用作用域区分符加以区分

    C. 在派生类中重载基类的成员函数，如果名字和参数完全相同可以使用对象名访问成员函数

    D. 在派生类中重载基类的成员函数，如果名字和参数完全相同可以使用将基类指针指向不同对象，使用基类指针访问各个类中的成员函数

3. 下列哪种说法是不正确的(　　)。

    A. 不能声明虚构造函数

    B. 不能声明虚析构函数

    C. 不能定义抽象类的对象，但可以定义抽象类的指针或引用

    D. 纯虚函数定义中不能有函数体

4. 重载运算符的实质是函数调用，如果重载了后置单目运算符"++"，执行 C++，则相当于执行了哪个函数(　　)。

    A. c.operator++(c,0);　　　　　　　　B. c.operator++();

    C. operator++(c);　　　　　　　　　　D. operator++(c,0);

5. 关于虚函数的调用，哪个是错误的(　　)。

    A. 可以使用指向派生类的基类指针　　　B. 可以使用基类的引用

    C. 可以使用派生类的对象直接访问　　　D. 可以使用基类的对象

二、填空题

1. 使一个计算机程序的不同部分彼此关联的过程称为_____。静态联编在_____阶段完成，动态联编在_____阶段完成。

2. 为了能够使用虚函数带来的运行时多态性机制，派生类应该从它的父类_____。

3. 运算符重载后，运算符对操作数的处理，实际上是通过_____来实现的。不论使用成员函数重载还是使用友元函数重载，运算符函数的名字都必须由关键字_____加上被重载的_____构成。

4. 如果派生类中没有给出纯虚函数的具体实现，这个派生类仍然是一个_____。

5. 抽象类只能作为其他类的基类，不允许声明抽象类的_____，但可以声明抽象类的_____。

三、简答题

1. 什么是多态性？C++ 中是如何实现多态的？

2. 运算符重载的实质是什么？它是如何实现的？

3. C++ 能否声明虚构造函数，为什么？能否声明虚析构函数？有何用途？

4. 什么是抽象类？抽象类有何作用？

5. 简述使用虚函数实现动态联编的运行机理。

四、写出运行结果并上机验证

1. 分析程序的功能，写出执行过程及运行结果。

```
#include<iostream>
```

```cpp
using namespace std;
#include <stdlib.h>
class Franc{
    private:
        int nume;
        int deno;
    public:
        Franc(){}
        friend Franc operator++(Franc& f);              //前置运算符 "++" 重载友元函数
        friend Franc operator++(Franc& f,int);          //后置运算符 "++" 重载友元函数
        friend istream& operator>>(istream& istr,Franc &x );
        //从键盘上按规定格式输入一个分数到 x 中，">>" 运算符重载
        friend ostream& operator<<(ostream& ostr,Franc &x );
        //按规定格式输出一个分数，>>运算符重载;
};
Franc operator++(Franc& f)
{                                                       //先增 1，然后返回它的引用
    f.nume+=f.deno;
    return f;                                           //返回结果分数
}
Franc operator++(Franc& f,int)
{
    Franc x=f;
    f.nume+=f.deno;
    return x;
}
istream& operator>>(istream& istr,Franc &f )
{   char ch;
    cout<<"Input a franction(a/b):";
    istr>>f.nume>>ch>>f.deno;
    if(f.deno==0){
        cerr<<"除数为零！"<<endl;
        exit(1);                                        //终止程序运行，返回 C++ 主操作窗口
    }
        return istr;
}
ostream& operator<<(ostream& ostr,Franc &f )
{
    ostr<<f.nume<<"/"<<f.deno;
```

```
                return ostr;
        }
        int main()
        {
            Franc f;                        //定义分数类对象
            cin>>f;                         //用重载运算符"＞＞"实现分数输入
            cout<<"f="<<f<<endl;            //用重载运算符"＜＜"实现分数输出
            cout<<"++f="<<++f<<endl;        //重载前置"++"
            cout<<"f++="<<f++<<endl;        //重载后置"++"
            cout<<"f="<<f<<endl;
            return 0;
        }
```

2. 下面的程序中有 7 处错误，请指出并修改，并写出正确的运行结果。

```
        #include<iostream>
        using namespace std;
        class X1{
                int x;
        public:
                X1(int xx){x=xx; }
                void Output()=0;
        };
        class Y1:private X1{
                int y;
        public:
                Y1(int xx=0,int yy=0):X1(xx)
                {y=yy; }
                virtual void Output()
                {
                    cout<<"x="<<x<<",y="<<y<<endl;
                }
        };
        class Z1:protected X1{
                int z;
            public:
                Z1(int xx=0,int zz=0):X1(xx)
                {z=zz; }
                 void Output(){
                        cout<<"x="<<x<<",z="<<z<<endl;
                }
```

```
};
int main()
{
    X1 a(2);
    Y1 b(3,4); Z1 c(5,6);
    X1* p[3]={&a,&b,&c};
    for(int i=0; i<3; i++){
        p[i]->Output();
    }
    return 0 ;
}
```

3. 运行下面程序，其输出结果中出现乱码，试找出原因并改正。

```cpp
#include <iostream>
#include <process.h>
#include <string>
using namespace std;
class Msg {
    char *pstr;
public:
    Msg() { pstr=new char(NULL); }
    Msg(char *s) {
        pstr=new char[strlen(s)+1];
        strcpy(pstr,s);
    }
    ~Msg() { delete []pstr; }
    void show(){ cout<<pstr<<endl; }
};
void func(Msg &b)
{
    Msg a("This is a string.");
    cout<<"Show a:";
    a.show();
    b=a;
}
int main()
{
    Msg b;
    func(b);
    cout<<"Show b: ";
```

```
        b.show( );
        return 0;
    }
```

4. 分析程序运行的结果，体会虚析构函数的作用。

```cpp
#include <iostream>
using namespace std;
class BaseClass{
public:
    virtual void fn1(){cout << "调用基类的虚函数 fn1()" << endl; }
    void fn2(){ cout << "调用基类的非虚函数 fn2()" << endl; }
    virtual ~BaseClass() { cout << "~BaseClass()" << endl; }
};
class DerivedClass : public BaseClass{
public:
    void fn1(){cout << "调用派生类的函数 fn1()" << endl; }
    void fn2(){cout << "调用派生类的函数 fn2()" << endl; }
    virtual ~DerivedClass() { cout << "~DerivedClass()" << endl; }
};
int main(){
    BaseClass       *pBaseClass =new DerivedClass;
    pBaseClass->fn1();
    pBaseClass->fn2();
    delete pBaseClass;
}
```

五、编程题

1. 请用成员函数为分数类 Franc 重载加、减、前置"--"运算符、后置"--"运算符。

2. 请用友元函数为复数类重载加、减、"<<"、">>"运算符。

3. 根据如下描述编写程序：其中 Person 类包括 name(姓名)和 age(年龄)两个数据成员，大学生类 Student 和职工类 Worker 从 Person 类派生，大学生类新增的数据成员是 score(成绩)，职工类新增的数据成员是 salary(工资)，每个类都有用于显示各数据成员值的成员函数 show。设计主函数，定义 Student 类的对象，对所编程序进行测试。

第 7 章 模　　板

本章要点

● 理解模板的概念；
● 理解函数模板与模板函数；
● 理解类模板与模板类；
● 了解类模板的友元；
● 了解 STL 标准库的相关内容。

　　模板是 C++ 语言进行通用程序设计的工具之一。代码重用是程序设计的重要特性，为实现代码重用，使代码具有更好的通用性，需要使代码不受数据类型的限制，自动适应不同的数据类型，实现参数化的程序设计。由于有大量标准数据结构用于容纳数据，人们自然就想到了为这些数据结构提供标准的、可移植的标准模板库 STL。该库包含了许多在计算机科学领域里常用的基本数据结构和基本算法，为编写程序提供了可扩展的应用框架。
　　本章我们重点介绍函数模板和类模板的相关知识，对于模板库 STL，我们介绍了主要的组件，包括迭代器、容器、函数对象和算法的基本应用。因篇幅所限，不涉及 STL 的方方面面。

7.1　模板的概念

　　考察两个交换函数 Swap，一个 Swap 交换两个整型变量的值，另一个 Swap 交换两个浮点型变量的值。两个函数的主体行为都是一样的，不同的是一个是处理 int 型的，另一个是处理 double 型的。这两个函数分别定义为

```
void Swap(int &x,int &y)
{
    int temp=x;   x=y;   y=temp;
}
void Swap(double &x,double &y)
{
    double temp=x;   x=y;   y=temp;
}
```

事实上，交换任何两个 T 类型的对象，都有下列函数定义形式：

```
void Swap(T &x,   T &y)
{
```

```
    T   temp=x;   x=y;   y=temp;
}
```

不同的 T 类型可以写出不同的 Swap 函数，这些交换函数都是重载的。这些 Swap 函数只是参数不同，动作序列完全相同。重载中最理想的设计是对不同参数类型的数据做不同的操作。所以像 Swap 这样做同样的操作也不是重载的理想做法。能否为这些函数只写一套代码以避免代码的重复呢？当然可以，答案就是函数模板！

模板是 C++ 语言的一个重要特性。模板使得程序员能够快速建立具有类型安全的类库集合和函数集合，是通用程序设计的利器。它的实现，提供了重用程序源代码的有效方法，方便了更大规模的软件开发。

若一个程序的功能是对任意类型的数据进行同样的处理，则将所处理的数据类型说明为参数，就可以把这个程序改写为模板(Template)，模板实际上就是把函数或类要处理的数据类型参数化，表现为参数的多态性。模板用于表达逻辑结构相同，且具体数据元素类型不同的数据对象的通用行为，从而使得程序可以从逻辑功能上抽象，把被处理的对象(数据)类型作为参数传递。

模板是实现代码复用的一种工具，它可以实现类型参数化，把类型定义为参数，实现代码的真正复用。C++ 提供了两种模板机制：函数模板和类模板(也称为类属类)。模板中的类型参数也称为类属参数。

在声明了一个函数模板后，当编译系统发现有一个对应的函数调用时，将根据实参中的类型来确认是否匹配函数模板中对应的类型形参，然后生成一个函数。该函数的定义体与函数模板的函数定义体相同，它称之为模板函数(Template Function)。

函数模板与模板函数的区别是：函数模板是一个模板，其中用到通用类型参数，不能直接执行。模板函数是一个具体的函数，它由编译系统在遇到具体函数调用时所生成，具有程序代码，可以执行。

类模板允许用户为类定义一种模式，使得类中的某些数据成员、成员函数的参数和成员函数的返回值能取任意类型。

同样，在声明了一个类模板之后，可以创建类模板的实例，它称为模板类。类模板与模板类的区别是：类模板是一个模板，不是一个实实在在的类，其中用到通用类型参数。而模板类是一个类，可以由它定义对象。

模板经过实例化后就得到模板函数或模板类，模板函数或模板类再经过实例化后就得到对象。模板、模板类、对象和模板函数之间的关系如图 7-1 所示。

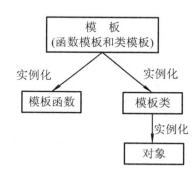

图 7-1　模板、模板类、对象和模板函数之间的关系

7.2　函数模板与模板函数

重载函数通常基于不同的数据类型实现类似的操作。如果对不同数据类型的操作完全

相同，那么，用函数模板实现更为简洁方便。C++ 根据调用函数时提供参数的类型，自动产生单独的目标代码函数——模板函数来正确地处理每种类型的调用。

7.2.1 函数模板的定义和模板函数的生成

1. 函数模板的定义

函数模板的定义形式为

```
template  <类型参数表>
<返回类型>  函数模板名 (数据参数表)
{
    函数定义体
}
```

模板定义用关键字 template 开始，之后用尖括号相括的"类型参数表"是描述函数模板"函数模板名"的模板形式参数(简称模板形参)。每个模板形参都必须加上前缀 class 或 typename。class 或 typename 是声明数据类型参数标识符的关键字，用以说明它后面的标识符是数据类型标识符。在 template 描述的模板形参之后是函数模板的定义体，它包括模板返回类型、函数模板名、函数模板的数据形参以及函数定义体。例如上面的 Swap 函数族可以写成函数模板：

```
template<class T>
void Swap(T &x,   T   &y){
    T   temp=x;   x=y;   y=temp;
}
```

其中，函数模板名为 Swap，模板参数为 T，函数模板的数据形参为 x 和 y，函数模板的返回值为 void，函数定义体为一对花括号中间的内容。

函数模板名后面的数据形参表一般会用到 template 后面的模板形参 T。也就是说，数据形参是具有模板形参 T 的对象或变量实体。这里的 Swap 函数模板中，数据形参表就是由具有 T 的引用类型的变量 a 和变量 b 组成的。

函数模板不是函数，它是以具体的类型为实参来生成函数体的模板。函数模板的定义被编译时不会产生任何代码。只有根据实际情况用实参的数据类型代替类型参数标识符之后，才能产生真正的函数。

2. 函数模板的用法

使用函数模板，就是以函数模板名为函数名的函数调用，其形式为

函数模板名(数据实参表)

当编译器发现以函数模板名为函数名的调用时，将根据数据实参表中的对象或变量的类型，确认是否匹配函数模板中对象或变量的数据形参表，然后生成一个函数。该函数的定义体与函数模板中的函数定义体相同，而数据形参表的类型则以数据实参表的类型为依据。该函数称为模板函数。

【例 7-1】 用函数模板实现两个数据的交换。

程序如下：

```cpp
/*ch07-1.cpp*/
#include <iostream>
#include <string>
using namespace std;
template <typename T>
void Swap(T &x,T &y )
{
    T    temp=x;    x=y;    y=temp;
}
int main()
{
    int i1=12,i2=34;
    long l1=67790,l2=67799;
    double d1=12.34,d2=56.77;
    string str1="Hello",str2="Hi";
    char ch1='S',ch2='T';
    cout<<"交换前 i1 和 i2 的值："<<i1<<"    "<<i2<<endl;
    swap(i1,i2);
    cout<<"交换后 i1 和 i2 的值："<<i1<<"    "<<i2<<endl;
    cout<<"交换前 l1 和 l2 的值："<<l1<<"    "<<l2<<endl;
    swap(l1,l2);
    cout<<"交换后 l1 和 l2 的值："<<l1<<"    "<<l2<<endl;
    cout<<"交换前 d1 和 d2 的值："<<d1<<"    "<<d2<<endl;
    swap(d1,d2) ;
    cout<<"交换后 d1 和 d2 的值："<<d1<<"    "<<d2<<endl;
    cout<<"交换前 str1 和 str2 的值："<<str1<<"    "<<str2<<endl;
    swap(str1,str2) ;
    cout<<"交换后 str1 和 str2 的值："<<str1<<"    "<<str2<<endl;
    cout<<"交换前 ch1 和 ch2 的值："<<ch1<<"    "<<ch2<<endl;
    swap(ch1,ch2) ;
    cout<<"交换后 ch1 和 ch2 的值："<<ch1<<"    "<<ch2<<endl;
    return 0;
}
```

程序运行结果：

```
交换前 i1 和 i2 的值：12    34
交换后 i1 和 i2 的值：34    12
交换前 l1 和 l2 的值：67790    67799
交换后 l1 和 l2 的值：67799    67790
交换前 d1 和 d2 的值：12.34    56.77
```

模板

交换后 d1 和 d2 的值：56.77　12.34

交换前 str1 和 str2 的值：Hello　Hi

交换后 str1 和 str2 的值：Hi　Hello

交换前 ch1 和 ch2 的值：S　T

交换后 ch1 和 ch2 的值：T　S

d1 和 d2 都是 double 类型的变量，当编译器在执行 Swap(d1,d2)时，会根据实参的类型生成函数名为 Swap<double>的模板函数，即生成如下形式的函数定义：

```
void Swap(double    &x,double    &y ){
    double    temp=x;   x=y;      y=temp;
}
```

显然，一个函数模板可以生成许多不同的模板函数，如函数模板 Swap 生成了模板函数 Swap<int>和 Swap<double>等。这些不同的模板函数并不是重载函数，因为其函数名称各不相同。因此，一个函数模板所能生成的是不同名称的模板函数。一个函数模板所描述的是不同函数的函数族，它们因类型实参不同而不同。

编写函数模板的一般方法如下：

(1) 定义一个普通的函数，数据类型采用具体的普通的数据类型。例如，求两个数中的较大值的普通函数定义如下：

```
int max(int a,int b)
{
    return a>b? a:b;
}
```

(2) 将数据类型参数化，即将具体的数据类型(如 int)替换成抽象的类型参数名(如 T)，上面的代码改为

```
T    max(T a,T b)
{
    return a>b? a:b;
}
```

(3) 在函数头前用关键字 template 引出对类型参数名的声明。

```
template <typename T>
T max(T a, T b)
{return a>b? a:b; }
```

当程序中使用这个函数模板时，编译程序将根据函数调用时的实际数据类型生成相应的函数。如生成求两个整数中的较大值的函数，或求两个浮点数中的较大值函数等。

7.2.2　模板函数显式具体化

函数模板的实例化由编译器来完成，它主要采用下面 2 个步骤：

(1) 根据函数调用的实参类型确定模板形参的具体类型。

(2) 用相应的类型替换函数模板中的模板参数，完成函数模板的实例化。

前面例 7-1 中函数模板 Swap 实例化情况如图 7-2 所示。

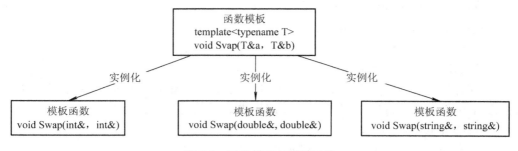

图 7-2   函数模板与模板函数

使用函数模板时应注意的几个问题：

(1) 函数模板允许使用多个类型参数，但在 template 定义部分的每个形参前必须有关键字 typename 或 class，即

    template<typename 数据类型参数标识符 1，…，typename 数据类型参数标识符 n>

    <返回类型><函数名>(数据参数表)

    {

        函数体

    }

(2) 在 template 语句与函数模板定义语句<返回类型>之间不允许有别的语句。例如，下面的声明是错误的：

    template<class T>

    int i;

    T Max(T x,T y)

    {

        函数体

    }

(3) 模板函数类似于重载函数，但两者有很大区别：函数重载时，每个函数体内可以执行不同的动作，但同一个函数模板实例化后的模板函数都必须执行相同的动作。

【例 7-2】   函数模板调用中苛刻的类型匹配。

程序如下：

```
/*ch07-2.cpp*/
#include<iostream>
using namespace std;
template <typename T>
T Min(T a, T b )
{
    return a<b ? a : b ;
}
int main( )
```

```
{
    int n=3;
    char ch='A';
    double d=2.4;
    cout<<Min(n,n)<<endl;
    cout<<Min(d,d)<<endl;
    cout<<Min(n,d)<<endl;    //error
    cout<<Min(d,ch)<<endl;    //error
    return 0;
}
```

分析：程序中有 2 个语句在编译时出现错误。原因是 Min 函数模板中各数据参数的数据类型都是 T，必须保持完全一致的类型，但这 2 个语句的实参的类型与形参不一致，如 Min(n,d)，系统找不到与 Min(int,double)相匹配的函数定义，虽然 int 和 double 之间可以隐式转换，完全可以认为是 Min(int,int)，但是模板函数调用对类型实参和类型形参的匹配规则很苛刻。Min(d,ch)函数调用的编译错误也是同样的原因。

【例 7-3】 用函数模板实现冒泡法排序。

程序如下：

```
/*ch07-3.cpp*/
#include<iostream>
#include<stdlib.h>
#include<time.h>
using namespace std;
template <typename ElementType >              //函数模板的定义
void SortBubble ( ElementType *a, int size )
//具有类属类型参数和整型参数的参数表
{   int i, work ;
    ElementType temp ;                        //类属类型变量
    for (int pass = 1; pass < size; pass ++ )    //对数组排序
    {   work = 1;
        for ( i = 0; i<size-pass; i ++ )
        if ( a[i] > a[i+1] )
        {   temp = a[i];
            a[i] = a[i+1];
            a[i+1] = temp;
            work = 0 ;
        }
        if ( work ) break ;
    }
}
```

```cpp
int main()
{   int a[10];
    srand( time( 0 ) );                              //调用种子函数
    for( int i = 0; i<10; i++ ) a[i] = rand() % 100;  //用随机函数初始化数组
    for( i = 0; i<10; i++ ) cout << a[i] << " ";     //输出原始序列
    cout << endl;
    SortBubble( a, 10 ); //调用排序函数模板
    cout << "After Order:" << endl;
    for( i = 0; i<10; i++ ) cout << a[i] << " ";     //输出排序后序列
    cout << endl;
    return 0;
}
```

程序运行结果：

83 55 71 24 96 18 97 64 92 77

Afrer Order:

18 24 55 64 71 77 83 92 96 97

在程序运行过程中，由于使用了随机函数初始化数组，所以每次运行都会有一组随机数，然后再对这一组数据(10 个数)进行冒泡排序。

函数模板本身可以用多种方式重载，一种方法是重载为其他函数模板，指定不同参数的相同函数模板名，另一种方法是重载为普通函数。

【例 7-4】 函数模板重载为其他函数模板。

程序如下：

```cpp
/*ch07-4.cpp*/
#include<iostream>
using namespace std;
template <typename T>
T max(T m1, T m2 )
{
    return (m1>m2) ? m1 : m2 ;
}
template <typename T>
T max(T m1, T m2, T m3 )
{
    T temp=max(m1,m2) ;
    return max(temp , m3) ;
}
template <typename T>
T max(T a[ ], int n )
```

```
    {
        T maxnum=a[0] ;
        for (int i=0 ; i<n ; i++)
            if(maxnum<a[i])   maxnum=a[i];
        return maxnum;
    }
    int main()
    {
        double d[]={6.6,7.3,5.4,8.8,4.2,7.1,6.9,3.7,1.8,3.5};
        int a[]={-7,-6,-4,12,-9,2,-11,-8,-3,18};
        char c[]="goodmorning";
        cout<<"max(12.9,5.4)="<<max(12.9,5.4)<<endl;
        cout<<"max(12,28)="<<max(12,28) <<endl;
        cout<<"max('p','m')"<<max('p','m')<<endl ;
        cout<<"max(16,34,52)="<< max(16,34,52)<<endl;
        cout<< "max(16.2,34.5,52.3) ="<< max(16.2,34.5,52.3)<<endl;
        cout<< "max('D','B','E') ="<< max('D','B', 'E')<<endl ;
        cout<<"intarrmax="<<max(a,10)<<endl;
        cout<<"doublemax="<<max(d,10)<<endl;
        cout<< "charmax ="<<max(c,10)<<endl ;
        return 0;
    }
```

程序运行结果：
```
    max(12.9,5.4)=12.9
    max(12,28)=28
    max('p','m')p
    max(16,34,52)=52
    max(16.2,34.5,52.3) =52.3
    max('D','B','E') =E
    intarrmax=18
    doublemax=8.8
    charmax =r
```

模板重载

【例 7-5】 函数模板重载为普通函数。

程序如下：
```
/*ch07-5.cpp*/
#include <iostream>
using namespace std;
template <typename T>          //定义函数模板
T Max(T x, T y)
```

```
    {   cout << "函数模板被调用，max(" << x << "," << y << ")是";
        return x>y? x:y;
    }


    char* Max(char* x, char* y)          //重载的普通函数
    {
        cout << "普通函数 Max(char* x, char* y)被调用，max(" << x << "," << y << ")是";
        return strcmp(x, y)>0?x:y;
    }


    int Max(int x, int y)                //重载的普通函数
    {   cout << "普通函数 Max(int x,int y)被调用，max(" << x << "," << y << ")是";
        return x>y? x:y;
    }


    int Max(int x, char y)               //重载的普通函数
    {   cout << "普通函数 Max(int x,char y)被调用，max(" << x << "," << y << ")是";
        return x>y? x:y;
    }
    int main( )
    {   char *s1 = "Hello!", *s2 = "Hi!";
        cout << Max(2, 3) << endl;        //调用重载的普通函数：int Max(int x,int y)
        cout << Max(2.02, 3.03) << endl;  //调用函数模板
        cout << Max(s1, s2) << endl;      //调用重载的普通函数 char* Max(char* x,char* y)
        cout << Max(2, 'a') << endl;      //调用重载的普通函数：int Max(int x, char y)
        cout << Max(2.3, 'a') << endl;    //调用重载的普通函数：int Max(int x, char y)
        return 0;
    }
```

程序运行结果：

    普通函数 Max(int x,int y)被调用，max(2,3)是 3

    函数模板被调用，max(2.02,3.03)是 3.03

    普通函数 Max(char* x, char* y)被调用，max(Hello!,Hi!)是 Hi!

    普通函数 Max(int x,char y)被调用，max(2,a)是 97

    普通函数 Max(int x,char y)被调用，max(2,a)是 97

从上面的程序可以看出，在 C++ 中，函数模板与同名的非模板函数的重载方法遵循下列约定：

(1) 寻找一个参数完全匹配的函数，如果找到了，就调用它。

(2) 如果(1)失败，则再寻找一个函数模板，将其实例化产生一个匹配的模板函数，如果找到了，就调用它。

(3) 如果还是无法匹配，则编译器再尝试低一级的对函数的重载方法，如通过类型转换可产生参数匹配等，如果找到了，就调用它。

如果(1)、(2)、(3)均未找到匹配的函数，那么这个调用就是一个错误。如果在第(1)步有多于一个的选择，那么这个调用是意义不明确的，也会产生一个错误。

以上重载模板函数的规则，可能会引起许多不必要的函数定义的产生，但一个好的实现应该是充分利用这个功能的简单性来抑制不合逻辑的回答。

7.3　类模板与模板类

类模板与模板类

在 C++ 中，不但可以设计函数模板，满足对不同类型数据的同一功能的要求，还可以设计类模板，来表达具有相同处理方法的数据对象。

如同函数模板一样，类模板是参数化的类，即用于实现数据类型参数化的类。应用类模板可以使类中的数据成员、成员函数的参数及成员函数的返回值能根据模板参数匹配情况取任意数据类型，这种类型既可以是 C++ 预定义的数据类型，也可以是用户自定义的数据类型。如果将类看做包含某些数据类型的框架，把对支持该类的不同操作理解为将数据类型从类中分离出来，则允许单个类处理通用的数据类型 T。其实，这种类型并不是类，而仅仅是类的描述，常称之为类模板。在编译时，由编译系统将类模板与某种特定数据类型联系起来，就产生一个真实的类。一个类模板是类定义的一种模式，是用于实现数据类型参数化的类。

7.3.1　类模板的定义和使用

1. 类模板的定义

类模板的成员函数被认为是函数模板，也称为类属函数。因此，当给出一个类模板的成员函数的定义时，必须遵循函数模板的定义。定义类模板的一般格式如下：

```
template <类型形参表>
class  类名
{
    类声明体;
};
template <类型形参表>
返回类型  类名<类型形参表>::成员函数(数据形参表)
{
    成员函数定义体;
}
```

其中的“<类型形参表>”中包含一个或多个用逗号分开的参数项，每一参数至少应在类的说明中出现一次。参数项可以包含基本数据类型，也可以包含类类型。若为类类型，则必须有前缀 class。模板类型形参表的类型用于说明数据成员和成员函数的参数类型和返回值类型。

我们举例说明。例如，求一个数的平方是算法中经常要用到的基本单元。对于 int 型和

double 型分别需要两个类来实现，类 Square1 实现求 int 型数据的平方，类 Square2 实现求 double 型数据的平方。

```
class Square1
{
public:
    Square1(int y):x(y){}
int fun()
{
    return x*x;
}
private:
    int x;
};

class Square2
{
public:
    Square(double y):x(y){}
    double fun()
    {
        return x*x;
    }
    private:
    double x;
};
```

如果采用类模板来实现，则只需要定义一个类模板即可以实现，实现代码如下：

```
template <typename T>              //T 为模板类型形参
class Square
{
public:
    Square(T y):x(y){}             //T 的具体类型根据类模板的调用情况确定
    T fun(){   return x*x;   }
    private:
    T x;
};
```

说明：类 Square1 和类 Sauare2 有相同的逻辑功能，只是数据成员的类型不同，一个为 int 型，另一个为 double 型，这正是类模板可以解决的问题，因此可以采用类模板的方式实现。

模板类的成员函数必须是函数模板。类模板中的成员函数的定义，若放在类模板的定义之中，则与类的成员函数的定义方法相同；若在类模板之外定义，则成员函数的定义格式如下：

```
template<类型形参表>
返回值类型   类模板名<类型形参表>::成员函数名(数据形参表)
{
    成员函数体
}
```

2. 类模板的使用

类模板也不能直接使用，必须先实例化为相应的模板类，定义该模板类的对象后才能使用。

函数模板和类模板不同之处是：函数模板的使用是由编译系统在处理函数调用时自动完成，而类模板的实例化必须由程序员在程序中显式地指定。当类模板实例化为模板类时，类模板中的成员函数同时实例化为模板函数。

由类模板经实例化而生成的具体类称之为模板类，格式为

```
<类模板名> <类型实参表>
```

由类模板实例化为模板类，之后由模板类实例化为对象，格式为

```
<类模板名> <类型实参表> <对象名>[(<实参表>)]
```

其中，"类型实参表"应与该类模板中的"类型形参表"相匹配，"对象名"是定义该模板类的一个或多个对象。

【例 7-6】 定义一个数组类模板，了解类模板的实际作用。

程序如下：

```cpp
/*ch07-6.cpp*/
/*通用数组类*/
#include <iostream>
#include <cstdlib>
using namespace std;
const int size = 10;
template <typename T>
class atype                       //类模板
{
  public:
    atype()                       //构造函数
    {
        int i;
        for(i=0; i<size; i++)array[i]=i;
    }
    T &operator[] (int n);        //下标运算符[]重载
  private:
```

```
        T array[size];
    };
    template <typename T>
    T    &atype<T>::operator[] (int n)   //获得数组中下标为 n 的元素值
    {    //下标越界检查
        if(n< 0 || n>=size)
        {   cout<<"下标"<<n<<"超出范围!"<<endl;
            exit(1);
        }
        return array[n];
    }
    int main()
    {
        atype<int> intArray;            // integer 数组类, intArray 为 atype<int>类的一个对象
        atype<double> doubleArray;      // double 数组类, doubleArray 为 atypte<double>类的一个对象
        int i;
        cout << "Integer 数组: ";
        for(i=0; i<size; i++)
            cout<<intArray[i]<<"      ";
        cout<<endl;
        cout<<"Double 数组: ";
        for(i=0;   i<size;   i++)
            doubleArray[i]=(double)i/2;
        for(i=0;   i<size;   i++)
            cout<<doubleArray[i]   <<"      ";
        cout<<endl;
        intArray[12] = 100;             //下标越界
        return 0;
    }
```

程序运行结果:

　　Integer 数组:0　1　2　3　4　5　6　7　8　9
　　Dounle 数组: 0　0.5　1　1.5　2　2.5　3　3.5　4　4.5
　　下标 12 超出范围!

上面的程序分析如下:

(1) 该程序定义了一个类模板 atype<T>, 模板类型参数为 T。其中语句
"atype<int>intArray"是用实际类型参数 int 替换类模板 atype<T>的模板类型参数 T, 将类
模板 atype<T>实例化为下面的模板类:

```
    class atype
    {
```

```
    public:
        atype( );
        int &operator[ ](int n);
    private:
        int array[size];
    }
```

(2) 语句"atype<int> intArray;"调用构造函数创建模板类的对象 intArray。同理，主函数中的语句"atype<double>doubleArray;"将类模板 atype<T>实例化为下面的模板类，并创建模板类的对象 doubleArray：

```
    class atype
    {
    public:
        atype();
        double &operator[ ](int n);
    private:
        double array[size];
    };
```

可见，类模板的实例化创建的结果是一种类型，而模板类的实例化创建的结果则是一个对象。

类模板实例化以及模板类实例化的逻辑关系如图 7-3 所示。

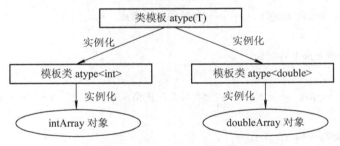

图 7-3　类模板实例化以及模板类实例化的逻辑关系

7.3.2　类模板的派生

类模板的派生有 3 种情况：
(1) 类模板可以派生出新的类模板。
(2) 类模板可以派生出非模板类。
(3) 模板类与普通类一样也具有多继承性，即模板类之间允许有多继承性。

类模板派生

1. 类模板派生新的类模板

```
    template <class T>
    class base                        //基类模板
    {
```

```
    …
};
template <class T>
class derive:public base<T>   //派生类模板
{
    …
};
```

与一般的类的派生定义相似,只是在指出它的基类时要加上模板类型参数,如 base<T>。

【例 7-7】 类模板派生出新的类模板示例。

程序如下:

```
#include <iostream>
using namespace std;
template<typename T>
class stack                        //stack 类模板,类型参数为 T
{
protected:
    T* pStack;                     //pStack 存储栈元素
    int _size;                     //栈的大小
    int _top;                      //top 为栈顶的位置, top 为 0, 意味着空栈
public:
    stack(int _size) : _top(0)     //有参数的构造函数, 构造空栈
    {
        pStack = new T[_size];
    }
    stack() : _top(0), _size(20)   //没有参数的构造函数, 构造能存储 20 个元素的栈
    {
        pStack = new T[_size];
    }
    T& top()                       //返回栈顶元素的引用, 故可以作为左值被赋值
    {
        return pStack[_top];
    }
    virtual ~stack()               //析构函数释放数组空间
    {
        delete[] pStack;
    }
    void push(const T element);
    void pop();
};
```

```
template<typename T>
void stack<T>::push(const T element)       //入栈
{
    pStack[++_top] = element;
    cout<<element<<"入栈"<<endl;
}
template<typename T>
void stack<T>:: pop( )                      //出栈
{
    if (_top==0)
    {
        cout<<"已空"<<endl;
    }
    else
    {
        cout<<top()<<"出栈"<<endl;
        _top--;
    }
}
template<typename T>
class deque : public stack<T>               // deque<T>是从 stack<T>类模板派生的类模板
{
private:
    int _tail;   //队尾的下一个位置
    int _front; //队首的位置
public:
    deque() :_tail(0),_front(0), stack(){}                    //初始化空队列
    deque(int size) :_tail(0),_front(0), stack<T>(size){}     //初始化空队列
    T& getFirst()      //返回队首元素的引用，故可以作为左值被赋值
    {
        return pStack[_front];
    }
    T& getLast()       //返回队尾元素的引用，故可以作为左值被赋值
    {
        int t=_tail-1;
        return pStack[t];
    }
    void push(const T element);
    void pop();
};
```

```cpp
template<typename T>
void deque<T>::push(const T element)            //入队
{
    cout<<element<<"入队"<<endl;
    pStack[_tail++] = element;
}
template<typename T>
void deque<T>:: pop( )                          //出队
{
    if (_front==0&&_tail==0)
    {
        cout<<"已空"<<endl;
    }
    else
    {
        cout<<getFirst()<<"出队"<<endl;
        _front++ ;
    }
}
int main(){
    int e1=10,e2=20;
    /*栈的操作*/
    stack<int> intStack(20);
    intStack.push(e1);
    intStack.top() += 5;               //将栈顶元素加 5
    cout <<"栈顶元素是："<<intStack.top() << endl;
    intStack.pop( );
    /*队列的操作*/
    deque<int> intDeque(20);
    intDeque.push(e1);
    intDeque.push(e2);
    intDeque.getFirst() += 8;          //将队首元素加 8
    cout <<"队首元素是："<< intDeque.getFirst() << endl;
    cout <<"队尾元素是："<< intDeque.getLast() << endl;
    intDeque.pop();
    return 0;
}
```

程序执行的结果：

10 入栈

栈顶元素是：15

15 出栈

10 入队

20 入队

队首元素是：18

队尾元素是：20

18 出队

上面的程序分析如下：

(1) 此例中先定义了 stack<T>类模板，然后又派生了 deque<T>类模板。

(2) 在 main 函数中，由 stack<T>类模板实例化得到模板类 stack<int>(整型栈)，从而由语句"stack<int> intStack(20);"构造了整型栈对象 intStack，通过调用它的成员函数实现了栈的各种操作。栈操作的特点是后进先出，也被称为 LIFO(Last In First Out)数据结构。

(3) 由 deque<T>类模板实例化得到模板类 deque<int>(整型队列)，由语句"deque<int> intDeque(20);"构造了整型队列对象 intDeque，通过调用它的成员函数实现了队列的各种操作。队列操作的特点是先进先出，也被称为 FIFO(First In First Out)数据结构。

2. 类模板派生出普通类

类模板可以派生出非模板类，在派生中，作为非模板类的基类，必须是类模板实例化后的模板类，并且在定义派生类前不需要模板声明语句 template<class>。例如：

```
template <class T>
class base                      //基类模板
{
    …
};
class derived:public base<int>       //从模板类 base<int>派生出普通类 derived
{
    …
};
```

在定义 derived 类时，base 类模板已实例化成了 int 型的模板类。

7.3.3　类模板与友元

类模板的友元和类的友元的特点基本相同，但也具有自身的特殊情况。以类模板的友元函数为例，可以分为以下 3 种情况：

(1) 友元函数无模板参数；

(2) 友元函数含有类模板相同的模板参数；

(3) 友元函数含有与类模板不同的模板参数。

【例 7-8】　类模板的友元函数示例。

程序如下：

```
/*ch07-8.cpp*/
```

```cpp
#include<iostream>
#include<iomanip>
#include<stdlib.h>
using namespace std;
#define Len 10
template<class T>                           //模板定义
class SeqLn                                 //顺序表类模板
{
public:
    SeqLn<T>():size(0){}                    //类模板的构造函数
    ~SeqLn<T>(){}                           //类模板的析构函数
    void Insert(const T &m,const int nst);  //数据类型为模板形参 T
    T Delete(const int nst);                //返回值类型为模板形参 T
    int LnSize()const
    {
        return size;
    }
private:
    //转换函数模板的声明
    friend void CharToInt(SeqLn<char>&n,SeqLn<int>&da);   //类模板的友元
    friend void Display(SeqLn<T>&mySeqLn);  //类模板的友元
    friend void Success();                  //类模板的友元
private:
    T arr[Len];                             //数据元素的类型为模板形参 T
    int size;
};
template<class T>                           //成员函数的模板定义
void SeqLn<T>::Insert(const T&m,const int nst)
{
    if (nst<0||nst>size)
    {
        cerr<<"nst Error!"<<endl;
        exit(1);
    }
    if (size==Len)
    {
        cerr<<"the List is over,can't insert any data!"<<endl;
        exit(1);
    }
```

```
    for (int i=size; i>nst; i--)arr[i]=arr[i-1];        //逆向插入数据
        arr[nst]=m;
        size++;
}
template<class T>                                       //成员函数的模板定义
T SeqLn<T>::Delete(const int nst)
{
    if (nst<0||nst>size-1)
    {
        cerr<<"删除位置错误!"<<endl;
        exit(1);
    }
    if (size==0)
    {
        cerr<<"the List is null,no data can be deleted!"<<endl;
        exit(1);
    }
    T temp=arr[nst];
    for(int i=nst; i<size-1; i++)
        arr[i]=arr[i+1];
    size--;
    return temp;
}
void Success()                                          //友元函数的模板定义
{
    cout<<"转换完成"<<endl;
}
template<class T>                                       //友元函数的模板定义
void Display(SeqLn<T> &mySeqLn) {
    for(int i=0; i<mySeqLn.size; i++)
    {
        cout<<setw(5)<<mySeqLn.arr[i];
        if((i+1)%8==0)                                  //每行输出 8 个元素
            cout<<endl;
    }
}
template<class T1,class T2>                             //友元函数的模板定义
void CharToInt (SeqLn<T1>&n,SeqLn<T2>&da)
{
```

```
            da.size=n.size;
            for(int i=0; i<n.size; i++)
                da.arr[i]=int(n.arr[i]);
        }
        int main()
        {
            int i;
            SeqLn<char>c_List;                    //定义 char 型顺序表类对象
            SeqLn<int>i_List;                     //定义 int 型顺序表类对象
            c_List.Insert('a',0);                 //为 char 型顺序表类对象逆向插入数据
            c_List.Insert('b',0);
            c_List.Insert('c',0);
            cout<<"转换前的数据列表："；
            Display(c_List);                      //输出转换前的结果
            cout<<endl;
            CharToInt(c_List,i_List);
            Success();
            cout<<"转换后的数据列表："；
            Display(i_List);                      //输出转换后的结果
            cout<<endl;
            cout<<"请输入删除位置:";
            i=2;
            i_List.Delete(i-1);                   //执行删除操作
            cout<<"删除第"<<i<<"个元素后："；
            Display(i_List);                      //输出删除以后的结果
            return 0;
        }
```

程序运行结果：

```
    转换前的数据列表：      c      b      a
    转换完成
    转换后的数据列表：      99     98     97
    删除第 2 个元素后：     99     97
```

上面的程序分析如下：

(1) 通过"SeqLn<char>c_List;"语句构造了 char 型顺序表类对象 c_List，通过"SeqLn<int>i_List;"语句构造了 int 型顺序表对象 i_List。

(2) 随后向 char 型顺序表类对象中插入了 'a'、'b'、'c' 三个数据。程序演示了类模板的友元函数的三种情况：① 函数 Success 是模板顺序表类 SeqLn<T>的友元函数，但此函数中没有模板参数。在程序中不起关键性作用，设计它的目的是为了说明友元函数无模板参数的情况；② Display 也是模板顺序表类 SeqLn<T>的友元函数，它具有和类模板相同

的模板形参，该函数的作用是输出转换后的结果；③ 函数 CharToInt 属于类模板的友元函数的第三种情况，它具有和类模板不同的模板参数，该函数的作用是将 char 型顺序表对象中的数据转换为 int 型并存放到 int 型顺序表中。

7.3.4　类模板与静态成员

在非模板类中，类的所有对象共享一个静态数据成员，静态数据成员应在文件范围内初始化。

从类模板实例化的每个模板类都有自己的类模板静态数据成员，该模板类的所有对象共享一个静态数据成员。和非模板类的静态数据成员一样，模板类的静态数据成员也应在文件范围内初始化。每个模板类有自己的类模板的静态数据成员副本。

【例 7-9】　类模板中含有静态数据成员示例。

程序如下：

```cpp
/*ch07-9.cpp*/
#include<iostream>
using namespace std;
template<class T>
class A
{
    T   m;
  public:
    A(T a):m(a) { n++; }
    ~A(   ) { n--; }
    void disp() { cout<<"m="<<m<<",n="<<n<<endl; }
    static   T n;              //n 为静态数据成员
};
template<class T>
T A<T>::n=0;               //为静态数据成员初始化
int main()
{
    A<int> a(2) , b(3);
    a.disp( );
    b.disp( );
    cout<<"A<int>中的对象个数 n="<<A<int>::n<<endl;
    A<double> c( 1.6),d(5.4 ),e(44.3) ;
    c.disp();
    d.disp();
    cout<<"A<double>中的对象个数 n="<<A<double>::n<<endl;
    return 0;
}
```

程序运行结果：

　　m=2, n=2

　　m=3, n=2

　　A<int>中的对象个数 n=2

　　m=1.6, n=3

　　m=5.4, n=3

　　A<double>中的对象个数 n=3

上面的程序分析如下：

(1) 此例中 A<T>是一个类模板，其中有一个静态数据成员 n。

(2) 由 A<T>实例化两个模板类 A<int>和 A<double>，这两个模板类分别保存一个静态数据成员 n，即由 A<int>实例化的对象共享这个 A<int>模板类的静态数据成员 n；而由 A<double>实例化的对象共享这个 A<double>模板类的静态数据成员 n。

7.4　C++ STL 基础

标准模板库(Standard Template Library，STL)是 C++ 标准支持的类模板和函数模板的集合。STL 是 C++ 语言的一部分，因此，每一个标准的 C++ 编译器都支持该库。

STL 提高了代码的可重用性，也为程序员提供了功能强大的工具。程序员可以在 STL 中找到许多数据结构和算法，这些数据结构和算法可以在解决各种编程问题时使用，它们是准确而有效的。在设计自己的模板和算法时，程序员需要花费大量的时间来测试，以保证算法正确、有效。通过使用 STL 组件，用于测试的时间会显著减少。

C++ 通过提供模板机制和包含通用算法及可以用做任何类型的数据容器的数据结构的 STL 支持泛型程序设计(Generic Programming)。STL 为通用容器、迭代器和建立在它们之上的算法提供模板，程序设计者无需了解 STL 的基本原理，便可以使用其中的数据结构和算法。STL 由一些可以适用于不同需求的群体类和一些能够在这些群体数据上操作的算法构成。从应用角度来看，构建 STL 框架最关键的 5 个组件是容器(container)、迭代器(iterator)、算法(algorithm)、函数对象(function object) 和适配器(allocators adapter)，这里算法处于核心地位，迭代器如同算法和容器类之间的桥梁，算法通过迭代器从容器中获取元素，然后将获取的元素传递给特定的函数对象进行操作，最后将处理后的结果储存到容器中。

为了使用 STL 中的组件，必须在程序中使用 #include 命令以包含一个或多个头文件：

(1) 向量容器、列表容器和双端队列容器类分别位于<vector>、<list>和<deque>中。

(2) 集合容器和多重集合容器位于<set>中，而映射容器 map 和多重映射容器 multimap 位于< map >中。

(3) stack 适配器位于<stack>中，而 queue 和 priority-queue 适配器位于<queue>中。

(4) 算法位于<algorithm>中，通用数值算法位于<numeric>中。

(5) 迭代器类和迭代器适配器位于< iterator>中。

(6) 函数对象类和函数适配器位于<functional>中。

下面首先看一个最简单的 STL 程序。

【例 7-10】 从标准输入读入几个整数，存入向量容器，对数据进行升序和降序排列。
程序如下：

```cpp
/*ch07-10.cpp*/
#include<iostream>
#include<vector>
#include<iterator>
#include<algorithm>
#include<functional>
using namespace std;
#define LEN 5
int main()
{   vector<int> a(LEN);
    int i;
    for( i=0; i<LEN; i++)
        cin>>a[i];
    sort(a.begin(), a.end(),less<int>());          //sort 默认是按照升序进行排序
    cout<<"升序排列的结果：";
    for (vector<int>::iterator it=a.begin(); it!=a.end(); it++)
    cout<<*it<<"      ";
    cout<<endl;
    sort(a.begin(), a.end(), greater<int>());
    cout<<"降序排列的结果：";
    copy(a.begin(), a.end(),ostream_iterator<int>(cout,"    ")) ;
    cout<<endl;
    return 0;
}
```

从键盘上输入： 12   5   6   34   78
程序运行结果：

升序排列的结果：5   6   12   34   78
降序排列的结果：78   34   12 6   5

这个例子虽然非常简单，但 STL 所涉及的 4 个基本组件(容器、迭代器、函数对象和算法)都有，下面结合这个程序分别介绍 STL 的 4 种基本组件。

1. 容器(container)

容器是容纳、包含一组元素的对象。C++ 中的容器其实是容器类实例化之后的一个具体的对象。C++ 中容器类是基于类模板定义的。这些容器可以分为两种基本类型：顺序容器(sequence container)和关联容器(associative container)。顺序容器将一组具有相同类型的元素以严格的线性形式组织起来，向量(vector)、双端队列(deque)、列表(list)容器属于这一类；关联容器具有根据一组索引来快速提取元素的能力，集合(set)、多重集合(multiset)、映射

(map)和多重映射(multimap)容器就属于这一种。

例 7-10 中的 vector 就是一种向量容器。

2. 迭代器(iterator)

迭代器提供了顺序访问容器中每个元素的方法。迭代器是泛化的指针，提供了类似指针的操作(诸如 ++、--、*、-> 运算符)。对迭代器使用"++"运算符获得指向下一个元素的迭代器，使用"--"运算符获得指向上一个元素的迭代器，使用" * "运算符访问这个迭代器所指向的元素的值，如果元素类型是类或结构体可以使用"->"运算符访问该元素的一个成员。

例 7-10 中的 a.begin(),a.end()函数都可以返回随机访问迭代器。a.begin()返回指向向量容器的第一个元素的迭代器；a.end()返回指向向量容器的末尾(最后一个元素的下一个位置)的迭代器。ostream_iterator<T>是输出流迭代器，用于向输出流中连续输出 T 类型的数据。

3. 函数对象(function object)

函数对象是一个行为类似函数的对象，对它可以像调用函数一样调用。任何普通的函数和重载了"( )"运算符的类的对象都可以作为函数对象使用，函数对象是泛化的函数。

例 7-10 中的"greater<int>()"和"less<int>()"就是函数对象。greater 和 less 是类模板，它们重载了"()"运算符，接收一个参数，进行两个数据的比较。

greater() 和 less()函数经常使用在 sort()中，用来对容器进行升序或者降序排列，或者用在 push_heap()和 pop_heap()中，用来构建最小堆(greater)或者最大堆(less)。二者包含在头文件<functional>中。

4. 算法(algorithm)

STL 包括 70 多个算法，这些算法覆盖了相当大的应用领域，其中包括查找算法、排序算法、消除算法、计数算法、比较算法、变换算法、置换算法和容器管理等。这些算法的一个最重要的特性就是它们的统一性，并且可以广泛用于不同的对象和内置的数据类型。

例 7-10 中调用的 sort 就是一个算法，为了说明该算法的用途，下面给出该算法的模板说明：

```
template <class RandomAccessIterator>
    void sort (RandomAccessIterator first, RandomAccessIterator last );
```

和

```
template <class RandomAccessIterator, class Compare>
    void sort(RandomAccessIterator first, RandomAccessIterator last, StrictWeakOrdering comp );
```

我们可以看出，sort 算法只能接受随机访问迭代器作为参数，它的功能是对从某种容器中从 first 迭代器到 last 迭代器所指向的元素进行排序。第三个参数是函数对象，给出比较的规则。如果第三个参数缺省，则默认是升序排列。如果第三个参数是 greater，则实现降序排列。下面的代码就是降序排序的比较函数，当 a > b 时为 true，不交换；当 a < b 时为 false，交换。

```
bool comp(int a, int b) {
    return a > b;
}
```

我们还可以自己写比较函数来定制排序规则，实现复杂数据类型的排序。

使用 STL 的算法，需要包含头文件<algorithm>。

通过对例 7-10 的解释，我们已经初步了解了 STL 中的 4 个基本组件。STL 把迭代器作为算法的参数，通过迭代器来访问容器而不是把容器直接作为算法的参数；STL 把函数对象作为算法的参数而不是把函数所执行的运算作为算法的一部分。这些设计都为程序设计提供了极大的灵活性。迭代器如同算法和容器类之间的桥梁，算法通过迭代器从容器中获取元素，然后将获取的元素传递给特定的函数对象进行操作，最后将处理后的结果储存到容器中。使用 STL 中提供的或自定义的迭代器和函数对象，配合 STL 算法，可以组合出各种各样的功能。

7.4.1　迭代器

理解迭代器对于理解 STL 框架并掌握 STL 的使用至关重要。简单地说，迭代器是泛化的指针。STL 算法利用迭代器对存储在容器中的元素序列进行遍历，迭代器提供了访问容器和序列中每个元素的方法。

实际上指针也是一种迭代器。很多容器和序列提供了类似于 current()的成员函数，返回迭代器所指向的元素的地址或者引用。类似于指针，迭代器可以调用 next()和 previous()等成员函数顺序遍历容器。current()、next()和 previous()类型的成员函数允许用户访问容器或者序列中的每个元素。

虽然指针也是一种迭代器，但迭代器却不仅仅是指针。指针可以指向内存中的一个地址，通过这个地址就可以访问相应的内存单元。而迭代器更为抽象，它可以指向容器中的一个位置，我们也许不必关心这个位置的真正物理地址，但是我们可以通过迭代器访问这个位置的元素。

1．迭代器的类型

STL 主要包括 5 种基本迭代器：输入、输出、前向、双向和随机访问迭代器，以及两种迭代器适配器(iterator adapters)：逆向迭代器适配器和插入迭代器适配器。各类迭代器及功能见表 7-1。

表 7-1　5 种基本迭代器

标准库定义迭代器类型	功　　能
输入迭代器(InputIterator)	从容器中读取元素。输入迭代器只能一次一个元素地向前移动。要重读必须从头开始，如输入流迭代器
输出迭代器(OutputIterator)	向容器写入元素。输出迭代器只能一次一个元素地向前移动。输出迭代器要重写，必须从头开始，如输出流迭代器
正向迭代器 (ForwardIterator)	组合输入迭代器和输出迭代器的功能，并保留在容器中的位置(作为状态信息)，所以重新读/写不必从头开始，可以对序列进行单向的遍历
双向迭代器(BidirectionalIterator)	组合正向迭代器功能与逆向移动功能，可以在两个方向上对数据遍历
随机访问迭代器 (RandomAccessIterator)	组合双向迭代器的功能，并能直接访问容器中的任意元素，能够在序列中的任意两个位置之间进行跳转，如指针、使用 vector 的 begin()、end()函数得到的迭代器

表 7-1 中定义的各种迭代器可执行的操作如表 7-2 所示。从表中可清楚地看出，从输入/输出迭代器到随机访问迭代器的功能逐步加强。对比指针对数组的操作，两者的一致性十分明显。

表 7-2　各类迭代器可执行的操作

迭代器操作	功　能
所有迭代器	
++p	前置自增迭代器
p++	后置自增迭代器
输入迭代器	
*p	间接引用迭代器，作为右值
p=p1	将一个迭代器赋给另一个迭代器
p==p1	比较迭代器的相等性
p!=p1	比较迭代器的不等性
输出迭代器	
*p	间接引用迭代器，作为左值
p=p1	将一个迭代器赋给另一个迭代器
正向迭代器	提供输入和输出迭代器的所有功能
双向迭代器	包含正向迭代器的所有功能，再增加：
--p	前置自减迭代器
p--	后置自减迭代器
随机访问迭代器	包含双向迭代器的所有功能，再增加：
p+=i	迭代器 p 递增 i 位(后移 i 位)(p 本身变)
p-=i	迭代器 p 递减 i 位(前移 i 位)(p 本身变)
p+i	在 p 所在位置后移 i 位后的迭代器(迭代器 p 本身不变)
p-i	在 p 所在位置前移 i 位后的迭代器(迭代器 p 本身不变)
p[i]	返回与 p 所在位置后移 i 位的元素引用
p<p1	如迭代器 p 小于 p1，则返回 true，否则返回 false
p<=p1	如迭代器 p 小于或等于 p1，则返回 true，否则返回 false
p>=p1	如迭代器 p 大于等于 p1，则返回 true，否则返回 false
p>p1	如迭代器 p 大于迭代器 p1，则返回 true，否则返回 false

【例 7-11】　将输入迭代器的 n 个 T 类型的数值排序，将结果通过输出迭代器 result 输出。

程序如下：

```
/*ch07-11.cpp*/
#include <algorithm>
```

```
#include <iterator>
#include <vector>
#include <iostream>
using namespace std;
template <class T, class InputIterator, class OutputIterator>
void mySort(InputIterator first, InputIterator last, OutputIterator
result)
{
    vector<T> s;
    for (; first != last; ++first)
        s.push_back(*first);
    sort(s.begin(), s.end());              //对 s 进行排序，sort 函数的参数必须是随机访问迭代器
    copy(s.begin(), s.end(), result);      //将 s 序列通过输出迭代器输出
}
int main() {
    double a[5] = { 1.2, 2.4, 0.8, 3.3, 3.2 };
    mySort<double>(a, a + 5, ostream_iterator<double>(cout, " "));
    cout << endl;
    //从标准输入流读入若干个整数，将排序后的结果通过标准输出流输出
    mySort<int>(istream_iterator<int>(cin),istream_iterator<int>(), ostream_iterator<int>(cout, " "));
    cout << endl;
    return 0;
}
```

程序运行结果：

    0.8 1.2 2.4 3.2 3.3 (数组 a 的排序结果)

    2 -4 5 8 -1 3 6 -5 (从键盘输入，以 Ctrl+Z 结束)

    -5 -4 -1 2 3 5 6 8 (输入流输入的数据的排序结果)

上面的程序分析如下：

(1) 此例中用到了 STL 的算法——sort 和 copy。sort 用来将向量容器中[first，last)区间内的数据从小到大排序，排序结果放在向量容器中。我们前面讲了它只能接受随机访问迭代器作为参数。如果希望通过输入迭代器表示输入数据，将结果通过输出迭代器输出，就不能直接使用 sort 算法了。本例中的 mySort 函数对 sort 函数进行了包装，以输入迭代器表示输入数据，将结果通过输出迭代器输出。

mySort 函数中，首先构造了一个向量容器 s，构造时没有使用任何参数，表示构造的向量容器 s 的长度为 0。然后它在[first,last)区间内循环，将区间中的元素按顺序存入 s 中。存入的方法是通过 vector 的 push_back 成员函数向 vector 末尾加入新的元素，每执行一次 push_back 函数后，向量容器的长度都会增加 1。循环执行完毕后，向量容器 s 的内容就是[first，last)区间内的数据序列。因为 first 和 last 都是随机访问迭代器，所以可以用 sort 函数将向量容器中的数据进行从小到大的排序。最后执行 copy 算法将排序后的向量容器的内

容通过输出迭代器输出。

(2) 主函数中调用了两次 mySort 函数，第一次调用时它的迭代器参数是数组 a 和 a+5，它们都是指针，是随机访问迭代器。第二次调用时它的迭代器参数是 istream_iterator<int>(cin)和 istream_iterator<int>()，它们分别是输入迭代器的开始和结束位置。

2. 迭代器适配器

适配器是用来修改或调整其他类接口的，迭代器适配器便是用来扩展(或调整)迭代器功能的类。当然这样的适配器本身也被称为迭代器，只是这种迭代器是通过改变另一个迭代器而得到的。STL 中定义了两类迭代器适配器：

(1) 逆向迭代器通过重新定义递增运算和递减运算，使其行为正好倒置。这样，使用这类迭代器，算法将以逆向次序处理元素。所有标准容器都允许使用逆向迭代器来遍历元素。

(2) 插入型迭代器用来将赋值操作转换为插入操作。通过这种迭代器，算法可以执行插入行为而不是覆盖行为。C++ 标准程序库提供了 3 种插入型迭代器：后插入迭代器(back inserter)、前插入迭代器(front inserter)和普通插入迭代器(general inserter)。它们之间的差别仅在于插入位置。后插入迭代器将一个元素追加到容器尾部。C++ 标准库中只有向量容器、双端队列容器、列表容器和字符串容器类支持后插入迭代器。前插入迭代器将一个元素追加到容器头部。C++ 标准库中只有双端队列容器支持前插入迭代器。普通插入迭代器根据容器和插入位置两个参数进行初始化。普通插入迭代器对所有容器均适合。

【例 7-12】 应用逆向迭代器和后插入迭代器。

程序如下：

```
/*ch07-12.cpp*/
#include <iostream>
#include <vector>
#include <algorithm>
using namespace std;
void main(){
    int A[ ] = {1, 2, 3, 4, 5};
    const int N = sizeof(A) / sizeof(int);
    vector<int> col1(A,A+N);
    ostream_iterator< int > output( cout, " " );
    vector<int>::iterator iter;
    vector<int>::reverse_iterator r_iter;                //定义 vector 的逆向迭代器

    cout << "List col1 contains: ";
    copy( col1.begin(), col1.end(), output );            //输出初始向量容器 col1 中的元素
    iter=col1.begin();                                   //定义指向初始元素的迭代器
    cout<<"\nThe fist element is: "<<*iter;               //输出第一个元素
    r_iter=col1.rbegin();                                //逆向迭代器指向最后一个元素
    cout<<"\nThe last element is: "<<*r_iter<<endl;       //输出最后一个元素
```

```
back_insert_iterator<vector<int> > b_iter(col1);          //声明后插迭代器
*b_iter=23;
back_inserter(col1)=16;
copy( col1.begin(), col1.end(), output );                 //输出后插操作后的 col1 中的元素
cout<<endl;
for(r_iter=col1.rbegin(); r_iter!=col1.rend(); r_iter++)  //逆向输出
cout<<*r_iter<<' ';
cout<<endl;
}
```

程序运行结果：

　　List col1 contains:1 2 3 4 5

　　The first element is :1

　　The last element is :5

　　1 2 3 4 5 23 16

　　16 23 5 4 3 2 1

3．迭代器相关的辅助函数

C++ 标准程序库为迭代器提供了 3 个辅助函数：advance()、distance()和 iter_swap()。前两个提供了所有迭代器一些原本只有随机访问迭代器才有的访问能力：前进或后退多个元素，以及处理迭代器之间的距离。第三个辅助函数允许用户交换两个迭代器的值。表 7-3 列出了 3 个辅助函数的功能及函数原型。

表 7-3　3 个辅助函数的功能及函数原型

函数	功　　能	函数原型
advance()	可以将迭代器的位置增加，增加的幅度由参数决定，也就是说使迭代器一次前进或后退多个元素。该函数使输入迭代器前进(或后退)n 个元素，对于双向或随机访问迭代器，n 可以取负值，表示向后访问	void　　　　advance(InputIterator pos1,InputIterator pos2);
distance()	该函数可以处理迭代器之间的距离，函数传回两个输入迭代器 pos1 和 pos2 之间的距离，两个迭代器必须指向同一个容器，如果不是随机访问迭代器，则从 pos1 开始往前走，必须能够到达 pos2，即 pos2 的位置必须与 pos1 相同或在后	dist distance(InputIterator pos1, InputIterator pos2);
Iter_swap()	该函数可以交换两个迭代器所指向的元素值。函数用于交换迭代器 pos1 和 pos2 所指向的元素值,迭代器的类型不必相同，但是所指向的两个值必须可以相互赋值	void iter_swap(ForwardIterator1 pos1, ForwardIterator2　pos2);

【例 7-13】　用三个迭代器辅助函数操作列表容器中的元素。

程序如下：

```
/*ch07-13.cpp*/
#include <iostream>
#include <list>
#include <algorithm>
using namespace std;
void main(){
    int A[] = {1, 2, 3, 4, 5};
    const int N = sizeof(A) / sizeof(int);
    list<int> col1(A,A+N);
    ostream_iterator< int > output( cout, " " );
    cout << "List col1 contains: ";
    copy( col1.begin(), col1.end(), output );        //输出初始列表容器 col1 中的元素
    list<int>::iterator pos=col1.begin();            //定义指向初始元素的迭代器
    cout<<"\nThe fist element is: "<<*pos;           //输出第一个元素
    advance(pos,3);                                  //前进三个元素，指向第四个元素
    cout<<"\nThe 4th element is: "<<*pos;            //输出第四个元素
    cout<<"\nThe advanced distance is: "<<distance(col1.begin(),pos);
    //输出当前迭代器位置与初始位置的距离
    iter_swap(col1.begin(),--col1.end());
    //交换列表容器中第一个元素和最后一个元素
    cout << "\nAfter exchange List col1 contains: ";
    copy( col1.begin(), col1.end(), output );
    //输出交换元素后列表容器 col1 中的元素
    cout<<endl;
}
```

程序运行结果：

```
List col1 contains:1 2 3 4 5
The first element is: 1
The 4th element is: 4
The advanced distance is: 3
After exchange List col1 contains 5 2 3 4 1
```

7.4.2　容器

1. C++ 提供的容器类型及接口

(1) 顺序类型容器有向量(vector)、链表(list)、双端队列(deque)。

(2) 关联容器包括集合(set)、多重集合(multiset)、映射(map)、多重映射(multimap)。

(3) 容器适配器主要指堆栈(stack)、队列(queue)和优先队列(priority_queue)。

这些容器的说明及头文件如表 7-4 所示。

表 7-4 　 STL 中的容器及头文件名

容器名	头文件名	说　　明
vector	\<vector\>	向量，从后面快速插入和删除，直接访问任何元素
list	\<list\>	双向链表
deque	\<dequpe\>	双端队列
set	\<set\>	元素不重复的集合
multiset	\<set\>	元素可重复的集合
map	\<map\>	一个键只对于一个值的映射
multimap	\<map\>	一个键可对于多个值的映射
stack	\<stack\>	堆栈，后进先出(LIFO)
queue	\<queue\>	队列，先进先出(FIFO)
priority_queue	\<queue\>	优先级队列

　　每种容器包括一个或多个公有的构造、复制构造、析构函数。除此之外，所有的容器都支持一个运算符集合(见表 7-5)，这些运算符完成字典式的比较。

　　STL 经过精心设计，使容器提供类似的功能。许多一般化的操作所有容器都适用，也有些操作是为某些容器特别设定的。只有了解接口函数的原型，才能正确地使用标准模板库的组件编程。标准容器类定义的公有函数见表 7-5。表 7-6 是顺序和关联容器共同支持的成员函数。

表 7-5 　 标准容器类定义的公有函数

成员函数名	说　　明
默认构造函数	对容器进行默认初始化的构造函数，常有多个，用于提供不同的容器初始化方法
拷贝构造函数	用于将容器初始化为同类型的现有容器的副本
析构函数	执行容器销毁时的清理工作
empty()	判断容器是否为空，若为空返回 true，否则返回 false
max_size()	返回容器最大容量，即容器能够保存的最多元素个数
size	返回容器中当前元素的个数
operator=	将一个容器赋给另一个同类容器
operator\<	如果第 1 个容器小于第 2 个容器，则返回 true，否则返回 false
operator\<=	如果第 1 个容器小于等于第 2 个容器，则返回 true，否则返回 false
operator\>	如果第 1 个容器大于第 2 个容器，则返回 true，否则返回 false
operator\>=	如果第 1 个容器大于等于第 2 个容器，则返回 true，否则返回 false
swap	交换两个容器中的元素

表 7-6　顺序和关联容器共同支持的成员函数

成员函数名	说　　明
begin()	指向第一个元素
end()	指向最后一个元素
rbegin()	指向按反顺序的第一个元素
rend()	指向按反顺序的末端位置
erase()	删除容器中的一个或多个元素
clear()	删除容器中的所有元素

下面我们只介绍顺序容器，关于关联容器的知识读者可以自己查询相关资料。

2. 顺序容器的基本功能

STL 顺序容器包括向量(vector)、双端队列(deque)、列表(list)，它们在逻辑上可看做是一个长度可扩展的数组，容器中的元素都是线性排列。可以随意决定每个元素在容器中的位置，可以随时向指定位置插入新元素和删除已有元素。每种类型的模板都是一个类模板，都有一个模板参数，表示容器的元素的类型。

下面分别介绍它们的几种基本功能。我们用 C 表示容器类型名，用 c 表示 C 类型的实例，用 T 表示 C 容器的元素类型，用 t 表示 T 类型的一个实例，用 n 表示一个整型数据，用 p1 和 p2 表示指向 s 中的元素的迭代器。

(1) 构造函数。

S s;　　　　　　　构造空容器

S s(n,t);　　　　　构造一个由 n 个 t 元素构成的容器实例 s

S s(n);　　　　　　构造一个有 n 个 t 元素的容器实例 s，每个元素都是 T()

(2) 赋值函数。

s.assign(n,t);　　　赋值后的容器由 n 个 t 元素构成

s.assign(n);　　　　赋值后的容器由 n 个元素构成，每个元素都是 T()

s.assign(q1,q2);　　赋值后的容器的元素为[q1,q2)区间内的数据

(3) 元素的插入。

s.insert(p1,t);　　　在容器 s 中 p1 所指向的位置之前插入一个新的元素 t，返回指向新插入元素的迭代器

s.insert(p1,n,t);　　在容器 s 中 p1 所指向的位置之前插入 n 个新的元素 t，没有返回值

s.insert(p1,q1,q2);　在容器 s 中 p1 所指向的位置之前插入[q1,q2)区间内的元素

(4) 元素的删除。

s.erase(p1);　　　　删除 s 容器中 p1 所指向的元素，返回被删除的下一个元素的迭代器

s.erase(p1,p2);　　　删除 s 容器中[p1,p2)区间内的元素，返回最后一个被删除元素的下一个位置

(5) 改变容器的大小。

s.resize(n);　　　　将容器的大小变为 n，如果原来的元素个数大于 n，则容器末尾多余的元素会被删除；如果原来的元素个数小于 n，则在容器末尾用 T()填充。

(6) 首尾元素的直接访问。

s.front();　　　　　获得容器 s 首元素的引用

s.back();　　　　　获得容器 s 尾元素的引用

(7) 在容器的末尾进行插入和删除。

s.push_back(t);　　向容器尾部插入元素 t

s.pop_back();　　　将容器尾部的元素删除

(8) 在容器的头部进行插入和删除。

列表 list 和双端队列 deque 容器支持在容器头部插入新的元素和删除头部的元素，但是 vector 容器不支持。

s.push_front(t);　　向容器头部插入元素 t

s.pop_front();　　　删除容器头部的元素 t

(9) 清空容器中所有的元素。

s.clear();　　　　　清空容器中所有的元素

【例 7-14】 顺序容器的基本操作。

程序如下：

```
/*ch07-14.cpp*/
#include <iostream>
#include <vector>
#include <list>
#include <deque>
#include <iterator>
#include <algorithm>
using namespace std;
template <class T>
void printContainer(const char* msg, const T& s) {      //输出指定的整型顺序容器的元素
    cout << msg << ": ";
    copy(s.begin(), s.end(), ostream_iterator<int>(cout, " "));
    cout << endl;
}
int main() {
    //从标准输入读入 10 个整数，将它们分别从 s 的头部加入
    int a[5]={1,2,3,4,5};
    vector<int> v(a,a+5);                              //用数组中的元素构造 vector 容器 v
    printContainer("vector 容器中的元素:",v);          //输出 v 容器中的元素
    deque<int> q;                                      //构造空的 deque 容器 q
    for (vector<int>::iterator i =v.begin(); i <v.end(); i++)
        q.push_front(*i);                              //将 v 容器中的每一个元素插入 q 容器的头部
    printContainer("deque 容器中的元素:",q);           //输出 q 容器中的元素
    list<int> L(v.rbegin(),v.rend());                  //用容器 v 中的元素逆序构造了 list 容器 L
```

```
        for (deque<int>::iterator it =q.begin(); it <q.end(); it++)
            L.push_back(*it);                    //将 q 容器中的每一个元素插入 L 容器的尾部
        printContainer("list 容器中的元素:",L);
        return 0;
    }
```

程序运行结果：

　　　vector 容器中的元素:: 1 2 3 4 5

　　　deque 容器中的元素:: 5 4 3 2 1

　　　list 容器中的元素:: 5 4 3 2 1 5 4 3 2 1

程序分析：此例中先是用 int 型数组 a(元素为 1, 2, 3, 4, 5)构造了 vector 容器 v，所以 v 容器中的元素为{1, 2, 3, 4, 5}。然后构造了空的 deque 容器 q，调用它的 push_front 成员函数将 v 容器中的每一个元素插入它的头部，所以 q 容器中的元素为{5, 4, 3, 2, 1}。最后用容器 v 中的元素逆序构造了 List 容器 L，那么 L 容器中的元素为{5, 4, 3, 2, 1}，又通过一个循环将 q 容器的每一个元素插入到 L 容器的尾部，所以最后 L 容器中的元素为{5, 4, 3, 2, 1, 5, 4, 3, 2, 1}。

虽然三类顺序容器有很多共同的操作，但由于它们具有不同的数据存储结构，因此使用它们执行相同的操作时有不同的执行效率。每类顺序容器都有自己独特的成员函数，下面分别予以讨论。

3. 向量容器

向量容器属于顺序容器，用于容纳不定长线性序列(即线性群体)，提供对序列的快速随机访问(也称直接访问)。这一点与 C++ 语言支持的基本数组类型相同，但基本数组类型不是面向对象的。而面向对象的向量是动态结构，它的大小不固定，可以在程序运行时增加或减少。

像传统 C++ 数组一样，向量容器为它所包含的元素提供直接访问。当元素存储在向量容器中时，它们可以按照索引直接访问。索引指明了元素相对于容器的位置。

向量容器可以用来实现队列、栈、列表和其他更加复杂的结构。

除了上面讲的顺序容器的基本操作外，向量容器还有以下自己特有的成员函数：

size_type　　size ( )const;　　　　　记录在容器中已经存放了多少元素

size_type　　max_size( )const;　　　返回容器最多可以容纳多少元素

size_type　　capacity( )const; 不必再次分配内存而在容器中最多可以容纳的元素数量

bool empty( ) const;　　　　　　如果容器为空，则返回布尔型 true，否则返回 false

void swap(vector x);　　　　　交换当前向量容器与向量容器 x 中的元素

可以像使用数组一样通过"[]"运算符和"="运算符为向量设置元素值。

【例 7-15】 求小于等于 n 的素数及个数。

我们应用了欧拉筛法求素数。首先，我们知道当一个数为素数的时候，它的倍数肯定不是素数，所以我们可以从 2 开始通过乘积筛掉所有的合数。然后将所有合数标记，保证不被重复筛除，算法的时间复杂度为 O(n)。

程序如下：

```
/*ch07-15.cpp*/
#include<iostream>
#include<string.h>
#include<vector>
#include<iomanip>
using namespace std;
#define N 100
void prime(vector <int> primeArray,int &cnt){
    vector<bool> vis(N,false);
    int i,j;
    for(i = 2; i <= N; i++)
    {                    //如果质数向量容器已满，则再申请 10 个元素的空间
        if (cnt == primeArray.size())
            primeArray.resize(cnt + 10);
        if(!vis[i])                     //不是目前找到的素数的倍数
            primeArray[cnt++] = i;      //找到素数
        for( j = 0; j<cnt && i*primeArray[j]<=N; j++)
        {
            vis[i*primeArray[j]] = true;  //为素数的倍数做标记
            if(i % primeArray[j] == 0) break;
        }
    }
    for ( i = 0; i < cnt; i++)          //输出质数
    {   cout << setw(5) << primeArray[i];
        if ((i+1) % 10 == 0)            //每输出 10 个数换行一次
            cout << endl;
    }
    cout<<endl;
}
int main()
{  //构造存放素数的向量容器，初始容量为 10，每个元素初始为 0
    vector<int> primeArray(10,0);
    int cnt=0; //素数个数的计数器
    prime(primeArray,cnt);   //调用函数 prime 求小于等于 N 的素数
    cout<<"小于等于"<<N<<"的素数的个数是"<<cnt;
    return 0;
}
```

程序运行结果：

```
    2    3    5    7   11   13   17   19   23   29
```

31	37	41	43	47	53	59	61	67	71
73	79	83	89	97					

小于等于 100 的素数的个数是 25

4. 双端队列容器(deque)

双端队列容器是一种放松了访问权限的队列。在双端队列容器中，元素可以从队列的两端入队和出队。除了可以从队列的首部和尾部访问元素外，标准的双端队列也支持通过使用下标操作符"[]"进行直接访问。

在容器类库中，双端队列容器提供了直接访问和顺序访问方法。

与向量容器相同，双端队列容器也提供了 size()、max_size()、empty()、[] 运算符、= 运算符、swap()、pop_back()、erase()、clear()等成员函数。由于双端队列容器可以从两端操作，所以与向量相比增加了 push_front(t)和 pop_front()成员函数，可以从双端队列的头部进行插入和删除操作。

双端队列容器中的元素可以联合使用 pop_front()、pop_back()、front()、back()成员函数进行顺序访问，也可以使用迭代器来顺序遍历双端队列。由于支持随机访问迭代器，所以可以进行随机访问。

【例 7-16】 使用双端队列容器保存双精度数值序列。

程序如下：

```cpp
/*ch07-16.cpp*/
#include <iostream>
#include<iterator>
#include <deque>                    //包含双端队列容器头文件
#include <algorithm>                //包含算法头文件
using namespace std;
int main(){
    deque< double > values;         //声明一个双精度型 deque 序列容器
    ostream_iterator< double > output( cout, " " );
    values.push_front( 2.2 );       //应用函数 push_front 在 deque 容器开头插入元素
    values.push_front( 3.5 );
    values.push_back( 1.1 );        //应用函数 push_back 在 deque 容器结尾插入元素
    cout << "values contains: ";
    for ( int i = 0; i < values.size(); ++i )
        cout << values[ i ] << ' ';
    values.pop_front();             //应用函数 pop_front 从 deque 容器中删除第一个元素
    cout << "\nAfter pop_front values contains: ";
    copy ( values.begin(), values.end(), output );
    values[ 1 ] = 5.4;              //应用操作符[]来重新赋值
    cout << "\nAfter values[ 1 ] = 5.4 values contains: ";
    copy ( values.begin(), values.end(), output );
```

```
        cout << endl;
        return 0;
    }
```

程序运行结果：

```
        Values contains: 3.5    2.2      1.1
        After pop_front values contains: 2.2        1.1
        After values[1]=5.4 values contains: 2.2  5.4
```

5. 列表容器(list)

列表容器由双向链表构成，因此可以从链表的任意一端开始遍历。与向量容器和双端队列容器不同，列表容器只能按顺序访问，不支持随机访问迭代器，因此某些算法不能适用于列表容器。

由于列表容器是顺序访问的容器，因此与向量容器不同，它没有 capacity ()、operator[] 成员函数。列表容器也有 insert 函数，其形式和功能也是一样的。但是有一点不同：列表容器的 insert 函数不会使任何迭代器或引用变得无效。

另外，列表容器作为链式结构，其最大优点就是序列便于重组，插入或删除列表中元素时无需移动其他元素的存储位置，时间效率高。

列表还提供了另一种操作——拼接(splicing)，其作用是将一个序列中的元素插入到另一个序列中。其原型如下：

```
        void splice(iterator it，list& x);
```

意为将列表 x 中的元素插入到当前列表中 it 之前，删除 x 中的元素，使之为空。注意，x 与当前列表不能是同一个。

```
        void splice(iterator it，list& x，iterator first);
```

意为将 first 所指向的元素从列表 x 中移出，并插入到当前列表中 it 之前。其中 x 与当前列表可以是同一个。如果 it==first 或 it==++ first，则此函数不进行任何操作。

```
        void splice(iterator it, list& x, iterator first, iterator last);
```

意为将范围[first，last)中的元素从列表 x 中移出，并插入到当前列表中 it 之前。x 与当前列表可以是同一个，这时范围[first，last)不能包含 it 所指的元素。

列表容器也提供了 erase()成员函数，但是该函数仅删除指向被删除元素的迭代器和引用。另外，列表容器的成员函数 remove()可以从列表容器中删除与 x 相等的元素，同时会减小列表容器的大小，其减小的数量等于被删除的元素个数，原型如下：

```
        void remove(const T& x);
```

意为删除所有与 x 相等的元素。

【例 7-17】 利用列表容器 list 对链表进行操作。

程序如下：

```
    /*07-17.cpp*/
    #include <list>
    #include <iterator>
    #include <string>
```

```
#include <iostream>
using namespace std;
template <typename T>
void print(const T & s){
    copy(s.begin(), s.end(), ostream_iterator<int>(cout, " "));
    cout << endl;
}
int main() {
    int names1[] = {1,2,3,4,5 };
    int names2[] = { 6,7,8,9,10};
    list<int> s1(names1, names1 +5 );      //用 names1 数组的内容构造列表 s1
    list<int> s2(names2, names2 + 5);      //用 names2 数组的内容构造列表 s2
    //将 s2 的元素放到 s1 的最后
    s1.splice(s1.end(), s2, s2.begin(),s2.end());
    print(s1);
    list<int>::iterator iter1=s1.begin();          // iter1 指向 s1 的第一个元素
    advance(iter1, 2);                  // iter1 前进 2 个元素，它将指向 s1 第 3 个元素
    s1.erase(iter1);                    //删除 iter1 所指向的元素，即删除 s1 的第 3 个元素
    s1.push_back(5);                    //在 s1 的尾部插入元素 5
    s1.push_front(5);                   //在 s1 的头部插入元素 5
    print(s1);
    s1.remove(5);                       //从 s1 只删除所有值为 5 的元素
    print(s1);
    cout<<"Size="<<s1.size();       //输出 s1 的元素个数
    return 0;
}
```

程序运行结果：

```
1 2 3 4 5 6 7 8 9 10
5 1 2 4 5 6 7 8 9 10 5
1 2 4 6 7 8 9 10
Size=8
```

　　STL 提供的三种顺序容器各有优势各有劣势。在编程中要根据我们对容器所执行的操作来选择使用哪一种容器。当需要执行大量随机访问操作，而且只需要向容器尾部插入新元素时，可以选择向量容器 vector；当需要少量的随机访问操作，需要在容器的两端进行插入和删除操作时，应选择双端队列容器 deque；当不需要对容器随机访问，但需要在任意位置插入和删除元素时，可以选择列表容器 list。

6. 顺序容器的适配器

　　适配器是使一个事物的行为类似于另一个事物的行为的一种机制，是根据基础容器类型所提供的操作，通过定义新的操作接口让一种已存在的容器类型采用另一种不同的抽象

类型的工作方式实现，包括 stack、queue 和 priority_queue 类型。stack 可以任何一种顺序容器作为基础容器以后进先出的方式实现。队列只允许用前插顺序容器(双端队列和列表)作为基础容器以先进先出的方式实现。

1) 栈容器适配器

所有的容器适配器都依据其基础容器类型所支持的操作来定义自己的操作，如表 7-7 所示。比如，stack 建立在 deque 容器上，因此采用 deque 提供的操作来实现栈功能。

表 7-7 栈容器适配器支持的操作

栈的操作	功 能
s.empty()	如果栈为空，则返回 true，否则返回 false
s.top()	返回栈顶元素的值
s.pop()	删除栈顶元素，即出栈
s.push(element)	在栈顶压入元素，即入栈
s.size()	返回栈中的元素个数

【例 7-18】 用栈容器适配器实现将十进制整数转换成八进制输出。

程序如下：

```cpp
/*ch07-18.cpp*/
#include <stack>
#include <iostream>
using namespace std;
void conversion (int N) {
    stack<int> s;              //构造栈容器适配器 s
    int e;
    while (N) {
        s.push(N%8);           //将 N 除以八的余数入栈
        N=N/8;
    }
    while (!s.empty()) {  //将 s 中的元素从栈顶到栈底依次输出并出栈
        e=s.top();
        cout<<e;
        s.pop();
    }
}
int main(){
    int n=1348;
    conversion(n);             //将十进制 n 转换为八进制数
}
```

2) 队列容器适配器

对于 queue 容器适配器而言，它同样默认是衍生自 deque 容器的。与 stack 容器相同，queue 同样有 push、pop 函数用于插入和删除元素，只不过不同的是 stack 只能操作栈顶，而 queue 是在队列尾部插入元素，在队列头部删除元素。stack 容器用 top 函数访问栈顶元素，而 queue 没有栈顶这么一说，因而也就没有 top 函数了。我们想访问队列头的元素可以使用 front 函数，该函数只是访问并不删除元素。empty 函数同样可以用于判断队列 queue 是否为空。

【例 7-19】 队列容器适配器的应用。

程序如下：

```
/*ch07-19.cpp*/
#include <iostream>
#include <queue>
using namespace std;
int main()
{
    queue < int > q;            //构造队列适配器 q
    int a[5]={1,2,3,4,5},b;
    for(int i=0; i<5; i++)
        q.push(a[i]);           //将数组 a 中的元素依次入队
    while(!q.empty())           //当队列不为空时循环
    {
        b= q.front();           //把 q 的队头元素赋值给 b
        q.pop();                // q 的队头元素出队
        cout<<b<<"   ";
    }
    return 0;
}
```

程序运行结果：

1   2   3   4   5

3) 优先队列容器适配器

优先队列容器与队列一样，只能从队尾插入元素，从队首删除元素。但是它有一个特性，就是队列中优先级最高的元素总是位于队首，所以出队时，并非按照先进先出的原则进行，而是将当前队列中优先级最高的元素出队。这点类似于给队列里的元素进行了由大到小的顺序排序。元素的比较规则默认按元素值由大到小排序，可以用重载 "<" 操作符来重新定义比较规则。优先队列可以用向量(vector)或双向队列(deque)来实现。

```
priority_queue<vector<int>, less<int> > pq1;     // 使用递增 less<int>函数对象排序
priority_queue<deque<int>, greater<int> > pq2;   // 使用递减 greater<int>函数对象排序
```

其成员函数比 deque 容器增加了 top()返回优先队列队顶元素，即返回优先队列中有最高优

先级的元素，在默认的优先队列中，优先级高的先出队。

【例 7-20】 优先队列容器适配器的应用。

程序如下：

```cpp
/*ch7-20.cpp*/
#include<iostream>
#include<functional>
#include<queue>
#include<vector>
using namespace std;
//定义结构，使用运算符重载，自定义优先级
struct cmp1{
    bool operator ()(int &a,int &b){
        return a>b;        //最小值优先
    }
};
struct cmp2{
    bool operator ()(int &a,int &b){
        return a<b;        //最大值优先
    }
};
int a[]={10,2,4,1,3,5,7,9,6,8};

int main()
{   priority_queue<int>que;                      //采用默认优先级构造队列
    priority_queue<int,vector<int>,cmp1>que1;    //最小值优先
    priority_queue<int,vector<int>,cmp2>que2;    //最大值优先
    int i;
    for(i=0; a[i]; i++){
        que.push(a[i]);
        que1.push(a[i]);
        que2.push(a[i]);
    }
    cout<<"采用默认优先关系，队列: "<<endl;
    while(!que.empty()){
        cout<<que.top()<<"   ";
        que.pop();
    }
    cout<<endl;
    cout<<"采用结构体自定义优先级"<<endl;
```

```
        cout<<"priority_queue1:";
        while(!que1.empty()){
            cout<<que1.top()<<"   ";
            que1.pop();
        }
        cout<<endl;
        cout<<"priority_queue2:";
        while(!que2.empty()){
            cout<<que2.top()<<"   ";
            que2.pop();
        }
        cout<<endl;
        return 0;
    }
```

程序运行结果：

　　采用默认优先关系，队列：10　9　8　7　6　5　4　3　2　1

　　采用结构体自定义优先级

　　priority_queue1：1　2　3　4　5　6　7　8　9　10

　　priority_queue2：10　9　8　7　6　5　4　3　2　1

7.4.3　函数对象

　　尽管函数指针被广泛用于实现函数回调，但 C++ 还提供了一个重要的实现回调函数的方法，那就是函数对象。函数对象是重载了调用运算符"()"的普通类对象，因此从语法上讲，函数对象与普通的函数行为类似。举个简单的例子：

```
    class FuncObjClass
    {
    public:
        void operator() ()
        {
            cout<<"Hello C++!"<<endl;
        }
    };
```

　　类 FuncObjClass 中重载了调用运算符"()"，因此对于一个该类的对象 FuncObjClass val，可以这样调用该操作符：val()。调用结果即输出"Hello C++!"。

　　函数对象有以下的优势：

　　(1) 函数对象可以有自己的状态。我们可以在类中定义状态变量，这样一个函数对象在多次的调用中可以共享这个状态。但是函数调用没有这种优势，除非它使用全局变量来保存状态。

　　(2) 函数对象有自己特有的类型，而普通函数无类型可言。这种特性对于使用 C++ 标准库来说是至关重要的。这样我们在使用 STL 中的函数时，可以传递相应的类型作为参数来实例化相应的模板，从而实现我们自己定义的规则。比如自定义容器的排序规则。

【例 7-21】 标准函数对象举例。

程序如下：

```cpp
/*ch07-21.cpp*/
#include <iostream>
#include <functional>        //包含标准函数对象头文件
#include <algorithm>         //包含算法的头文件
#include <vector>
using namespace std;
int main() {
    int a[] = {30, 90, 10, 40, 70, 50, 20, 80 };
    vector<int> v(8);
    vector<int>::iterator it=v.begin();
    transform(a, a + 8, it,negate<int>());
    cout << "before sorting:" << endl;
    copy(v.begin(),v.end(),ostream_iterator<int>(cout,"   "));
    cout << endl;
    sort(v.begin(), v.end(), greater<int>());
    cout << "after sorting:" << endl;
    copy(v.begin(), v.end(), ostream_iterator<int>(cout, "   "));
    cout << endl;
    return 0;
}
```

程序运行结果：

```
 before sorting:
-30  -90  -10  -40  -70  -50  -20  -80
after sorting:
-10  -20  -30  -40  -50  -70  -80  -90
```

程序分析：

(1) 此例中，首先构造了空的 vector 容器 v，然后通过 transform 算法将数组 a 中的每个数据取相反数放入 vector 容器 v 中。下面给出了 transform 算法的一种实现：

```cpp
template<class InputIterator, class OutputIterator, class UnaryFunction>
OutputIterator transform(InputIterator first, InputIterator last, OutputIterator result, UnaryFunction op){
    for(; first != last; ++first, ++result)
        *result = op(*first);
    return result;
}
```

transform 算法顺序遍历 first 和 last 两个迭代器所指向的元素；将每个元素的值作为函数对象 op 的参数；将 op 的返回值通过迭代器 result 顺序输出；遍历完成后 result 迭代器指向的是输出的最后一个元素的下一个位置，transform 会将该迭代器返回。此例中，将 negate 函数对象代入 transform 算法框架，实现了将 vector 容器 v 中的数据取相反数的功能。

(2) 默认情况下，sort 算法使用 less 比较器进行比较，从而将数组从小到大排序。此例中将 greater 函数对象代入 sort 算法框架，实现了将 vector 容器 v 中的数据从大到小排序。

7.4.4　算法

STL 算法是通用的，每个算法都适合于若干种不同的数据结构，而不是仅仅能够用于一种数据结构。算法不是直接使用容器作为参数，而是使用迭代器类型。这样，用户就可以在自己定义的数据结构上应用这些算法，仅仅要求这些自定义容器的迭代器类型满足算法要求。

函数本身与它们操作的数据结构和类型无关，因此它们可以在从简单数组到高度复杂容器的任何数据结构上使用，从而使许多代码可以被大大简化，提高了编程的效率。STL 中几乎所有算法的头文件都是＜algorithm＞，它是由许多模板函数组成的，其中包括查找算法、排序算法、消除算法、记数算法、比较算法、变换算法、置换算法和容器管理等。

1. 不可变序列算法

不可变序列算法(Non-mutating algorithm)是指不直接修改所操作的容器内容的算法。表 7-8 是该类算法的功能列表。

表 7-8　不可变序列算法及功能

算法名称	功　　能
for_each	对区间内的每一个元素进行某操作
find	循环查找
find_if	循环查找符合特定条件者
adjacent_find	查找相邻而重复的元素
find_end	查找某个子序列的最后一次出现点
count	计数
count_if	在特定条件下计数
mismatch	找出不匹配点
equal	判断两个区间是否相等
search	查找某个子序列
search_n	查找连续发生 n 次的子序列

下面给出 adjacent_find、count、count_if 等 3 个不可变序列算法的简单应用。

【例 7-22】　不可变序列算法对数据进行处理。

程序如下：

```
/*ch07-22.cpp*/
```

```
#include <iostream>
#include <algorithm>
#include <functional>
#include <vector>
using namespace std;
int main(){
    int iarray[]={0,1,2,3,3,4,5,6,6,6,7,8};
    vector<int> ivector(iarray,iarray+sizeof(iarray)/sizeof(int));
    //找出 ivector 之中相邻元素值相等的第一个元素
    cout<<*adjacent_find(ivector.begin(),ivector.end())<<endl;
    //找出 ivector 之中元素值为 6 的元素个数
    cout<<count(ivector.begin(),ivector.end(),6)<<endl;
    //找出 ivector 之中小于 7 的元素个数
    cout<<count_if(ivector.begin(),ivector.end(),bind2nd(less<int>(),7))
        <<endl;
        return 0;
}
```

程序运行结果:

3

3

10

2. 可变序列算法

可变序列算法(Mutating algorithm)可以修改它们所操作的容器的元素。表 7-9 给出了这类算法中包含的通用算法的功能列表。

表 7-9 可变序列算法及功能

算法名称	功　　能
copy	复制区间所有元素
copy_backward	反向复制区间中元素
fill	用某一数值替换区间中的所有元素
generate	填充区间
remove	删除元素
remove_copy	删除某类元素并将结果复制到另一个容器
replace	替换元素
reverse	反转区间元素次序
rotate	循环移位操作
swap	交换(对调)元素
swap_ranges	交换区间中的元素

【例 7-23】　可变序列算法对数据进行处理。

程序如下：

```cpp
/*ch07-23.cpp*/
#include <iostream>
#include <algorithm>
#include <functional>
#include <iterator>
#include <vector>
using namespace std;
class addone {
private:
    int x;
public:
    addone():x(0) { }
    int operator () () { return x++; }
};
int main() {
    vector<int> ivector1(10);
    ostream_iterator<int> output(cout, " ");          //定义流迭代器用于输出数据
    //迭代遍历 ivector1 区间，每个元素填上 1
    fill(ivector1.begin(), ivector1.end(), 1);
    copy(ivector1.begin(), ivector1.end(), output);   //使用 copy 进行输出
    cout << endl;
    //迭代遍历 ivector1 每个元素，对每一个元素进行 addClass 操作
    generate(ivector1.begin(), ivector1.end(), addone());
    copy(ivector1.begin(), ivector1.end(), output);
    cout << endl;
    //删除小于 6 的元素
    ivector1.erase(remove_if(ivector1.begin(),ivector1.end(),
    bind2nd(less<int>(), 6)),       ivector1.end());
    copy(ivector1.begin(), ivector1.end(), output);
    cout << endl;
    ivector1.push_back(6);                            //在向量尾部插入一个元素 6
    //将所有的元素值 6，改为元素值 3
    replace(ivector1.begin(), ivector1.end(), 6, 3);
    copy(ivector1.begin(), ivector1.end(), output);
    cout << endl;
    //逆向重排每一个元素
    reverse(ivector1.begin(), ivector1.end());
```

```
copy(ivector1.begin(), ivector1.end(), output);
cout << endl;
//旋转(互换元素)[first, middle)，和[middle, end)，结果直接输出
rotate_copy(ivector1.begin(),ivector1.begin()+3,ivector1.end(), output);
cout << endl;
return 0;
}
```

程序运行结果：

1 1 1 1 1 1 1 1 1 1

0 1 2 3 4 5 6 7 8 9

6 7 8 9

3 7 8 9 3

3 9 8 7 3

7 3 3 9 8

3．排序相关算法

STL 中有一系列算法都与排序有关。其中包括对序列进行排序及合并的算法、搜索算法、有序序列的集合操作以及堆操作相关算法。表 7-10 给出这些算法的功能列表。

表 7-10　排序相关算法及功能

算法名称	功　　能
sort	对区间元素进行排序
stable_sort	对随机访问序列进行稳定排序
partial_sort	对区间元素进行了局部排序
binary_search	用二分法查找与某一值相等的元素
lower_bound	用二分法查找与某一值相等的元素，返回第一个可插入位置
upper_bound	用二分法查找与某一值相等的元素，返回最后一个可插入位置
equal_range	用二分法查找与某一值相等的元素，返回一个上下限区间
merge	合并两个有序区间
Includes	检查区间中的元素是否包含在另一个区间中
set_union	生成两个集合的并集
set_intersection	生成两个集合的交集
set_difference	生成两个集合的差集
sort_heap	对堆中元素进行排序
min	返回最小值
max	返回最大值

【例 7-24】　排序算法的应用。

程序如下：

```
/*ch07-24.cpp*/
#include <iostream>
#include <algorithm>
#include <functional>
#include <vector>
using namespace std;
void main(){
    int iarray[]={26,17,15,22,23,33,32,40};
    vector<int> ivector(iarray,iarray+sizeof(iarray)/sizeof(int));
    copy(ivector.begin(),ivector.end(),ostream_iterator<int>(cout," "));
    cout<<endl;
    //查找并输出最大、最小值元素
    cout<<*max_element(ivector.begin(),ivector.end())<<endl;
    //将 ivector.begin()+4-ivector.begin()各元素排序,
    //放进[ivector.begin(),ivector.begin()+4]区间。剩余元素不保证维持原来相对次序
    partial_sort(ivector.begin(),ivector.begin()+3,ivector.end());
    copy(ivector.begin(),ivector.end(),ostream_iterator<int>(cout," "));
    cout<<endl;
    //局部排序并复制到别处
    vector<int> ivector1(5);
    partial_sort_copy(ivector.begin(),ivector.end(),ivector1.begin(),ivector1.end());
    copy(ivector1.begin(),ivector1.end(),ostream_iterator<int>(cout," "));
    cout<<endl;
    //将指定元素插入到区间内不影响区间原来排序的最低、最高位置
    cout<<*lower_bound(ivector.begin(),ivector.end(),24)<<endl;
    //合并两个序列 ivector 和 ivector1,并将结果放到 ivector2 中
    vector<int> ivector2(13);
    merge(ivector.begin(),ivector.end(),ivector1.begin(),ivector1.end(),ivector2.begin());
    copy(ivector2.begin(),ivector2.end(),ostream_iterator<int>(cout," "));
    cout<<endl;
}
```

程序运行结果：

```
26 17 15 22 23 33 32 40
40
15 17 22 26 23 33 32 40
15 17 22 23 26
33
15 15 17 17 22 22 23 26 23 26 33 32 40
```

4．数值算法

STL 提供了 4 个通用数值算法。这 4 个算法在 numneric 头文件中定义。表 7-11 给出了这类算法的功能。

表 7-11　数值算法及功能

算法名称	功　能
accumulate	计算给定区间的元素和
partial_sum	计算部分元素和
adjacent_defference	计算两个输入序列的差
inner_product	计算两个输入序列的内积

【例 7-25】　应用数值算法对数据序列进行操作。

程序如下：

```
#include <iostream>
#include <numeric>
#include <functional>
#include <vector>
using namespace std;
    int main(){
    int iarray[]={1,2,3,4,5};
    vector<int> ivector(iarray,iarray+sizeof(iarray)/sizeof(int));
    //元素的累计
    cout<<accumulate(ivector.begin(),ivector.end(),0)<<endl;
    //向量的内积
    cout<<inner_product(ivector.begin(),ivector.end(),ivector.begin(),10)
    <<endl;
    //向量容器中元素局部求和
    ostream_iterator<int> it(cout," ") ;
    partial_sum(ivector.begin(),ivector.end(),it);
    return 0;
    }
```

程序运行结果：

```
15
65
1 3 6 10 15
```

本　章　小　结

模板是 C++ 类型参数化的多态工具。所谓类型参数化，是指一段程序可以处理在一定范围内各种类型的数据对象，这些数据对象呈现相同的逻辑结构。由于 C++ 程序的主要构件是函数和类，所以，C++ 提供了两种模板：函数模板和类模板。模板由编译器通过使用时的实际数据类型实例化，生成可执行代码。实例化的函数模板称为模板函数；实例化的类模板称为模板类。

从语法上讲，要说明一个函数模板，只需将模板说明语句放在一个函数说明的前面，并将相应的参数改为模板参数即可。要说明一个类模板，除了将模板说明语句冠以类说明之前以及设置类中相应的模板参数之外，还要将类模板的名字与模板参数(用尖括号括起来的参数串)一起使用。函数模板可以用多种方式重载。可以用不同相的类属参数重载函数模板，也可以用普通参数重载为一般函数。类模板可以从模板类派生，也可以从非模板类派生；非模板类可以从类模板派生。

函数模板和类模板可以声明为非模板类的友元。使用类模板，可以声明各种各样的友元关系。类模板可以声明 static 数据成员。实例化的模板类的每个对象共享一个模板类的 static 数据成员。

在 C++ 中，一个发展趋势是使用标准模板类库(STL)，VC 和 BC 都把它作为编译器的一部分。STL 是一个基于模板的包容类库，包括向量、链表和队列，还包括一些通用的排序和查找算法等。STL 的目的是为替代那些需要重复编写的通用程序。当理解了如何使用一个 STL 类之后，在所有的程序中不用重新编写就可以使用它。C++ 标准库中容器类可以方便地存储和操作群体数据，用好 C++ 标准库可以大大提高程序的开发效率。至于 STL 更多的内容，读者可以通过在 MSDN 联机帮助系统和 SGI 关于 STL 的网站加以了解。

习　题　7

一、选择题

1. 关于函数模板，描述错误的是(　　)。
   A. 函数模板必须由程序员实例化为可执行的函数模板
   B. 函数模板的实例化由编译器实现
   C. 一个类定义中，只要有一个函数模板，则这个类是类模板
   D. 类模板的成员函数都是函数模板，类模板实例化后，成员函数也随之实例化

2. 下列的模板说明中，正确的是(　　)。
   A. template < typename T1, T2 >
   B. template < class T1, T2 >
   C. template < class T1, class T2 >
   D. template (typename T1, typename T2)

3. 假设有函数模板定义如下：
   ```
   template <typename T>
   Max( T a, T b ,T &c)
       { c= a + b ; }
   ```
   则下列选项正确的是(　　)。

  A．int x, y; char z ;   B．double x, y, z ;

   Max(x, y, z) ;   Max(x, y, z) ;

  C．int x, y; float z ;   D．float x; double y, z ;

   Max(x, y, z);   Max(x, y, z) ;

4．关于类模板，描述错误的是( )。

  A．一个普通基类不能派生类模板

  B．类模板从普通类派生，也可以从类模板派生

  C．根据建立对象时的实际数据类型，编译器把类模板实例化为模板类

  D．函数的类模板参数须通过构造函数实例化

5．建立类模板对象的实例化过程为( )。

  A．基类->派生类   B．构造函数->对象

  C．模板类->对象   D．模板类->模板函数

6．在 C++ 中，容器是一种( )。

  A．标准类 B．标准对象 C．标准函数 D．标准类模板

二、填空题

1．模板可以用一个代码段指定一组相关函数，称为_____；或者一组相关的类，称为_____。

2．所有的函数模板都是以关键字_____开始的，关键字之后用_____括起来的是形式参数表。

3．从一个函数模板产生的相关函数都是同名的，编译器用_____的解决方法调用相应的函数。

三、阅读下列程序，写出执行结果

```cpp
1. #include <iostream>
   using namespace std;
   template <typename T>
   void fun( T &x, T &y )
   {   T temp;
       temp = x; x = y; y = temp;
   }
   int main()
   { int i , j;
     i = 10; j = 20;
     fun( i, j );
     cout << "i = " << i << '\t' << "j = " << j << endl;
     double a , b;
     a = 1.1; b = 2.2;
     fun( a, b );
     cout << "a = " << a << '\t' << "b = " << b << endl;
     return 0;
```

```
        }
2.  #include <iostream>
    using namespace std;
    template <typename T>
    class Base
    { public:
        Base( T i , T j ) { x = i; y = j; }
        T sum() { return x + y; }
      private:
        T x , y;
    } ;
    int main()
    { Base<double> obj2(3.3,5.5);
      cout << obj2.sum() << endl;
      Base<int> obj1(3,5);
      cout << obj1.sum() << endl;
      return 0 ;
    }
```

3. 给出以下程序的执行结果。

```
    #include <iostream>
    #include <set>
    using namespace std;
    int main()
    {   set<int> s;
        set<int>::iterator pos;
        s.insert(4);
        s.insert(3);
        s.insert(2);
        s.insert(1);
        cout << "s.size:" << s.size() << endl;
        cout << "s:";
        for (pos=s.begin(); pos!=s.end(); pos++)
        cout << *pos << " ";
        cout << endl;
        return 0;
    }
```

4. 分析程序运行结果。

```
    #include <iostream>
    #include <cstdlib>
    using namespace std;
```

```cpp
struct Student {
    int id;
    float gpa;
};
template <class T>
class Store {
private:
    T item;
    bool haveValue;
public:
    Store();
    T &getElem();
    void putElem(const T &x);
};
template <class T>
Store<T>::Store(): haveValue(false) { }
template <class T>
T &Store<T>::getElem() {
    if (!haveValue) {
        cout << "没有数据!" << endl;
        exit(1);
    }
    return item;
}
template <class T>
void Store<T>::putElem(const T &x) {
    haveValue = true;
    item = x;
}
int main() {
    Store<int> s1;
    s1.putElem(3);
    cout <<s1.getElem() << endl;
    Student g = { 1000, 23 };
    Store<Student> s2;
    s2.putElem(g);
    cout   << s2.getElem().id << endl;
    Store<double> s3;        cout << s3.getElem() << endl;
    return 0;
}
```

5. 假如下面的程序输入：

　　1000　89

　　1001 78

　　1002 90

分析程序运行的结果：

```cpp
#include <iostream>
#include <cstdlib>
using namespace std;
class Student {
    int id;
    float gpa;
public:
    friend ostream& operator<<(ostream& out,const Student &s){
        out<<s.id<<" "<<s.gpa<<endl; return out;
    }
    friend istream& operator>>(istream& in, Student &s){
        in>>s.id>>s.gpa; return in;
    }
    friend bool operator>(const Student &s1,const Student &s2 )
    {
        return s1.gpa>s2.gpa?true:false;
    }
};
template <class T>
class SeqList {
private:
    T item[10];
    int length;
public:
    SeqList(){length=0; }
    void    sort( );
    void    createList(int n);
    void display();
};
template <typename T>
void SeqList<T>::createList(int n){
    for(int i=0; i<n; i++){ cin>>item[i]; length=n; }
}
template <class T>
```

```
        void SeqList<T>::sort( ){
            int size=length;
            for(int i=1; i<size; i++){
                for(int j=size-1; j>=i; j--){
                    if(item[j-1]>item[j]) {
                        T temp=item[j-1];
                        item[j-1]=item[j];
                        item[j]=temp;
                    }
                }
            }
        }
        template <class T>
        void SeqList<T>::display(){
            for(int i=0; i<length; i++)    cout<<item[i];
        }
        int main(){
            SeqList<Student> students;
            students.createList(3);
            students.sort();
            students.display();
            return 0;
        }
```

6. 分析程序的运行结果。

```
        #include<iostream.h>
        #define Max 100
        template <class T>
        class Sample{
            T A[Max];
            int n;
            public:
            Sample(){}
            Sample(T a[],int i);
            int func1(T c);
            void func2(){
                for(int i=0; i<n; i++)
                cout<<A[i]<<" ";
                cout<<endl;
            }
```

```cpp
};
template <class T>
Sample<T>::Sample(T a[],int i){
    n=i;
    for(int j=0; j<i; j++)
    A[j]=a[j];
}
template <class T>
int Sample<T>::func1(T c){
    int low=0,high=n-1,mid;
    while(low<=high){
        mid=(low+high)/2;
        if(A[mid]==c)
        return mid;
        else if(A[mid]<c) low=mid+1;
        else high=mid-1;
    }
    return -1;
}
int    main(){
    char a[]="acegkmpwxz";
    Sample<char>s(a,10);
    s.func2();
    cout<<s.func1('g')<<endl;
    return 0;
}
```

7. 分析程序的运行结果。

```cpp
#include <iostream>
using namespace std;
template<typename T,int n>
class A{
    int size;
    T* element;
public:
    A();
    ~A();
    int Search(T);
    void SetElement(int index,const T& value);
};
```

```
template<typename T,int n>
A<T,n>::A(){
    size=n>1? n:1;
    element=new T[size];
}
template<typename T,int n>
A<T,n>::~A(){
    delete [] element;
}
template<typename T,int n>
int A<T,n>::Search(T t){
    int i;
    for(i=0; i<size; i++)
        if(element[i]==t)
            return i;
        return -1;
}
template<typename T,int n>
void A<T,n>::SetElement(int index,const T& value){
    element[index]=value;
}
int main(){
    A<int,5> intAry;
    A<double,10> douAry;
    int i;
    for(i=0; i<5; i++)
        intAry.SetElement(i,i+3);
    for(i=0; i<10; i++)
        douAry.SetElement(i,(i+i)*0.35);
    i=intAry.Search(7);
    if(i>=0)cout<<i<<endl;
    i=douAry.Search(0.7);
    if(i>=0)cout<<i<<endl;
    return 0;
}
```

8. 在键盘上输入："abcdef"，分析程序运行结果，体会 stack 容器的用法。

```
#include <stack>
#include <iostream>
#include <string>
```

```cpp
using namespace std;
int main() {
    stack<char> s;
    string str;
    cin >> str;
    for (string::iterator iter = str.begin(); iter != str.end(); ++iter)
        s.push(*iter);
    while (!s.empty()) {
        cout << s.top();
        s.pop();
    }
    cout << endl;
    return 0;
}
```

9. 分析程序运行结果，了解 vector、deque 容器以及 sort 和 copy 算法的用法。

```cpp
#include <vector>
#include <deque>
#include <algorithm>
#include <iterator>
#include <iostream>
using namespace std;
int main() {
    int a[10]={3,4,5,2,6,9,10};
    vector<int> s1(a,a+7);
    sort(s1.begin(), s1.end());
    deque<int> s2;
    for (vector<int>::iterator iter = s1.begin(); iter != s1.end(); ++iter) {
        if (*iter % 2 == 0)
            s2.push_back(*iter);
        else
            s2.push_front(*iter);
    }
    copy(s2.begin(), s2.end(), ostream_iterator<int>(cout, " "));
    cout << endl;
    return 0;
}
```

10. 分析下面程序的运行结果，说明队列的读写过程。

```cpp
#include<iostream>
using namespace std;
```

```
const int MaxSize=20;
template <class Type> class Queue
{
    Type data[MaxSize];
    int head,tail;
public:
    Queue(){head=0; tail=0; }
    void clear(){head=0; tail=0; }
    void input(Type& x);
    Type getout();
    int empty()const {return head==tail; }
    void printQueue()const;
    void printData()const;
};
template <class Type>
void Queue<Type>::input(Type& x)
{
    try{
        if((tail+1)%MaxSize==head) throw 1;
            tail=(tail+1)%MaxSize;
            data[tail]=x;
    }
    catch(int)
    {
        cout<<"Queue overflow!"<<endl;
    }
}
template <class Type>Type Queue<Type>::getout()
{
    Type temp;
    try{
        if((head==tail)) throw 0;
        else{
            head=(head+1)%MaxSize;
            temp=data[head];
        }
        return temp;
    }
    catch(int){
```

```
            cout<<"Queue empty!"<<endl;
        }
    }
    template <class Type>void Queue<Type>::printQueue()const
    {
        cout<<"print queue:    "<<endl;
        int h=head,t=tail;
        if(empty()) {cout<<"queue empty"<<endl; return; }
        if(h<t) for(int i=h+1; i<=t; i++)cout<<data[i]<<" ";
        else {
            for(int i=h+1; i<MaxSize; i++) cout<<data[i]<<" ";
            for( i=i%MaxSize; i<=t; i++) cout<<data[i]<<" ";
        }
        cout<<endl;
    }
    template <class Type>void Queue<Type>::printData()const
    {
        cout<<"print data:    "<<endl;
        if(empty()) {cout<<"queue empty"<<endl; }
        for(int i=0; i<MaxSize; i++)
            cout<<data[i]<<" ";
        cout<<endl;
        cout<<"head at: "<<head<<"    tail at: "<<tail<<endl;
    }
    int main()
    {
        Queue <int>    intQueue;
        int a[]={1,1,2,3,5,8,13,21,34,55,89,144,233,377,610,987,1597,2584,4181};
        cout<<"input:    ";
        int i;
        for( i=0; i<MaxSize-1; i++){
            cout<<a[i]<<" ";
            intQueue.input(a[i]);
        }
        cout<<endl;
        intQueue.printQueue();
        intQueue.printData();
        cout<<"getout:    ";
        for(i=0; i<3; i++)
```

```
        cout<<intQueue.getout()<<" ";
    cout<<endl;
    intQueue.printQueue();
    intQueue.printData();      cout<<"input:   ";
    for( i=2; i<4; i++)
    {
        cout<<a[i]<<" ";
        intQueue.input(a[i]);
    }
    cout<<endl;
    intQueue.printQueue();
    intQueue.printData();
    cout<<"getout:   ";
    for(i=0; i<8; i++)
        cout<<intQueue.getout()<<" ";
    cout<<endl;
    intQueue.printQueue();
    intQueue.printData();
    cout<<"input:   ";
    for( i=5; i<9; i++)
    {
        cout<<a[i]<<" ";
        intQueue.input(a[i]);
    }
    cout<<endl;
    intQueue.printQueue();
    intQueue.printData();
    cout<<"input:   ";
    for( i=0; i<5; i++)
    {
        cout<<a[i]<<" ";
        intQueue.input(a[i]);
    }
    cout<<endl;
    intQueue.printQueue();
    intQueue.printData();
    cout<<"getout:   ";
    for(i=0; i<2; i++)
        cout<<intQueue.getout()<<" ";
```

```
                cout<<endl;
                intQueue.printQueue();
                intQueue.printData();
                return 0;
        }
```

四、编程题

1．使用函数模板实现对不同类型数组求平均值的功能，并在 main()函数中分别求一个整型数组和一个单精度浮点型数组的平均值。

2．建立结点包括一个任意类型数据域和一个指针域的单向链表类模板。在 main()函数中使用该类模板建立数据域为整型的单向链表，并把链表中的数据显示出来。

3．浏览 MSDN Library 中 Visual C++ 的 STL，查阅主要的组件和接口。选择合适的组件，建立一个结点包括职工的编号、年龄和性别的单向链表，分别定义函数完成以下功能：

(1) 遍历该链表输出全部职工信息；

(2) 分别统计出男女性职工的人数；

(3) 在链表尾部插入新职工结点；

(4) 删除指定编号的职工结点；

(5) 删除年龄在 60 岁以上的男性职工或 55 岁以上的女性职工结点，保存在另一个链表中。

主函数建立简单菜单选择，测试程序。建立职工信息链表，并完成题中要求的各种操作。

4．设计一个全局函数模板 int isEqual(T a, T b)和一个模板向量类 Vector，然后编写测试程序，对 int 型、char 型变量和 Vector 类的对象进行相等与否的比较。

5．编程实现优先级队列类的演示。头文件用<queue>，优先级用数表示，压入优先级队列次序是：7→12→9→18，数值越大则优先级越高。

五、思考题

1．抽象类和模板都是提供抽象的机制，请分析它们的区别和应用场合。

2．类属参数可以实现类型转换吗？如果不行，应该如何处理？

3．类模板能够声明什么形式的友元？当类模板的友元是函数模板时，它们可以定义不同形式的类属参数吗？请写个验证程序试一试。

4．类模板的静态数据成员可以是抽象类型吗？它们的存储空间是什么时候建立的？请用验证程序试一试。

第8章 文件和流

本章要点

● 理解 C++ 输入/输出流的基本概念;

● 了解输入/输出流类库基本结构和主要类;

● 熟悉 C++ 格式化的输入/输出;

● 熟悉文件的读写操作。

在 C++ 语言中没有定义专门的输入(input)/输出(output)(I/O)操作, 但这些操作包含在 C++ 的实现中, 由标准库提供了 C++ 的输入/输出(I/O)函数和流库, 这些标准 I/O 函数继承于 C 语言并作了扩充, 以支持对文件和窗口等对象的高效读写(I/O)。标准库所定义的 I/O 类型定义了如何读/写内置数据类型, 还可以让程序员使用 I/O 标准库设计自定义对象。在 C++ 中, I/O 操作是用 "流" 来处理的。

本章不讨论标准库管理中函数的实现机制, 主要介绍 I/O 流的基础知识、格式化输出控制以及文件的输入/输出的基本操作。

8.1 C++ 的输入/输出

1. 流的概念

在 C++ 中, 输入输出操作是通过流(stream)来实现的。流是指 C++ 标准库中提供的一组输入输出的流类。流是程序设计对 I/O 系统中对象之间的数据传输的一种抽象, 它负责在数据的生产者和消费者之间建立联系, 并管理数据流动。流的基本操作包括读入(reading from)和写出(writing to), 也即输入和输出流, 从流中获取数据的过程称为输入流, 向流中添加数据的过程称为输出流, 如图 8-1 所示。

在 C++ 语言中, I/O 输入输出包括三个方面: 标准输入输出(标准 I/O)、外存输入输出设备(文件 I/O)、内存缓冲区的操作(串 I/O)。其中标准输入输出主要相对内存变量而言, 而非文件流。

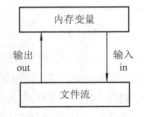

图 8-1 输入流和输出流

当程序与外界环境进行信息交换时, 存在两个对象, 一个是程序中的对象, 另一个是文件对象。凡是数据从一个地方传输到另一个地方的操作都是流操作。流在使用前要被建立, 使用后要被删除, 还要使用一些特定的操作, 从流中获取数据或向流中添加数据。

C++ 提供的 I/O 流类具有简明可读、类型安全(type safe)和易于扩充的优点, 通过运算符的重载定义输入、输出等运算符，为各种用户定义的各类数据创造了方便扩充的条件。

1) 简明与可读性

直观讲，C++ 提供的 I/O 流更为简明，增加了可读性。用 I/O 运算符(提取运算符">>"和插入运算符"<<")代替输入输出函数名(如 printf，scanf 等)是一个很大的改进。例如，从下面的两个输出语句可以反映出二者之间的差别：

```
printf("n=%d,a=%f\n", n, a);

cout<<"n="<<n<<",a="<<a<<endl;
```

虽然两种语言的输出结果一样，但在编写程序语句和阅读它们时，感觉却是不同的。后者更为简洁、直观，掌握 C 语言编程的程序员都会很容易掌握这种形式。

2) 类型安全(type safe)

所谓类型安全，是指在进行 I/O 操作时不应对参加输入输出的数据在类型上发生不该有的变化。以最简单的输出语句为例，下面是一个显示颜色值 color 和尺寸 size 的简单函数：

```
void show(int color, float size)
{
    cout<<"color="<<color<<",size="<<size<<endl;
}
```

在这个函数的调用过程中，编译器将自动按参数的类型定义检查实参的表达式，显示的结果中，第一个参数 color 自然是整数值，第二个参数 size 是浮点类型值。如果采用 printf() 函数，由于其参数中的数据类型必须由程序员以参数格式%d，%f，%c，%s 的形式给出，同样实现上述函数 show()，就可能产生编译器无法解决的问题，如下程序：

```
void show(int color,float size)
{
    printf("color=%f,size=%d\n", color, size);
}
```

程序在输出时就可能产生错误，这时输出数据的类型：color 是 int 型，size 是 float 型，但 printf 中对应的参数却正好相反。C 的 I/O 是类型不安全的，而 C++ 的 I/O 系统是类型安全的。

3) 易于扩充

在 C++ 的 I/O 流类的定义中，把 C 语言中的左、右移位运算符"<<"和">>"，通过运算符重载方法，定义为插入(输出)和提取(输入)运算符。这为各种用户定义的类型数据的输入/输出创造了很好的条件。而在 stdio.h 文件中说明的 printf()函数却很难做到这一点。例如：用户可以容易地对新的类型数据的输出来重载运算符"<<"。它可以作为用户定义的类型(例如类 complex)的友元函数来定义：

```
friend ostream & operator<<(ostream & s, complex c)
{
    s<<'('<<c.re<<','<<c.im<<')';
    return s;
}
```

2. 常用流类

C++ 针对流的特点，提供了如图 8-2 所示的继承派生关系的层次结构来描述流的行为，并为这些抽象的流类定义了一系列的 I/O 操作成员函数。我们平时常用的输入输出流类，像 istream，ostream，iostream，ifstream，ofstream，fstream 等都是对应的 basic_xxx 模板的实例类，这些 basic_XXX 类模板都继承自同一个基类模板——basic_ios。

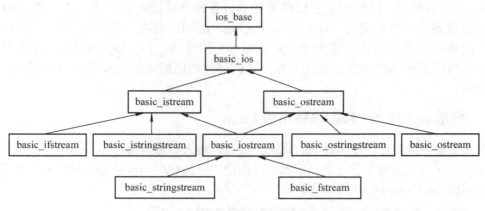

图 8-2　I/O 流类层次图

1) istream 和 ostream 类

主要为 C++ 的系统数据类型分别对于运算符 ">>" 和 "<<" 进行重载，是输入、输出的基础类，用以完成流缓冲区中字符格式化和非格式化之间的转换处理。

2) iostream 类

同时以 istream 类和 ostream 类为基类，通过共享两个父类的接口，能够在同一个流上实现输入和输出操作。

3) ifstream 类和 ofstream 类

这两个类分别用于操作文件的输入和输出流类，即用于读取文件和创建文件。

4) fstream 类

用于操作文件的输入和输出流，继承了 ifstream 类和 ofstream 类。

5) stringstream 类

用于操作字符串的输入输出流类，通常用于字符串和其他类型之间进行转换。

8.2 标准输入/输出流

在头文件 iostream 中除了类的定义外，还包括四个对象的说明，它们被称为标准流或预定义流。

(1) 标准输入流类对象 cin，一般与键盘等标准输入设备相关联，读入标准输入的 istream 对象。

(2) 标准输出流类对象 cout，一般与显示器等标准输出设备相关联，写到标准输出的 ostream 对象。

(3) 非缓冲型错误信息流类对象 cerr，与标准输出设备相关联，常用于程序错误信息。

(4) 缓冲型错误信息流类对象 clog，与标准输出设备相关联。

因为标准输入流类对象 cin 和标准输出流类对象 cout 已经预先定义，所以需包含头文件 iostream 即可，该头文件已经对有关的类和对象流进行了说明，并存储在其中。

与 cin 和 cout 的使用方法类似，cerr 和 clog 类均用来输出错误信息，它们的使用方法与 cout 基本相同，区别在于它们所关联的设备始终是控制显示器，而不像 cout 那样随着关联设备的改变而变化。cerr 不同于 clog，区别主要在于信息是否进行缓冲，cerr 对输出的错误信息不缓冲，将发送给它的内容立即输出；而 clog 对输出的错误信息进行缓冲，当缓冲区满时才进行输出。此外，也可利用刷新流的方式强迫刷新缓冲区导致显示输出。

8.2.1　标准输入流 cin 和标准输出流 cout

在第 2 章中我们已经使用过 cin 和 cout 来进行输入和输出操作了，cin 对应的输入设备是键盘，cout 对应的输出设备是显示器。下面给出一段使用 cin 和 cout 输入输出流信息的程序来回顾 cin 和 cout 的使用方法。

```
cout << "What was the total dollar amount of last month's sales?";
cin >> sales;
cout << "How many units did you sell?";
cin >> num;
if (num == 0)
{
    cerr << "The average can not be computed.\n";
}        //输出错误信息
else
{
    avgsales = sales / num;
    cout << "The average selling price per nuit was ";
    cout << avgsales << "\n";
}
```

标准输入流和标准输出流

8.2.2　使用 cout 进行格式化输出

非格式化输入输出是指按系统预定义的格式进行的输入输出。实际编程中有时需要按特定的格式进行输入输出，例如，设定输出宽度、浮点数的输出精度等。C++ 提供了两种格式控制用来控制输入输出的格式：ios_base 类中定义的格式控制成员函数和基于流对象的操纵符。

C++ 标准库提供了标准的操作符专门操控流的状态，以免直接使用格式控制标志字去处理。操纵符分为带参数和不带参数两种。无参数的操纵符定义在头文件 iostream 中，如表 8-1 所示，带参数的操纵符定义在头文件 iomanip 中，如表 8-2 所示。

表 8-1 iostream 中的操纵符

操作符	用 法 举 例	结 果 说 明
dec	cout<<dec<<intvar; cin>>dec>>intvar;	将整数转化为十进制格式输出 将整数转化为十进制格式输入
hex	cout<<hex<<intvar; cin>>hex>>intvar;	将整数转化为十六进制格式输出 将整数转化为十六进制格式输入
oct	cout<<oct<<intvar; cin>>oct>>intvar;	将整数转化为八进制格式输出 将整数转化为八进制格式输入
ws	cin>>ws;	忽略输入流中的空格
endl	cout>>endl;	插入换行符，刷新流
ends	cout>>ends;	插入串最后的串结束符
flush	cout>>flush;	刷新一个输入流

表 8-2 iomanip 中的操纵符

操作符	用 法 举 例	结 果 说 明
setprecision(int)	cout<<setprecision(6) cin>>setprecision(15)	输出浮点数精度为6位小数 输入浮点数精度为15位小数
setw(int)	cout<<setw(6)<<var; cin>>setw(24)>>buf;	输出数据宽度为6 输入数据宽度为24
setiosflags(long)	cout<<setioflags(ios::hex| ios::uppercase) cin>>setioflags(ios::oct | ios::skipws)	指定数据输出的格式为十六进制格式且用大写字母输出 指定数据输入的格式为八进制格式且跳过输入中的空白
resetiosflags(long)	cout<<resetiosflags(ios::dec) cin>>resetiosflags(ios::hex)	取消数据输出的格式为十进制格式 取消数据输入的格式为十进制格式

1．输出宽度

可以通过使用 setw()操纵符和 width()成员函数来为每个项指定输出宽度。

【例 8-1】 以下程序为 values 数组中每个元素指定输出宽度为 10。

程序如下：

```
/*ch08-1.cpp*/
#include   <iostream>
using namespace std;
int main()
{   double values[]={1.23, 35.36, 653.7, 45};
    for(int i=0; i<4; i++)
    {
        cout.width(10); cout<<values[i]<<'\n';
    }
    return 0;
}
```

运行结果：

　　1.23

　　35.36

　　653.7

　　45

【例 8-2】 输出形式同例 8-1。

程序如下：

```cpp
/*ch08-2.cpp*/
#include   <iostream>
#include   <iomanip>   //流控制头文件，包含一些流格式控制的函数、方法
using namespace std;
int main()
{
    double values[]={1.23, 35.36, 653.7, 45};
    for(int i=0; i<4; i++)
    {   cout<< setw(10)<< values[i]<< '\n'; }
    return 0;
}
```

setw()和 width()都不截断数值。如果数值位超过了指定宽度，则显示全部值。

2．对齐方式

输出流默认为右对齐文本，可以根据需要自己设定对齐方式，比如将例 8-2 加上输出字符串，并把对齐方式改为左对齐字符串和右对齐数值，将程序修改为例 8-3 所示程序。

【例 8-3】

程序如下：

```cpp
/*ch08-3.cpp*/
#include <iostream>
#inlcude <iomanip>
using namespace std;
int main()
{   double values[]={1.23, 35.4, 653.2, 4214.34};
    char *seasons[]={"Spring", "Summer", "Fall", "Winter"};
    for(int i=0; i<4; i++)
        cout<<setiosflags(ios_base::left) <<setw(6)          //左对齐、宽度为 6
            <<seasons[i]<<resetiosflags(ios_base::left)
            <<setw(10)<<values[i]<<endl;
        return 0;
}
```

运行结果：

Spring	1.23
Summer	35.4
Fall	653.2
Winter	4214.34

此处，通过使用带参数的 setiosflags 操纵符设置左对齐，参数是 ios_base::left。

3. 精度控制

浮点数输出精度的默认值是 6。为改变精度，可以使用 setprecision 操纵符，该操纵符有两个标志，ios_base::fixed 和 ios_base::scientific，前者浮点数使用普通记数法表示，后者浮点数使用科学记数法表示。

【例 8-4】 控制输出精度范例。

程序如下：

```cpp
/*ch08-4.cpp*/
#include <iostream>
#include <iomanip>
using namespace std;
int main()
{   double a =1.05, b=10.15, c=200.87;
    cout<<fixed;
    cout<<setfill('*')<<setprecision(2);
    cout<<setw(10)<<a<<'\n';
    cout<<setw(10)<<b<<'\n';
    cout<<setw(10)<<c<<'\n';
    return 0;
}
```

运行结果：

```
******1.05
*****10.15
****200.87
```

操纵符 setprecision 和 fixed 联用，表示设置小数点之后的位数。

8.3   文件的输入和输出

文件是计算机的基本概念，一般指存储与外部介质上的信息集合。编写程序离不开文件。在程序中，文件的概念不单是狭义地指硬盘上的文件，所有的有输入输出功能的设备，例如键盘，控制台，显示器，打印机都被视为文件。标准输入流对象 cin 和标准输出流对象 cout 就是分别和键盘与显示器文件关联的流对象。如果编程需要和硬盘上的某个具体的文件进行关联，或者从中读取数据或者向其中输出数据，我们希望和标准输入输出流对象那样有提取和插入的操作，C++ 的 I/O 流类库提供了几种文件流类，这样不管程序中的数据来自哪里或者存到哪里，都有统一的表达方法。

　　文件分为文本文件和二进制文件，前者以字节(byte)为单位，每字节对应一个 ASCII 码，表示一个字符，故又称字符文件。二进制文件以字位(bit)为单位，是由 0 和 1 组成的序列。例如，整数"1245"以文本形式存储占用四个字节，以二进制形式存储则可能只占用两个字节(16 bit)。

　　本节主要讨论使用文件流类进行文件的输入(即读文件)输出(即写文件)操作。

8.3.1　文件的打开和关闭

　　为了对一个文件进行 I/O，即读写操作，必须首先打开文件，I/O 操作完成后再将其关闭。对于 C++ 的 I/O 系统来说，打开工作包括在流(对象)的创建工作之中。流的创建由对应流类的构造函数完成，其中包括把创建的流与要进行读写操作的文件名联系起来，并打开这个文件。

　　文件流可分别对于 ifstream 类、ofstream 类和 fstream 类说明其对象的方式创建。三个类的构造函数分别为：

　　(1) ifstream::ifstream(char * filename,int mode=ios::in,int file_attrb=filebuf::openprot)；

　　ifstream 类是系统提供给用户处理输入文件流的。因为 ifstream 类从 istream 类公有派生产生，所以 ifstream 类的对象可以使用 istream 类中定义的所有公有操作和公有成员函数。

　　(2) ofstream::ofstream(char * filename,int mode=ios::out,int file_attrb=filebuf::openprot)；

　　ofstream 类是系统提供给用户处理输出文件流的。因为 ofstream 类从 ostream 类公有派生产生，所以 ofstream 类的对象可以使用 ostream 类中定义的所有公有操作和公有成员函数。

　　(3) fstream::fstream(char * filename,int mode,int file_attrb=filebuf::openprot)；

　　fstream 类是系统提供给用户处理输入输出文件流的。因为 fstream 类从 iostream 类公有派生产生，而 iostream 类从 istream 和 ostream 类公有派生产生，所以 fstream 类的对象可以使用">>"、"<<"以及其他 istream 类和 ostream 类中定义的公有成员函数，其中 openprot=0。

　　上述三个构造函数的参数说明如下：

　　(1) 第一个参数为文件名字符串(包括路径)。

　　(2) 第二个参数为对文件进行的 I/O 模式，其值已在 ios 中定义(如表 8-3 所示)。

表 8-3　文件 I/O 模式

模　　式	功　能　说　明
ios::app	追加数据，总是加在源文件的尾部
ios::ate	在打开的文件上找到文件尾
ios::in	为输入打开文件(默认对 ifstream 适用)
ios::out	为输出打开文件(默认对 ofstream 适用)
ios::binary	打开二进制文件
ios::trunc	如果文件存在，则消去原内容
ios::nocreate	如果文件不存在，打开失败
ios::noreplace	如果文件存在，打开失败，除非设置了 ate 和 app

参数 mode 可缺省，文件流为输入文件流时，其缺省值为 in，为输出文件流时，缺省为 out。

(3) 第三个参数为文件属性(可以缺省)，其类型值在 filebuf 类中定义，其值如表 8-4 所示。

表 8-4 文件属性参数

标 志	含 义
0	普通文件
1	只读文件
2	隐藏文件
4	系统文件
8	档案文件

【例 8-5】 使用文件流对象关联文件的方法打开文件。

程序如下：

```
/*ch08-5.cpp*/
#include<fstream>
int main()
{
    ofstream output("hello.dat");        //初始化输出流对象，同时打开了该文件。
    output<<"Hello world!"<<endl;
    return 0;
}
```

运行程序后，在当前目录下创建 hello.dat 文件，同时内容为 Hello world!

用于输入和同时声明读写的文件 I/O 操作类似，只需对 ifstream 类和 fstream 类创建对象即可。

C++ 的 I/O 系统还为用户提供了 open 函数和 close 函数来完成上述工作，其方式是：用 open()和 close()来代替构造函数和析构函数。

open 的函数原型如下：

```
void open(const char* filename,ios::openmode mode=ios::in);      //输入文件打开
void open(const char* filename,ios::openmode mode=ios::out);     //输出文件打开
```

close 的函数使用方法为 streamobj.close(); //

streamobj 为文件流对象

【例 8-6】 使用 open 和 close 成员函数来实现文件的打开和关闭。

程序如下：

```
/*ch08-6.cpp*/
#include<fstream>
int main()
{
```

```
        ofstream output;
        output.open("hello.dat");
        output<<"Hello world!"<<endl;
        output.close(); //关闭 output 对象
        return 0;
    }
```

运行程序后与例 8-5 结构相同。

参数中的文件名 filename 亦可选用设备
文件名(如表 8-5 所示)。

使用方法与上面的一致,例如可定义打印
机输出流:

```
        ofstream prt("CPT1");
        prt<<"to printer"<<endl;
```

如果把流 prt(的地址)赋给流 cout:

```
        cout=prt;
```

则流 cout 不再与显示器而是与打印机相连,这时,

```
        cout<<"Hello world!"<<endl;
```

可由打印机输出。

表 8-5　设　备　表

设备	说　　明
CON	指输入时的键盘,输出时的显示器
CPT1	指输出的打印机
COM1,COM2	可用于 I/O 的串行口1,2

8.3.2　文本文件的读写操作

一旦文件被成功打开,文件中的文本数据信息的读写操作与控制台文件信息的输入输
出操作完全一致。从流类库的定义说明中可以知道用于文本数据输入和输出的运算符">>"
和"<<"分别在输入流类istream和输出流类ostream中定义,而用于文件读写的流类ifstream、
ofstream 和 fstream 是 istream 和 ostream 的派生类,它们之间的层次关系是显然的,">>"
和 "<<" 也是 ifstream,ofstream 和 fstream 的运算符,但调用时,必须用 ifstream,ofstream
或 fstream 流类对象替代控制台文本信息输入输出使用的输入流类对象(例如 cin)和输出流
类对象(例如 cout)。

8.3.3　二进制文件的读写操作

任何文件中无论包含文本数据还是二进制数据,都能以文本方式或二进制方式打开。
也就是说,文件的打开方式并不能保证文件数据的形式和含义,而确保文件数据的形式和
含义的关键是如何对文件的数据进行读写。二进制文件中的数据直接将数据在内存中存放
的形式映像到文件中,因此在读写过程中不能发生任何转换。显然,这样的读写操作不能
使用输入运算符">>"和输出运算符"<<"完成。

C++ 的 I/O 系统对二进制文件的读写操作包括如下两种类型:

① 使用 get 和 put 函数完成;

② 使用 read 和 write 函数完成。

(1) 使用 get 函数和 put 函数读写二进制文件。

① get 是 istream 类的成员函数。函数原型如下:

```
inline istream& get(char *,int, char ='\n');

inline istream& get(unsigned char *,int, char ='\n');

inline istream& get(signed char *,int, char ='\n');

istream& get(char &);

inline istream& get(unsigned char &);

inline istream& get(signed char &);

istream& get(streambuf&,char ='\n');
```

其中最经常使用的函数版本是：

```
istream& get(unsigned char &);
```

该函数的功能：从输入流对象关联的文件中读数据，每次读 1 字节，读指针自动增加 1。

② put 是 ostream 类的成员函数。函数原型有：

```
inline ostream& put(char);

ostream& put(unsigned char);

inline ostream& put(signed char);
```

其中最经常使用的函数版本是：

```
ostream& put(char ch);
```

该函数的功能：向输出流对象关联的文件中写数据，每次写 1 字节，写指针自动增加 1。

(2) 使用 read 函数和 write 函数读写二进制文件。

① read 是 istream 类的成员函数。函数原型如下：

```
istream& read(char *,int);

inline istream& read(unsigned char *,int);

inline istream& read(signed char *,int);
```

其中最经常的使用函数版本是：

```
istream& read(usigned char *buf,int num);
```

该函数的功能：从相应的流中读取 num 个字节，并将它们存放到指针 buf 所指的缓冲区中，读指针自动增加 num。在调用该函数时，需要传递两个参数：缓冲区的首地址和从文件中读取的字节数，其调用格式如下：

```
read(缓冲区首址, 读入的字节数);
```

这里需要注意："缓冲区"的数据类型为 unsigned char，如果读取的数据为其他类型时，则须进行类型转换，例如：

```
int array[] = {50, 60, 70};

read((usigned char*)&array, sizeof(array));
```

如果 num 指定的字节数大于当前读指针到文件尾的字节数，则读指针达到文件尾就自动停止执行。另一个成员函数 gcount 可以告诉用户当前有多少字节被读出。该函数原型如下：

```
int gcount();
```

② write 是 ostream 类的成员函数。函数原型如下：

```
ostream& write(const char *,int);

inline ostream& write(const unsigned char *,int);

inline ostream& write(const signed char *,int);
```

其中最经常使用的函数版本是：

　　　　ostream& write(const unsigned char *buf,int num);

　　该函数的功能：从 buf 所指向的缓冲区中将 num 个字节写到相应的文件中。写指针自动增加 num。在调用该函数时，所需参数与 read 类似。

8.3.4　使用文件指针成员函数实现随机存取

　　和 C 语言对文件的操作类似，C++ 除了顺序读写文件外，也通过相应的成员函数实现了对文件的随机存取(即读写操作)。ifstream 类和 ofstream 类都提供了成员函数来重定位文件定位指针(即文件中下一个被读取或写入的字节号)。

　　在 ifstream 中，这个成员函数为 seekg，即"seek get"；在 ofstream 中为 seekp 即"seek put"。常用的文件指针成员函数有如下几个：

　　(1)　seekg(绝对位置)；

　　(2)　seekg(相对位置，参照位置)；

　　(3)　tellg()；//返回读操作当前指针

　　(4)　tellp()；//返回写操作当前指针

　　(5)　seekp(绝对位置)；

　　(6)　seekp(相对位置,参照位置)；　　　　//相对操作

其中成员函数的参照位置有以下三种枚举值：

　　　　ios_base::beg　= 0　　　　　　//相对于文件头
　　　　ios_base::cur　= 1　　　　　　//相对于当前位置
　　　　ios_base::end　= 2　　　　　　//相对于文件尾

8.4　程序实例

　　一般来讲，处理一个文本文件或二进制文件，需要以下 4 个步骤：

　　(1) 创建一个文件对象；

　　(2) 打开一个文件；

　　(3) 对这个文件进行输入输出等处理；

　　(4) 关闭这个文件。

本节通过实例来介绍文件输入输出的使用操作。

　　【例 8-7】　文本文件的读写操作。

　　分析：使用 open 函数打开文件或者使用构造函数关联文件时都强烈建议使用相应函数如 fall() 来检测文件是否打开成功，如例 8-7 和例 8-8。

　　程序如下：

```
/*ch08-7.cpp*/
#include <fstream>
#include <iostream>
using namespace std;
int main()
```

```
    {   //文件读操作
        cout<<"打开 data.txt 文本文件用于输出。"<<endl;
        ofstream fout;
        fout.open("data.txt",ios_base::out);
        if ( fout.fail( ) )
        {   cout<<"输出文件打开失败。"<<endl;   exit(1); }
        fout<<"This is a C++ programming."<<endl
            <<"It is about the text file ."<<endl;
        fout.close();
        //文件写操作
        ifstream fin;
        fin.open("data.txt",ios_base::in);
        char str[80];
        if ( fin.fail( ) )
        {   cout<<"输入文件打开失败。"<<endl;   exit(1); }
        while(!fin.eof())
        {
            fin.getline(str,81);
            cout<<str<<endl;
        }
        fin.close();
        return 0;
    }
```

运行结果：

打开一个 data.txt 文本文件用于输出。

This is a C++ programming.

It is about the text file .

运行之后 data.txt 文件里已经写入了这两行字符串。

【例 8-8】 使用 get 函数和 put 函数读写二进制文件。

分析：cin.get()的输入能直接写入 char 变量和直接写入 char 数组，当写入 char 数组时注意不要超过缓冲区的边界。

程序如下：

```
/*ch08-8.cpp*/
#include <fstream>
#include <iostream>
using namespace std;
int main()
{
    cout<<"打开一个二进制文件用于输出。"<<endl;
```

```
        ofstream fout;
        fout.open("data.dat",ios_base::out|ios_base::binary);
        if ( fout.fail( ) )
        {   cout<<"输出文件打开失败."<<endl;   exit(1); }
        char str[100]="This is a C++ programming.It is about the file.";
        int i=0;
        while(str[i]!='\0')    { fout.put(str[i++]); }
        fout.close();

        ifstream fin;
        fin.open("data.dat",ios_base::in|ios_base::binary);
        char ch;
        if ( fin.fail( ) )
        {   cout<<"输入文件打开失败."<<endl;   exit(1); }
        fin.get(ch);
        while(!fin.eof())
        {
            cout<<ch;
            fin.get(ch);
        }
        cout<<endl;
        fin.close();
        return 0;
    }
```

运行结果：

打开一个二进制文件进行输出。

This is a C++ programming.It is about the file.

【例 8-9】　使用 read 函数和 write 函数读写二进制文件。

程序如下：

```
/*ch08-9.cpp*/
#include<iostream>
#include<fstream>
using namespace std;
struct student
{
    char name[10];
    int num;
    int age;
    char sex;
```

```
        };
        int main()
        {
            student stud[3]={"Zhang", 1001, 20, 'f', "Wang", 1002, 19, 'm', "Liu", 1003, 18, 'f'};
            student studin[3];
            ofstream    outfile("stud.bat",ios_base::out|ios_base::binary);
            if(!outfile)
            {        cout<<"open error!"<<endl;        exit(1);   }
            for(int i=0; i<3; i++)
                outfile.write((char*)&stud[i],sizeof(stud[i]));
            outfile.close();

            ifstream infile("stud.bat",ios_base::in|ios_base::binary);
            if(!infile)
            {        cout<<"open error!"<<endl;         exit(1);      }
            infile.read((char *)studin,3*sizeof(stud[i]));
            infile.close();
            for(int j=0; j<3; j++)
                cout<<studin[j].name<<' '<<studin[j].num<<' '
                    <<studin[j].age<<' '<<studin[j].sex<<endl;
            return 0;
        }
```

运行结果：

```
Zhang    1001    20            f
Wang     1002    19            m
Liu      1003    18            f
```

【例8-10】 使用文件定位函数读写文件。

程序如下：

```
/*ch08-10.cpp*/
#include <iostream>
#include <fstream>
#include <cstdlib>
using namespace std;
int main( )
{
    int a[5], b[5];        int i;
    fstream iof("inoutfile.txt",ios_base::in|ios_base::out);
    if(!iof)
    {        cerr<<"open error!"<<endl;         exit(1);        }
```

```
        cout<<"请输入 5 个整数:"<<endl;
        for( i=0; i<5; i++)
        {    cin>>a[i];
            iof<<a[i]<<" ";
        }
        cout<<"数值写入文件完毕。"<<endl;
        cout<<"从文件读出数值并输出到显示器上:"<<endl;
        iof.seekg(0, ios_base::beg);    //文件指针重回文件开始位置
        for( i=0; i<5; i++)
        {    iof>>b[i];
            cout<<b[i]<<" ";
        }
        cout<<endl;
        iof.close();
        return 0;
    }
```

运行结果：

请输入 5 个整数：

10 20 30 40 50

数值写入文件完毕。

从文件读出数值并输出到显示器上：

10 20 30 40 50

本 章 小 结

　　本章介绍了 C++ 输入输出流的概念以及 C++ 文件编程。虽然 C++ 语言没有输入/输出函数，但 C++ 拥有 I/O 流类库。流是 I/O 流类的核心概念。每个流都是一种与设备相联系的对象。一个输出流对象是信息流动的目标，一个输入流对象是数据流出的源头，输入输出流对象既可以是源头也可以是目标。C++ 文件编程使用 C++ 文件输入输出流，C++ 标准输入流对象 cin 和标准输出流对象 cout 可以看成一类特殊的文件对象，这样有关输入输出的语句都可以使用插入(<<)和提取(>>)操作符以及操作对象统一组成。C++ 文件可以分为文本文件和二进制文件，文件流分别提供了相应的成员函数对其进行操作；文件流还提供了文件指针成员函数实现对文件的随机定位操作。

习 题　8

一、选择题

1. 关于 getline( )函数的下列描述中，(　　　)是错误的。

A. 该函数是用来从键盘上读取字符串的

B. 该函数读取的字符串长度是受限制的

C. 该函数读取字符串时，遇到终止符时便停止

D. 该函数中所使用的终止符只能是换行符

2．下列关于 read( )函数的描述中，(   )是对的。

A. 该函数是用来从键盘的输入获取字符串的

B. 该函数所获取的字符多少是不受限制的

C. 该函数只能用于文本文件的操作中

D. 该函数只能按照规定读取所指定的字符串

3．下列输出字符"A"的方法中，(   )是错误的。

A. cout<<put('A');　　　　　　　　　B. cout<<'A';

C. cout.put('A');　　　　　　　　　　D. char A = 'A'; cout<<A;

4．C++语言本身没有定义 I/O 操作，但 I/O 操作包含在 C++ 实现中。C++ 标准库 iostream.h 提供了基本结构。I/O 操作分别由两个类 istream 和(   )。

A. iostream　　　　　B. iostream.h　　　　C. ostream　　　　　　D. cin

5. cin是(   )的一个对象，处理标准输入。

A. isteam　　　　　　B. ostream　　　　　C. cerr　　　　　　　D. clog

6. 在 ios 类中有 3 个成员函数可以对状态标志进行操作，(   ) 函数是用来设置状态标志的函数。

A. long ios::unsef(long flags)　　　　B. long ios::flags()

C. long ios::setf(long flags)　　　　　D. long ios::width(int n)

二、填空题

1. 在 C++ 中"流"表示＿＿＿＿。从流中取得数据称为 ＿＿＿＿，用符号＿＿＿＿表示；向流中添加数据称为＿＿＿＿，用符号＿＿＿＿表示。

2. 类＿＿＿＿是所有基本流类的虚基类，它有一个保护访问限制的指针指向类＿＿＿＿，其作用是管理一个流的＿＿＿＿。

3. C++ 在类 ios 中定义了输入输出格式控制符，它是一个＿＿＿＿。该类型中的每一个量对应两个字节数据的一位，每一个位代表一种控制，如要取多种控制时可用运算符来合成，放在一个＿＿＿＿访问限制的＿＿＿＿数中。所以这些格式控制符必须通过类 ios 的＿＿＿＿来访问。

4. EOF 为＿＿＿＿标志，在 iostream.h 中定义 EOF 为＿＿＿＿，在 int get()函数中读入表明输入流结束标志＿＿＿＿，函数返回＿＿＿＿。

5. C++ 根据文件内容的＿＿＿＿可分为两类＿＿＿＿和＿＿＿＿，前者存取的最小信息单位为＿＿＿＿，后者为＿＿＿＿。

6. 当系统需要读入数据时是从＿＿＿＿文件读入，即＿＿＿＿操作。而系统要写数据时，是写到＿＿＿＿文件中，即＿＿＿＿操作。

7. 在面向对象的程序设计中，C++ 数据存入文件称作＿＿＿＿，而由文件获得数据称作＿＿＿＿。

8. 文件的读写可以是随机的,意思是＿＿＿＿＿＿,也可以是顺序的,意思是＿＿＿＿＿＿或
＿＿＿＿＿。

9. 类＿＿＿＿＿＿支持输入操作,类＿＿＿＿＿＿支持输出操作。

10. C++ 有两种方式控制格式输出,一种是用流对象的＿＿＿＿＿＿,另一种是用＿＿＿＿＿。

11. C++ 语言本身没有定义 I/O 操作,I/O 操作包含在 C++ 实现中。C++ 标准库 iostream
提供了基本的 I/O 类。I/O 操作分别由两个类＿＿＿＿＿＿和＿＿＿＿＿＿提供。由它们派生出的
类＿＿＿＿＿＿,提供双向 I/O 操作。使用 I/O 流的程序需要包含＿＿＿＿＿＿。

12. 在 C++ 中,打开一个文件就是将这个文件与一个＿＿＿＿＿＿建立联系;关闭文件,
就是取消这种关联。

13 若定义 cin>>str; 当输入 Object Windows Programming!,所得的结果是＿＿＿＿＿。

14. 在磁盘文件操作中,打开磁盘文件的访问模式常量时,＿＿＿＿＿＿是以追加方式打
开文件的。

15. 文件的读写可以是随机的,意思是＿＿＿＿＿＿,也可以是顺序的,意思是＿＿＿＿＿＿或
＿＿＿＿＿。

三、问答题

1. 下面的输出语句正确吗? 为什么?

```
cout<<x?1:0;
```

2. 为什么 cin 输入时,空格和回车无法读入? 这时可改用哪些流成员函数?

3. 文件的使用有它的固定格式,请做简单介绍。

4. 二进制文件读函数 read() 能否知道文件是否结束? 应怎样判断文件结束?

5. 文件的随机访问为什么总是用二进制文件,而不用文本文件?

四、给出下列程序的执行结果

1.
```cpp
#include <iostream>
using namespace std;
int main()
{
    cout.fill('*');
    cout.width(10);
    cout<<123.45<<endl;
    cout.width(8);
    cout<<123.45<<endl;
    cout.width(4);
    cout<<123.45<<endl;
    return 0 ;
}
```

2.
```cpp
#include <iostream>
#include <fstream>
#include <stdlib>
```

```
    int main()
    {
        fstream file;
        file.open("text1.dat",ios::in|ios::out);
        if(!file)
        {
            cout<<"text1.dat can't open"<<endl;
            abort();
        }
        char textline[]="123456789\nabcdefghi\0";
        for(int i=0; i<sizeof(textline); i++)
        file.put(textline[i]);
        file.seekg(0);
        char ch;
        while (file.get(ch))
        cout<<ch;
        file.close();
        return 0;
    }
3.  #include <iostream>
    #include <fstream>
    #include <stdlib>
    int main()
    {
        char ch;
        fstream file;
        file.open("abc.dat",ios::out|ios::in|ios::binary);
        if(!file)
        {
            cout<<"abc.dat 文件不能打开"<<endl;
            abort();
        }
        file<<"12 34 56"<<endl;
        file.seekg(0,ios::beg);
        while(!file.eof())
        {
            streampos here=file.tellg();
            file.get(ch);
            if(ch==' ')
```

```
        cout<<here<<" ";
    }
    cout<<endl;
    return 0;
}
```

五、编程题

1. 编写程序，通过设置 showbase 标志强制输出整型数值的基数，包括强制整型数按十进制、八进制和十六进制格式输出。

2. 编写一个程序，将 data.dat 文件中的内容在屏幕上显示出来，并拷贝到 data1.dat 文件中。

3. 编写一个程序，统计文件 abc.txt 的字符个数。

4. 编写一个程序，将 abc.txt 文件的所有行加上行号后写到 abc1.txt 文件中。

5. 编写一个程序，对于上题建立的 data.dat 文件按照记录号进行查询并显示。

6. 编程求 100 以内素数，并将运行结果存入文件。

第9章　异常处理

本章要点

- 理解异常处理的基本概念;
- 掌握异常处理的实现;
- 了解标准异常处理及层次结构;
- 学习并掌握编写异常处理程序。

在设计各种软件系统时，处理程序中的错误和其他异常行为是最重要和最困难的部分之一。在设计良好的系统中，异常是程序错误处理的一部分，当程序代码检查到无法处理的问题时，需要程序将控制权转移到可以处理该问题的程序中，以进行处理。这在大型程序开发中尤其重要，使用异常处理，程序中独立开发的各部分能够就程序执行期间出现的问题相互协调，一部分程序无法解决的问题可以将问题传递给其他部分进行解决。

9.1　异常处理概述

9.1.1　异常、异常处理的概念

异常就是在程序运行中发生的难以预料的、不正常的事件而导致偏离正常流程的现象，包括编译时发生的错误和运行时发生的错误，发生异常将导致正常流程不能进行，需要对异常进行处理。异常存在于程序的正常功能之外，并要求程序立即处理。通过异常可以将问题的检测和解决分离，方便了程序的开发和设计。

1. 语法错误

在编译时，编译系统能发现程序中的语法错误(如关键字拼写错，变量名未定义，语句末尾缺分号，括号不配对等)，编译系统会告知用户在第几行出错，是什么样的错误。由于是在编译阶段发现的错误，因此这类错误又称为编译错误。有的初学者写的并不长的程序，在编译时会出现十几个甚至几十个语法错误，使人往往感到手足无措。但是，总的来说，这种错误是比较容易发现和纠正的，因为它们一般都是有规律的，在有了一定的编译经验以后，可以很快地发现出错的位置和原因并加以改正。

2. 运行错误

有的程序虽然能通过编译，也能投入运行，但是在运行过程中会出现异常，得不到正确的运行结果，甚至导致程序不正常终止，或出现死机现象。

例如：

① 访问数组元素的下标越界，在越界时又写入了数据或遇到意外的非法输入；

② 用 new 动态申请内存而返回空指针(可能是因内存不足)；

③ 算术运算上溢出或下溢出；

④ 整数除法中除数为 0；

⑤ 调用函数时提供了无效实参，如指针实参为空指针(如用空指针来调用 strlen 函数)；

⑥ 通过挂空指针或挂空引用来访问对象；

⑦ 输入整数或浮点数失败；

⑧ I/O 错误。

如果发生上面列出的情形之一，就可能导致运行错误而终止程序。

由于程序中没有对此的防范措施，因此系统只好终止程序的运行。这类错误比较隐蔽，不易被发现，往往耗费许多时间和精力，这成为程序调试中的一个难点。在设计程序时，应当事先分析程序运行时可能出现的各种意外的情况，并且分别制定出相应的处理方法，这就是异常处理的任务。

异常处理(Exception Handling)提供了一种标准的方法以处理错误，发现可预知或不可预知的问题，允许开发者识别、查出和修改错漏。使用异常处理，程序中独立开发的各部分能够就程序执行期间出现的问题相互通信，并处理这些问题。异常处理是在运行时刻对异常进行检测、捕获、提示、传递等过程。它是 C++ 语言的一个重要特征，它提出了比出错处理更加完美的方法。

9.1.2　异常处理的基本思想

编程正确性总是依赖某些假设成立为前提,异常编程就是要分析识别调用关系异常传播方向假设不成立的情形，采用面向对象编程技术,建立各种异常类型并形成继承性架构，以处理程序中可能发生的各类异常。异常编程的目的是改善程序的可靠性。在大型复杂的程序中，完全不发生异常几乎不可能，用传统的 if-else 语句来检查所有可能的异常情形也有很大困难。

1．出错处理代码的编写不再繁琐

在 C++ 中，不须将出错处理代码与"通常"功能代码紧密结合。在可能发生错误的函数中加入出错代码，并在后面调用该函数的程序中加入错误处理代码。如果程序中多次调用一个函数，在程序中加入一个函数出错处理程序即可。

2．错误发生是不会被忽略的

如果被调用函数需发送一条出错信息给调用函数，它可向调用环境发送一个描述错误信息的对象。如果调用环境没有捕获该错误信息对象，则该错误信息对象会被自动向上一层的调用环境发送；如果调用环境无法处理该错误信息对象，则调用环境可以将该错误信息对象主动发送到上一层的调用环境中；直到该错误信息对象被捕捉和处理。

C++ 的异常处理机制使得异常的引发和处理不必在同一函数中，这样底层的函数可以着重解决具体问题，而不必过多地考虑对异常的处理。上层调用者可以在适当的位置设计类型异常的处理，如图 9-1 所示。

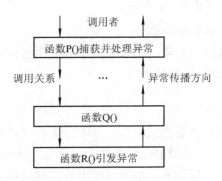

图 9-1 异常处理模式

9.2 异常处理的实现

C++ 提供了对处理异常情况的内部支持。C++ 语言的异常处理语句包括引发异常语句 throw 和捕获处理语句 try-catch，这两种语句就是 C++ 语言中用于实现异常处理的机制，有了异常处理程序可以向更高的执行上下文传递意想不到的事件，从而使程序能更好地从这些事件中恢复过来，异常机制提供程序中错误检测与错误处理部分之间的通信。

9.2.1 异常处理的语句

C++ 的异常处理主要包括如下部分：

1. try 块(try block)

错误处理部分用它来处理异常。try 语句块以 try 关键字开始，并以一个或多个 catch 子句结束。在 try 块中执行的代码所抛出(throw)的异常，通常会被其中一个 catch 子句处理。由于它们"处理"异常，catch 子句也称为处理代码。

try 块以关键字 try 开始，后面是用花括号括起来的语句序列块。如果在函数内直接使用 throw 抛出一个异常或在函数调用时抛出一个异常，将在异常抛出时退出函数。如果不想退出函数，可以在函数体内创建一个测试块(try 块)。因为测试块 try 的作用是使处于该块中的程序代码执行可能抛出的异常对象能在后续的异常处理器中被捕获，从而确定如何处理。因此，调用一个函数，并期望在函数调用者所在程序运行环境中使用异常处理的方法解决函数可能发生的错误，就必须将函数调用语句置于测试块 try 中。否则函数所抛出的异常对象就不能被后续的异常处理器捕获，从而使异常对象被自动传递到上一层运行环境，直至被操作系统捕获和处理，导致程序被终止执行。其定义格式如下：

```
    try
    {
        //语句
    }
```

try 子句中的语句就是代码的保护段，这些语句可以是任意 C++ 语句，包括变量声明，与其他块语句一样，try 块引入了局部作用域，块中声明的变量不能在外面引用。如果预料程序有可能发生异常，则将其放在 try 块中。

2. throw 表达式(throw expression)

系统通过 throw 表达式抛出异常，错误检测部分使用这种表达式来说明遇到了无法处理的错误。可以说，throw 引发了异常条件。

抛出异常的定义为

throw 表达式

由关键字 throw 以及尾随的表达式组成。其中，表达式的值称为一个异常，所以执行 throw 语句就称为抛出异常，可以抛出任意类型的一个值。throw 的操作数在表示异常类型的语法上与 return 语句的操作数相似，如果程序中有多处要抛出异常，应该使用不同的操作数进行区别，操作数的值不能用来区别不同的异常。执行 throw 语句时，try 块就会停止执行。如果 try 块之后有一个合适的 catch 块，控制权就会转交 catch 块处理。

【例 9-1】 处理除零异常的示例。

程序如下：

```cpp
/*ch09-1.cpp*/
#include <iostream>
using namespace std;
int Div(int x,int y);
int main()
{
    try
    {   //除法可能产生除 0 异常，因此将代码放入 try 块中。
        cout<<"5/2="<<Div(5, 2)<<endl;
        cout<<"8/0="<<Div(8, 0)<<endl;
        cout<<"7/1="<<Div(7, 1)<<endl;
    }
    catch(int)
    {
        cout<<"除数为 0"<<endl;
    }
    cout<<"that's ok. "<<endl;
    return 0;
}
int Div(int x, int y)
{
    if(y==0)
        throw y;          //如果除数为 0，抛出整型异常
    return x/y;
}
```

运行结果如下：

```
5/2=2
除数为 0
that's ok.
```

由程序也可以看出，当异常抛出后，try 块中剩余的语句不再执行，但是并没有退出程序，而是继续执行 try 块之后的内容。

【例 9-2】 打开指定文件，并将 10 个整数写入文件中。若打开文件失败，抛出异常。

程序如下：

```cpp
#include <iostream>
#include <fstream>
using namespace std;
int main()
{
    int a[10]={1,2,3,4,5,6,7,8,9,10};
    char *filename="d:\\f1.txt";
    ofstream outfile;
    outfile.open(filename,ios::out);
    try
    {
        if(!outfile)      throw 1;              //抛出异常
        for(int i=0; i<10; i++)
            outfile<<a[i]<<"   ";
        cout<<endl;
    }
    catch(int)                                  //捕获异常
    {
        cout<<"打开文件失败！"<<endl;
    }
    return 0;
}
```

运行结果：

正常执行后，文件 d:\\f1txt 中的内容如下：

```
1  2  3  4  5  6  7  8  9  10
```

若打开文件失败，抛出异常，则程序执行结果如下：

```
打开文件失败
```

9.2.2　异常接口声明

编写异常处理器必须知道被测试调用的函数能抛出哪些类型的异常对象。C++ 提供了异常接口声明，即在函数原型声明中，位于参数表列之后，清晰地告诉函数的使用者：该函数可能抛出的异常类型，以便使用者能够方便地捕获异常对象进行异常处理。带有异常接口声明的函数原型说明的一般形式：

　　　　返回类型函数名(参数表列) throw　异常类型名[...]

使用异常规格说明的函数原型有三种：

(1) 抛出指定类型异常对象的函数原型：void function() throw(toobig, toosmall, divzero)；

(2) 能抛出任何类型异常对象的函数原型：void function()；

注意，该形式与传统的函数原型声明形式相同。

(3) 不抛出任何异常对象的函数原型：void function() throw()。

为了实现对函数的安全调用和对函数执行中可能产生的错误进行有效的处理。应该在编写每个有可能抛出异常的函数时都加入异常接口声明。

需要特别注意的是：如果函数的执行错误所抛出的异常对象类型并未在函数的异常接口声明，则会导致系统函数 unexpected()被调用，以便解决未预见错误引起的异常。unexpected()是由函数指针实现函数调用，因此可通过改变函数指针所指向的函数执行代码的入口地址来改变相对应的处理操作。这就意味着用户定义自己特定的对未预见错误的处理方法(系统的缺省处理操作将最终导致程序终止运行)。实现自定义处理方法设定通过调用系统函数 set_unexpected(...)完成。

该函数的原型如下：

　　　　typedef void (*unexpected_function)();

　　　　unexpected_function set_unexpected(unexpected_function unexp_func);

该函数可以将一个自定义的处理函数地址 unexp_func 设置为 unexpected 的函数指针新值，并返回该指针的当前值，以便保存，并用于恢复原处理方法。

9.3　构造函数、析构函数与异常处理

C++ 异常处理具有处理构造函数异常的能力。

1. 在构造函数中抛出异常

由于构造函数没有返回值，如果没有异常机制，只能按以下两种选择报告在构造期间的错误：① 设置一个非局部的标志并希望用户检查它；② 希望用户检查对象是否被完全创建。

这是一个严重的问题，因为在 C++ 程序中，对象构造失败后继续执行注定是灾难。所以构造函数成为抛出异常最重要的用途之一。使用异常机制是处理构造函数错误的安全有效的方法。然而用户还必须把注意力集中在对象内部的指针上和构造函数异常抛出时的清除方法上。

2. 不要在析构函数中抛出异常

由于析构函数会在抛出异常时被调用，所以永远不要在析构函数中抛出一个异常或者通过执行在析构函数中的动作导致其他异常的抛出。否则就意味着在已存在的异常到达引

起捕获之前又抛出一个新的异常，这会导致对 terminate() 的调用。换句话讲，假若调用一个析构函数中的任何函数都有可能会抛出异常，则这些调用应该写在析构函数中的一个测试块 try 中，而且析构函数必须自己处理所有自身的异常，即这里的异常都不应逃离析构函数内部。

【例 9-3】 测试构造函数中抛出异常时析构函数会不会被执行。

程序如下：

```cpp
/*ch09-3.cpp*/
#include <iostream>
using namespace std;
class MyTest_Base
{
public:
    MyTest_Base (string name = " ")::m_name(name)
    {
        throw std::exception("在构造函数中抛出一个异常，测试！");
        cout<<"构造一个 MyTest_Base 类型对象，对象名为："<<m_name << endl;
    }
    virtual ~ MyTest_Base ()
    {
        cout << "销毁一个 MyTest_Base 类型对象，对象名为："<<m_name << endl;
    }
    void Func() throw()
    {
        throw std::exception("故意抛出一个异常，测试！");
    }
    void Other() {}
protected:
    string m_name;
};
int main( )
{
    try
    {
        //对象构造时将会抛出异常
        MyTest_Base obj1("obj1");
        obj1.Func();
        obj1.Other();
    }
    catch(std::exception e)
```

```
        {
            cout << e.what() << endl;
        }
        catch(...)
        {
            cout << "unknow exception"<< endl;
        }
        return 0;
    }
```

程序的运行结果将会验证:"构造函数中抛出异常将导致对象的析构函数不被执行。"

9.4 异 常 匹 配

异常是通过抛出对象引发,该对象的类型决定应该激活哪个处理代码,异常以类似于将实参传递给函数的方式抛出和捕获。函数在发生错误时能以抛出异常对象的方式结束函数执行是建立在假定该异常对象能被捕获和处理的前提下的。这一假定在 C++ 中是成立的,这也是异常处理的一个优点。完成函数调用时的异常测试,异常对象的捕获和处理是由 try-catch 结构实现的,使得处理程序运行错误的编码变得方便、有效,并具有完全的结构化和良好的可读性。该结构的一般形式如下:

```
    try
    {
        …               //被测试的程序代码
        throw …         //抛出异常
    }
    catch(异常类型  异常对象名)
    {
        …               //异常处理的程序代码
    }
```

在程序中出现的异常,若没有经过 try 块定义,系统将自动调用 terminate 终止程序的运行。

1. 捕获某种类型的异常

异常发生后,被抛出的异常对象一旦被随后的异常处理器捕获到,就可以被处理。根据在当前运行环境中能否解决引起异常的程序运行错误,对异常对象的处理有两种:

① 尝试解决程序运行错误,析构异常对象;

② 无法解决程序运行错误,将异常对象抛向上一层运行环境。

为此,异常处理器应该具备捕获一个以上任何类型异常对象的能力,每个异常对象的捕获和处理由关键字 catch 引导。例如:

```
    try
```

```
{
    …        //可能产生异常的代码
}
catch(type1 id1)
{
    …        //处理类型为 type1 的异常
}
catch(type2 id2)
{
    …        //处理类型为 type1 的异常
}
//…
```

在上面的语句中，每个 catch 语句相当于一个以特定的异常类型为单一参数的小型函数，标识符 id1、id2 等如同函数中的参数名，如果对引起该异常对象抛出的程序运行的错误处理中无须使用异常对象，则该标识符可省略；异常处理器部分必须紧跟在测试块 try 之后；catch 语句与 switch 语句不同，即每个 case(情况)引起的执行需要加入 break 实现执行的结束；测试块 try 中不同函数的调用可能会抛出相同的异常对象，而异常处理器中对同一异常对象的处理方法只需要一个。

2. 捕获所有类型的异常

如果函数定义时没有异常接口说明，则在该函数被调用时就有可能抛出任何类型的异常对象。为了解决这个问题，应该在异常处理器中增加一个能捕获任意类型的异常对象的处理分支。例如：

```
catch(…)
{
    cout << "an unkown exception was thrown" << endl;
}
```

注意：应将能捕获任意异常的处理分支放在异常处理器的最后，避免遗漏对可预见异常的处理；使用省略号"…"作为 catch 的参数可以捕获所有异常，但无法知道所捕获异常的类型。另外省略号不能与其他异常类型同时作为 catch 的参数使用。

3. 未捕获的异常

如果测试块 try 执行过程中抛出的异常对象在当前异常处理器没有被捕获，则异常对象将进入更高一层的运行环境中。这种异常对象的抛出、捕获、处理过程按照运行环境的调用关系逐层进行，直到在某个层次的运行环境的异常处理器中捕获并恰当处理了异常对象才停止，否则将一直进行至调用系统的特定函数 terminate()终止程序运行。例如，在异常对象的创建过程中、异常对象的被处理过程中或异常对象的析构过程中又抛出了新异常对象，就会产生所抛出的异常对象不能被捕获。

【例 9-4】 捕获多个异常。

分析：我们可以引发所需要的任何异常，所以在除了标准异常之外，可以自定义异常类。自定义异常类可以不继承任何类，也可以继承自 exception 类。

程序如下：

```cpp
/*ch09-4.cpp*/
#include <iostream>
#include <string>
using namespace std;
class NegativeNumber
{
public:
    NegativeNumber( );
    NegativeNumber(string catched);
    string get_message( );
private:
    string message;
};
class DivideByZero
{ };
int main( )
{
    int chocolatenumber, kidnumber;
    double number;

    try
    {
        cout << "请输入巧克力块数:\n";
        cin >>chocolatenumber;
        if (chocolatenumber < 0)
            throw NegativeNumber("chocolatenumber");
        cout << "请输入小朋友人数:\n";
        cin >> kidnumber;
        if (kidnumber< 0)
            throw NegativeNumber("kidnumber");
        if (kidnumber != 0)
            number = chocolatenumber/double(kidnumber);
        else
            throw DivideByZero( );
        cout << "每个小朋友分得  " <<number << "巧克力。\n";
    }
```

```
    catch(NegativeNumber e)
    {
        cout<<e.get_message( )<<"不能为负值。"<< endl;
    }
    catch(DivideByZero)
    {
        cout << "除数不能为 0.\n";
    }
    return 0;
}
NegativeNumber::NegativeNumber( )
{ }
NegativeNumber::NegativeNumber(string catched): message(catched)
{ }
string NegativeNumber::get_message( )
{
    return message;
}
```

运行程序时，当 kidnumber 输入为负值时就会捕获 NegativeNumber 异常；当 kidnumber 输入为 0 时就会捕获 DivideByZero 异常。

9.5 标准异常及层次结构

在 C++ 标准库中提供了一批标准异常类，用于报告在标准库中的函数遇到的问题，为用户在编程中直接使用和作为派生异常类的基类。表 9-1 描述了这些标准异常类。

表 9-1 标准异常类

类名	说　明	头文件
exception	是所有标准异常类的基类。可以调用它的成员函数what()获取其特征的显示说明	exception
logic_error	exception的派生类，报告程序逻辑错误，这些错误在程序执行前可以被检测到	stdexcept
runtime_error	exception的派生类，报告程序运行错误，这些错误仅在程序运行时可以被检测到	stdexcept
ios_base::failure	Exception的派生类，报告I/O 操作错误，ios_base::clear()可能抛出该异常类对象	iosbase

标准异常类只提供很少的操作，包括创建、复制异常类型对象以及异常类型对象的复制等。

标准异常的层次结构如图 9-2 所示。

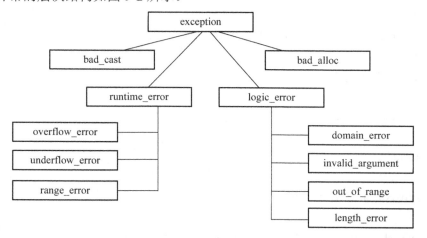

图 9-2　标准异常层次结构

9.6　异常处理中需要注意的问题

使用任何一个新特性必然有所开销。异常被抛出需要开销相当的运行时间，这就是不要把异常处理用于程序流控制的一部分原因。相对于程序的正常执行，异常偶尔发生。因此设计异常处理的重要目标之一是当异常没有发生时，异常处理代码应不影响运行速度。换句话说，只要不抛出异常，代码的运行速度如同没有添加异常处理代码时一样。这是因为异常处理代码的编译都依赖于使用特定的编译器。异常处理也会引出额外信息(空间开销)，这些信息被编译器置于栈上。

除此之外，还应注意以下几点：

(1) 如果抛出的异常一直没有函数捕获(Catch)，则会一直上传到 C++ 运行系统那里，导致整个程序的终止。

(2) 一般在异常抛出后资源可以正常被释放，但注意如果在类的构造函数中抛出异常，系统是不会调用它的析构函数的。处理方法：如果在构造函数中要抛出异常，则在抛出前要记得删除申请的资源。

(3) 异常处理仅仅通过类型而不是通过值来匹配，所以 catch 块的参数可以没有参数名称只需要参数类型。

(4) 函数原型中的异常说明要与实现中的异常说明一致，否则容易引起异常冲突。

(5) 应该在 throw 语句后写上异常对象时，throw 先通过拷贝构造函数构造一个新对象，再把该新对象传递给 catch。那么当异常抛出后新对象如何释放呢？

异常处理机制保证异常抛出的新对象并非创建在函数栈上，而是创建在专用的异常栈上，因此它才可以跨接多个函数而传递到上层，否则在栈清空的过程中就会被销毁。所有从 try 到 throw 语句之间构造起来的对象的析构函数将被自动调用。但如果一直上溯到 main 函数后还没有找到匹配的 catch 块，那么系统调用 terminate()终止整个程序，这种情况下不能保证所有局部对象会被正确地销毁。

(6) catch 块的参数推荐采用地址传递而不是值传递，不仅可以提高效率，还可以利用对象的多态性。另外，派生类的异常捕获要放到父类异常捕获的前面，否则，派生类的异常无法被捕获。

(7) 编写异常规格说明时，要确保派生类成员函数的异常规格说明和基类成员函数的异常规格说明一致，即派生类改写的虚函数的异常规格说明至少要和对应的基类虚函数的异常规格说明相同，甚至更严格、更特殊。

本 章 小 结

C++ 中异常处理的目标是简化大型可靠程序的创建，用尽可能少的代码，使系统中没有不受控制的错误。

错误的处理和恢复是和用户编写每个程序都密切相关的基本原则，在 C++ 中尤其重要，创建程序组件为其他人重用是开发的目标之一。为了创建一个稳固系统，必须使每个组件具有健壮性。C++ 中异常处理的目标是简化大型可靠程序的创建，使用尽可能少的代码，使应用中没有不受控制的错误。异常处理几乎不损害性能，并且对其他代码的影响很小。

在 C++ 的异常处理中，try 块语句包含一个可能抛出异常的语句序列，catch 子句用来处理在 try 块里抛出的异常，throw 表达式用于退出代码块的运行，将控制转移给相关的 catch 子句。

异常处理设计用来处理同步情况，作为程序执行的结构，不能用于处理异步情况；异常处理通常用于发现错误部分与处理错误部分处于不同位置(不同范围时；异常处理不应作为具体的控制流机制)。

习 题 9

一、填空题

1. C++ 程序将可能发生异常的程序块放在_____中，紧跟其后可放置若干对应的_____，在前面所说的块中或块所调用的函数中应该有对应的_____，由它在不正常时抛出_____，如与某一条_____类型相匹配，则执行该语句。该语句执行完后，如未退出程序，则执行_____。如没有匹配的语句，则交 C++ 标准库中的_____处理。

2. 异常也适用类的层次结构，与虚函数的规则_____，基类的异常_____派生类异常 catch 子句处理，而反过来则_____。

3. 异常处理时与函数重载_____，异常处理是由_____ catch 子句处理，而不是由____catch 子句处理，所以 catch 子句_____是很重要的。

4. 列出五个常见的异常例子：_____、_____、_____、_____、_____。

5. 异常处理中，如果没有匹配所抛出的对象类型的 catch 语句块，这时系统调用默认_____终止程序。

6. 程序的错误一般分为两种，一种是_____，即语法错误；另一种是运行时发生的错误，它又分为不可预料的_____和可以预料的_____。

二、问答题

1. 当在 try 块中抛出异常后，程序最后是否回到 try 块中，继续执行后面的语句？

2. 当异常被组织成类层次结构时，对应 catch 子句应怎样排列？为什么？

三、分析运行结果

```cpp
#include<iostream>
using namespace std;
class B{};
class D:public B{};
int main()
{
    D derived;
    try
    {throw derived; }
    catch(B b)
    {cout<<"Catch a base class\n"; }
    catch(D d)
    {cout<<"Catch a Derived class\n"; }
    return 0;
}
```

四、编程题

1. 编写一个"Pastm"异常类型的处理程序，如果[ ]运算符在 string 对象中检测到一个字符——按字典顺序在"m"之后的小写字母，该异常处理程序就在屏幕上显示一个错误。

2. 设有下列类声明：

```cpp
class A{
    public:
    A()  {
        n=new int;
        init();
    }
    private:
    int n;
};
```

写出 init()引发异常的处理程序。

3. 编写程序求函数表达式 f(x, y)=sqrt(x−y)的值，并能够处理各种异常。

附　录

附录 I　ASCII 编码表

字符	十进制	八进制	十六进制	字符	十进制	八进制	十六进制	字符	十进制	八进制	十六进制
nul	0	000	00	rs	30	036	1e	<	60	074	3c
soh	1	001	01	us	31	037	1f	=	61	075	3d
stx	2	002	02	sp	32	040	20	>	62	076	3e
etx	3	003	03	!	33	041	21	?	63	077	3f
eof	4	004	04	"	34	042	22	@	64	100	40
eng	5	005	05	#	35	043	23	A	65	101	41
ack	6	006	06	$	36	044	24	B	66	102	42
bel	7	007	07	%	37	045	25	C	67	103	43
bs	8	010	08	&	38	046	26	D	68	104	44
ht	9	011	09	,	39	047	27	E	69	105	45
lf	10	012	0a	(	40	050	28	F	70	106	46
vt	11	013	0b	)	41	051	29	G	71	107	47
ff	12	014	0c	*	42	052	2a	H	72	110	48
cr	13	015	0d	+	43	053	2b	I	73	111	49
so	14	016	0e	,	44	054	2c	J	74	112	4a
si	15	017	0f	−	45	055	2d	K	75	113	4b
dle	16	020	10	.	46	056	2e	L	76	114	4c
dc1	17	021	11	/	47	057	2f	M	77	115	4d
dc2	18	022	12	0	48	060	30	N	78	116	4e
dc3	19	023	13	1	49	061	31	O	79	117	4f
dc4	20	024	14	2	50	062	32	P	80	120	50
nak	21	025	15	3	51	063	33	Q	81	121	51
syn	22	026	16	4	52	064	34	R	82	122	52
etb	23	027	17	5	53	065	35	S	83	123	53
can	24	030	18	6	54	066	36	T	84	124	54
em	25	031	19	7	55	067	37	U	85	125	55
sub	26	032	1a	8	56	070	38	V	86	126	56
esc	27	033	1b	9	57	071	39	W	87	127	57
fs	28	034	1c	:	58	072	3a	X	88	130	58
gs	29	035	1d	;	59	073	3b	Y	89	131	59

续表

字符	十进制	八进制	十六进制	字符	十进制	八进制	十六进制	字符	十进制	八进制	十六进制
Z	90	132	5a	g	103	147	67	t	116	164	74
[	91	133	5b	h	104	150	68	u	117	165	75
\	92	134	5c	i	105	151	69	v	118	166	76
]	93	135	5d	j	106	152	6a	w	119	167	77
^	94	136	5e	k	107	153	6b	x	120	170	78
-	95	137	5f	l	108	154	6c	y	121	171	79
`	96	140	60	m	109	155	6d	z	122	172	7a
a	97	141	61	n	110	156	6e	{	123	173	7b
b	98	142	62	o	111	157	6f	|	124	174	7c
c	99	143	63	p	112	160	70	}	125	175	7d
d	100	144	64	q	113	161	71	~	126	176	7e
e	101	145	65	r	114	162	72	del	127	177	7f
f	102	146	66	s	115	163	73				

附录 II　C++ 程序设计语言词汇表

1. 保留字

C++ 中，保留字也称关键字，它是预先定义好的标识符。见关键字的解释。

2. 关键字

C++ 中已经被系统定义为特殊含义的一类标识符。

C++ 中的关键字表

auto	double	int	struct	break	else
long	switch	case	enum	register	typedef
char	extern	return	union	const	float
short	unsigned	continue	for	signed	void
default	goto	sizeof	volatile	do	if
static	while	asm	_cs	_ds	_es
_ss	cdecl	far	huge	interrupt	near
pascal	class	public	private	catch	protected
delete	new	template	friend	this	inline
throw	try	operator	virtual	Overload (现不用)	

3. 标识符

对变量、函数、标号和其他各种用户自定义对象的命名。在 C++ 中，标识符长度没有限制，第一个字符必须是字母或下划线，其后若有字符则必须为字母、数字或下划线。例如 count2，_x 是正确的标识符形式，而 hello!，3th 则是错误的。在 C++ 中标识符区分大小写，另外标识符不能和 C++ 中的关键字相同，也不能和函数同名。

4．声明

将一个标识符引入一个作用域，此标识符必须指明类型，如果同时指定了它所代表的实体，则声明也是定义。

5．定义

给所声明的标识符指定所代表的实体。

6．变量

某个作用域范围内的命名对象。

7．常量

常量是不接受程序修改的固定值，可以是任意数据类型。可以用后缀准确的描述所期望的常量类型，如浮点类型常量在数字后加 F，无符号整型常量加后缀 U 等等。此外还有串常量如 "Please input year:"，反斜线字符常量如 \n 表示回车符。

8．const 说明符

const 是在变量声明或函数声明时所用到的一个修饰符，用它所修饰的实体具有只读属性。

9．输入

当程序需要执行键盘输入时，可以使用抽取操作符 ">>" 从 cin 输入流中抽取字符。如：

    int myAge;

    cin >> myAge;

10．输出

当程序需要在屏幕上显示输出时，可以使用插入操作符 "<<" 向 cout 输出流中插入字符。如：

    cout << "This is a program. \n ";

11．流

流是既产生信息又消费信息的逻辑设备，通过 C++ 系统和物理设备关联。C++ 的 I/O 系统是通过流操作的。有两种类型的流：文本流和二进制流。

12．标准输入输出库

它是 C++ 标准库的组成部分，为 C++ 语言提供了输入输出的能力。

13．内置数据类型

由 C++ 直接提供的类型，包括 int、float、double、char、bool、指针、数组和引用。

14．字符类型

包括 char、signed char、unsigned char 三种类型。

15．整数类型

包括 short、int、long 三种类型。

16．long

只能修饰 int、double。

long int 指一种整数类型，它的长度大于等于 int 型。

long double 指长双精度类型，长度大于等于 double 型。

17．short

一种长度少于或等于 int 型的整数类型。

18．signed

由它所修饰的类型是带符号的，只能修饰 int 和 char。

19．布尔型

一种数据类型，其值可为：true, false 两种。

20．浮点类型

包括 float、double、long double 三种类型，其典型特征表现为有尾数或指数。

21．双精度类型

浮点类型中的一种。在基本数据类型中它是精度最高，表示范围最大的一种数据类型。

22．void 类型

关键字之一，指示没有返回信息。

23．结构类型

类的一种，其成员默认为 public 型。大多用作无成员函数的数据结构。

24．枚举类型

一种用户自定义类型，由用户定义的值的集合组成。

25．类型转换

一种数据类型转换为另一种，包括显式、隐式两种方式。

26．指针

一个保存地址或 0 的对象。

27．函数指针

每个函数都有地址，指向函数地址的指针称为函数指针，函数指针指向代码区中的某个函数，通过函数指针可以调用相应的函数。其定义形式为：

```
int ( * func ) ( char a, char b);
```

28．引用

为一个对象或函数提供的另一个名字。

29．链表

一种数据结构，由一个个有序的结点组成，每个结点都是相同类型的结构，每个结点都有一个指针成员指向下一个结点。

30．数组

数组是一个由若干同类型变量组成的集合。

31．字符串

标准库中的一种数据类型，一些常用操作符如 +=、== 支持其操作。

32．运算符

内置的操作常用符号，例如 +、*、& 等。

33．单目运算符

只能对一个操作数进行操作。

34．双目运算符

可对两个操作数进行操作。

35．三目运算符

可对三个操作数进行操作。

36．算术运算符

执行算术操作的运算符，包括：+、-、*、/、%。

37．条件运算符

即 "?:" 。其语法为：

    (条件表达式)？(条件为真时的表达式)：(条件为假时的表达式)

如：

    x = a < b ? a : b;

相当于：

    if (a < b)

    x = a;

    else

    x = b;

38．赋值运算符

即 " = " 及其扩展赋值运算符。

39．左值

能出现在赋值表达式左边的表达式。

40．右值

能出现在赋值表达式右边的表达式。

41．运算符的结合性

指表达式中出现同等优先级的操作符时该先做哪个的规定。

42．位运算符

&, |, ^, >>, <<。

43．逗号运算符

即 , 。

44．逻辑运算符

&&, ||,! 。

45．关系运算符

>, >=, <=, <, <= , ==。

46．new 运算符

对象创建的操作符。

47．delete 运算符

对象释放操作符，触发析构函数。

48．内存泄露

操作堆内存时，如果分配了内存，就有责任回收它，否则这块内存就无法重新使用，称为内存泄漏。

49．sizeof 运算符

获得对象在内存中的长度，以字节为单位。

50．表达式

由操作符和标识符组合而成，产生一个新的值。

51．算术表达式

用算术运算符和括号将运算对象(也称操作数)连接起来，符合 C++ 语法规则的式子。

52．关系表达式

用关系运算符和括号将运算对象(也称操作数)连接起来，符合 C++ 语法规则的式子。

53．逻辑表达式

用逻辑运算符和括号将运算对象(也称操作数)连接起来，符合 C++ 语法规则的式子。

54．赋值表达式

由赋值运算符将一个变量和一个表达式连接起来，符合 C++ 语法规则的式子。

55．逗号表达式

由逗号操作符将几个表达式连接起来，符合 C++ 语法规则的式子。

56．条件表达式

由条件运算符将运算对象连接起来，符合 C++ 语法规则的式子。

57．语句

在函数中控制程序流程执行的基本单位，如 if 语句、while 语句、switch 语句、do 语句，表达式语句等。

58．复合语句

封闭于大括号 {} 内的语句序列。

59．循环语句

for 语句、while 语句、do 语句三种。

60．条件语句

基于某一条件在两个选项中选择其一的语句称为条件语句。

61．成员函数

在类中说明的函数称为成员函数。

62．全局函数

定义在所有类之外的函数。

63．main 函数

由系统自动调用开始执行 C++ 程序的第一个函数。

64．外部函数

在定义函数时，如果冠以关键字 extern，表示此函数是外部函数。

65．内联函数

在函数前加上关键字 inline 说明了一个内联函数，这使一个函数在程序行里进行代码扩展而不被调用。这样的好处是减少了函数调用的开销，产生较快的执行速度。但是由于重复编码会产生较长代码，所以内联函数通常都非常小。如果一个函数在类说明中定义，则将自动转换成内联函数而无需用 inline 说明。

66．函数重载

在同一作用域范围内，相同的函数名通过不同的参数类型或参数个数可以定义几个函数，编译时编译器能够识别实参的个数和类型来决定该调用哪个具体函数。需要注意的是，如果两个函数仅仅返回类型不同，则编译时将会出错，因为返回类型不足以提供足够的信息以使编译程序判断该使用哪个函数。所以函数重载时必须是参数类型或者数量不同。

67．函数覆盖

对基类中的虚函数，派生类以相同的函数名及参数重新实现之。

68．函数声明

在 C++ 中，函数声明就是函数原型，它是一条程序语句，即它必须以分号结束。它有函数返回类型，函数名和参数构成，形式为：

返回类型　function (参数表);

参数表包含所有参数的数据类型，参数之间用逗号分开。如下函数声明都是合法的。

　　　　int Area(int length , int width) ;

或　　　int Area (int , int) ;

69．函数定义

函数定义与函数声明相对应，指函数的具体实现，即包括函数体。如：

```
int Area( int length , int width )
{
    // other program statement
}
```

70．函数调用

指定被调用函数的名字和调用函数所需的信息(参数)。

71．函数名

与函数体相对，函数调用时引用之。

72．函数类型

(1) 获取函数并返回值;

(2) 获取函数但不返回值；

(3) 没有获取参数但返回值；

(4) 没有获取参数也不返回值。

73. 形式参数

函数中需要使用变元时，将在函数定义时说明需要接受的变元，这些变元称为形式参数。形式参数对应于函数定义时的参数说明，其使用与局部变量类似。

74. 实际参数

当需要调用函数时，对应该函数需要的变元所给出的数据称为实际参数。

75. 值传递

函数调用时形参仅得到实参的值，调用结果不会改变实参的值。

76. 引用传递

函数调用时形参为实参的引用，调用结果会改变实参的值。

77. 递归

函数的自我调用称为递归。每次调用是应该有不同的参数，这样递归才能终止。

78. 函数体

与函数名相对，指函数最外边由 {} 括起来的部分。

79. 作用域

指标识符在程序中有效的范围，与声明位置有关，作用域开始于标识符的生命处，分局部作用域、函数作用域、函数原型作用域、文件作用域、类作用域。

80. 局部作用域

当标识符的声明出现在由一对花括号所括起来的一段程序内时，该标示符的作用域从声明点开始到块结束处为止，此作用域的范围具有局部性。

81. 全局作用域

标识符的声明出现在函数、类之外，具有全局性。

82. 类作用域

指类定义和相应的成员函数定义范围。

83. 全局变量

定义在任何函数之外，可以被任一模块使用，在整个程序执行期间保持有效。当几个函数要共享同一数据时全局变量将十分有效，但是使用全局变量是有一定弊端的：全局变量将在整个程序执行期间占有执行空间，即使它只在少数时间被用到；大量使用全局变量将导致程序混乱，特别是在程序较复杂时可能引起错误。

84. 局部变量

定义在函数内部的变量。局部变量只在定义它的模块内部起作用，当该段代码结束，这个变量就不存在了。也就是说，一个局部变量的生命期就是它所在的代码块的执行期，而当这段代码再次被执行时该局部变量将重新被初始化而不会保持上一次的值。需要注意的是，如果主程序和它的一个函数有重名的变量，当函数被调用时这个变量名只代表当前函数中的变量，而不会影响主程序中的同名变量。

85．自动变量

由 auto 修饰，动态分配存储空间，存储在动态存储区中，对它们分配和释放存储空间的工作是由编译系统自动处理的。

86．寄存器变量

存储在运算器中的寄存器里的变量，可提高执行效率。

87．静态变量

由连接器分配在静态内存中的变量。

88．类

一种用户自定义类型，由成员数据、成员函数、成员常量、成员类型组成。类是描述C++概念的三个基本机制之一。

89．外部变量

由 extern 修饰的变量。

90．堆

堆即自由存储区，new 和 delete 都是在这里分配和释放内存块。

91．栈

有两个含义：① 指内存中为函数维护局部变量的区域；② 指先进后处的序列。

92．抽象类

至少包含一个纯虚函数的类。抽象类不能创建对象，但可以创建指向抽象类的指针，多态机制将根据基类指针选择相应的虚函数。

93．嵌套类

在一个类里可以定义另一个类，被嵌入类只在定义它的类的作用域里有效。

94．局部类

在函数中定义的类。注意，在函数外这个局部类是不可知的。由于局部类的说明有很多限制，所以并不常见。

95．基类

被继承的类称为基类，又称父类、超类或范化类。它是一些共有特性的集合，可以有其他类继承它，这些类只增加它们独有的特性。

96．派生类

继承的类称为派生类。派生类可以用来作为另一个派生类的基类，实现多重继承。一个派生类也可以有两个或两个以上的基类。定义时在类名后加":被继承类名"即可。

97．父类

父类即基类，见基类的解释。

98．子类

子类即派生类，见派生类的解释。

99．对象

有两重含义：

(1) 内存中含有某种数据类型值的邻近的区域。

(2) 某种数据类型的命名的或未命名的变量。一个拥有构造函数的类型对象在构造函数完成构造之前不能认为是一个对象，在析构函数完成析构以后也不再认为它是一个对象。

100．数据成员

数据成员指类中存储数据的变量。

101．实例化

实例化即建立类的一个对象。

102．构造函数

构造函数是一个类的实例的初始化函数，将在生成类的实例时被自动调用，用于完成预先的初始化工作。一个类可以有几个构造函数，以不同的参数来区别，即构造函数可以被重载，以便不同的情况下产生不同的初始化；也可以没有构造函数，此时系统将调用缺省的空构造函数。需要注意的是构造函数没有返回类型。

103．成员初始化表

成员初始化表可用于初始化类中的任何数据成员，放在构造函数头与构造函数体之间，用“:”与构造函数头分开，被初始化的数据成员的值出现在一对括弧之间，它们之间用逗号分开。

104．析构函数

析构函数是一个类的实例的回收函数，将在该实例结束使用前被自动调用，用于完成资源的释放。一个类只可以有一个析构函数，当析构函数执行后,该实例将不复存在。析构函数同样没有返回值。

105．虚析构函数

由 virtual 修饰的析构函数，当用基类指针释放派生类对象时可根据它所指向的派生类对象释放准确的对象。

106．继承

面向对象的程序设计语言的特点之一，即一个对象获得另一个对象的特性的过程。如将公共属性和服务放到基类中，而它的各派生类除了有各自的特有属性和服务外还可以共享基类的公共属性和服务。这样的好处是容易建立体系，增强代码重复性。

107．单继承

一个派生类只有一个基类，成为单继承。

108．重继承

一个派生类拥有多个基类，成为多继承。

109．虚函数

在基类中说明为 virtual 并在派生类中重定义的函数。重定义将忽略基类中的函数定义，指明了函数执行的实际操作。当一个基类指针指向包含虚函数的派生对象时，C++ 将根据指针指向的对象类型来决定调用哪一个函数，实现了运行时的多态性。这里的重定义类似于函数重载，不同的是重定义的虚函数的原型必须和基类中指定的函数原型完全匹配。构造函数不能是虚函数，而析构函数则可以是。

110．纯虚函数

在基类中只有声明没有实现的虚函数。形式为：

virtual type funname(paralist) = 0。这时基函数只提供派生类使用的接口，任何类要使用必须给出自己的定义。

111．多态性

给不同类型的实体提供单一接口。虚函数通过基类接口实现动态多态性，重载函数和模板提供了静态多态性。

112．复制构造函数

以自身类对象为参数的构造函数，如 Z::Z(const Z&)，用在同类对象间进行初始化。

113．运算符重载

C++中可以重载双目(如 +、× 等)和单目(如++)操作符，这样可以使用户像使用基本数据类型那样对自定义类型(类)的变量进行操作，增强了程序的可读性。当一个运算符被重载后，它将具有和某个类相关的含义，同时仍将保持原有含义。

114．静态成员函数

成员函数通过前面加 static 说明为静态的，但是静态成员函数只能存取类的其他静态成员，而且没有 this 指针。静态成员函数可以用来在创建对象前预初始化专有的静态数据。

115．静态成员变量

在成员变量之前加 static 关键字将使该变量称为静态成员变量，该类所有的对象将共享这个变量的同一拷贝。当对象创建时，所有静态变量只能被初始化为 0。使用静态成员变量可以取代全局变量，因为全局变量是违背面向对象的程序设计的封装性的。

116．私有成员

只能由自身类访问的成员。

117．保护成员

只能由自身类及其派生类访问的成员。

118．友元

被某类明确授权可访问其成员的函数和类。

119．友元函数

在函数前加上关键字 friend 即说明了一个友元函数，友元函数可以存取类的所有私有和保护成员。友元在重载运算符时有时是很有用的。

120．友元类

被某类明确授权可访问其成员的类。

121．异常处理

报告局部无法处理某错误的基本方式。由 try、throw、catch 组成。

122．文件

是用于从磁盘文件到终端或打印机的任何东西。流通过完成打开操作与某文件建立联系。

参 考 文 献

[1]　杜茂康，吴建，王永. C++ 面向对象的程序设计[M]. 北京：电子工业出版社，2007.

[2]　齐建玲，邓振杰. C++ 程序设计[M] 3 版. 北京：人民邮电出版社，2017.

[3]　宋春花，吕进来. C++ 程序设计[M]. 2 版. 北京：人民邮电出版社，2017.

[4]　传智播客高教产品研发部[M]. 北京：人民邮电出版社. 2015.

[5]　钱能. C++ 程序设计教程[M]. 2 版. 北京：清华大学出版社，2005.

[6]　郑莉，董渊，何江舟. C++ 语言程序设计[M]. 4 版. 北京：清华大学出版社，2010.

[7]　邵兰洁，马睿，徐海云. C++ 面向对象程序设计[M]. 北京：清华大学出版社，2015.

[8]　Richard Johnsonbaugh,Martin Kalin.OBJECT-ORIENTED PROGRAMMING IN C++ (SECOND EDITION)(影印版)[M]. 北京：清华大学出版社，2005.

[9]　Stanley B.Lippman，Josée Lajoie，Barbara E.Moo. C++ Primer 英文版. [M]. 4 版. 北京：人民邮电出版社，2006.